本书获得广东沿海经济带发展研究中心项目资助

黑龙江省城镇化与生态环境建设良性互动模式研究

赵海燕　崔玉婕　著

中国农业出版社
北　京

图书在版编目（CIP）数据

黑龙江省城镇化与生态环境建设良性互动模式研究 / 赵海燕，崔玉婕著．—北京：中国农业出版社，2021.1
ISBN 978-7-109-27746-5

Ⅰ.①黑… Ⅱ.①赵… ②崔… Ⅲ.①城市化－互动－生态环境建设－研究－黑龙江省 Ⅳ.①F299.273.5 ②X321.235

中国版本图书馆 CIP 数据核字（2021）第 015473 号

黑龙江省城镇化与生态环境建设良性互动模式研究
HEILONGJIANGSHENG CHENGZHENHUA YU SHENGTAI HUANJING JIANSHE LIANGXING HUDONG MOSHI YANJIU

中国农业出版社出版
地址：北京市朝阳区麦子店街 18 号楼
邮编：100125
责任编辑：王秀田
版式设计：王 晨　　责任校对：沙凯霖
印刷：北京万友印刷有限公司
版次：2021 年 1 月第 1 版
印次：2021 年 1 月北京第 1 次印刷
发行：新华书店北京发行所
开本：700mm×1000mm 1/16
印张：14.75
字数：250 千字
定价：58.00 元

FOREWORD 前　言

近年来，我国新型城镇化建设不断推进，极大地促进了城镇产业的发展和城乡居民生活环境的改善，对中国全面小康社会和现代化建设起到了很好的推动作用。但随着城镇化建设的不断深入，城镇化发展给城镇带来社会和经济效益的同时，也带来了一系列的生态环境问题，如污染加剧、交通拥挤、城市人口暴增等问题，这些问题的出现引起了人们对城镇化建设质量的高度关注。可见，提高城镇化建设质量必须解决其为城镇环境带来的负面效应问题。因此，把城镇化与生态环境结合起来，研究构建城镇化和生态环境建设的良性互动模式就显得尤为必要。

黑龙江省作为东北的老工业基地和农副产品的大产区，不仅拥有丰富的自然资源和较好的工业基础，还拥有更为先进的农业技术和现代化的农业生产水平，为其城镇化发展提供了良好的资源和产业基础。从中华人民共和国建立初期到现在，黑龙江省城镇化发展经历了从快速发展阶段到现在的缓慢发展阶段，虽然期间黑龙江省城镇化水平也呈现出较快的发展趋势，但由于生态环境问题不断加剧，影响了黑龙江省城镇化推进的步伐。当前，随着国家新型城镇化建设策略的不断推进，黑龙江省当前较为迫切的就是要寻求城镇化与生态环境良性互动发展模式，通过这种发展模式指导黑龙江省大型城市和中小型城镇相互配合协同发展，使黑龙江省城镇体系得以完善，基础设施建设得以加强，产业结构得到优化，城镇化覆盖率迅速提升，人们的经济水平得到较大的提升。因此，在当前的现实背景下，研究黑龙江省城镇化与生态环境建设良性互动模式，寻求二者协调发展的实现路径，构建一个节约型和环保型兼具的城镇化发展模式势在必行。基于以上契机，本书以黑龙江省为研究对象，以城镇化与生态环境建设良性互动模式为主要内容，研究黑龙江省城镇化与生态环境协调发展的实现路径，竭力实现对资源的高效利用，对产业的优势布局，以及对生态环境的高标准保护，为黑龙江省城镇化的优质推进和经济的可持续发展提供有益思路借鉴。

本书以生态城市理论、城乡一体化论、可持续发展理论、生态承载力理论、田园城市与城市区域理论及耗散结构理论为研究基础，综合运用宏观与微观经济学、管理学、计量经济学、博弈论等多学科理论，借鉴并发展了国内外现有的研究成果，从我国的实际国情出发，对黑龙江省城镇化与生态环境建设良性互动模式做了全面的分析和论述。本书在选题视角、理论探索、分析方法、指标体系和体制等方面都有创新。一方面，对已有的城镇化与生态环境建设模式进行了分析研究，在前人已有的城镇化与生态环境建设模式分析研究理论的基础上，选取较为典型的城镇化发展案例，对其发展模式适用的条件进行了总结和分析，延伸出了黑龙江省城镇化与生态环境建设良性互动发展模式；另一方面，经过深入调研，系统构建了黑龙江省生态安全评价指标体系，用于衡量和评价黑龙江省城镇化的生态状况。本指标体系对我国其他省份及地区的城镇化评价均具有指导和借鉴意义。本书的主要研究内容如下：

首先，阐述了城镇化，新型城镇化与生态环境的概念及其相关理论，从理论层面深入解析城镇化与生态环境的独特关联性，阐明了城镇化与生态环境建设良性互动的促进因素和制约因素，揭示了城镇化与城镇生态建设的内在作用规律。

其次，分析与归纳总结国内外城镇化与生态环境建设良性互动的模式建设实践与先进经验。通过分析国内外的模式和方法为黑龙江省城镇化和生态环境良性互动模式过程中诸多问题的解决起到借鉴与启示的良好作用。

再次，介绍了黑龙江省城镇化的发展进程，分析了黑龙江省新型城镇化建设的路径。然后，分析城镇化进程中生态环境建设存在的问题及原因。进而总结出黑龙江省城镇化进程中生态环境存在的问题，包括人口素质偏低、产业结构不合理、环境管理体系不健全、不合理的城镇建设规划、环境保护资金投入不足、法律法规不够完善等问题。又从人口、产业发展、城镇发展、基础设施建设及资源环境保护等方面分析黑龙江省当前城镇化的现状；从水资源、土地资源、生物资源和气候资源分析黑龙江省当前生态环境现状。接着，借助模糊综合评价模型，从驱动力、压力、状态、影响、反响5个角度，选取16个经济环境因素作为评价因素集，确立各因素的评价因子，对黑龙江省城镇化的生态安全进行模糊评价。

最后，从优化城镇空间布局，完善城镇基础设施建设；加强生态文明建设，提升生态环境承载力；转变经济发展方式，优化地区产业结构；构建安全环保的现代化综合体系；节约集约利用土地，促进空间城镇化的发展5个方面提出实现黑龙江省城镇化与生态环境良性互动发展的实施策略。

本书是在赵海燕教授主持并已完成的黑龙江省科技应用技术研究与开发项目《黑龙江省城镇化与生态环境建设良性互动模式研究》（项目编号 GC14D304）研究成果的基础上整理充实撰写而成。全书由岭南师范学院赵海燕和黑龙江八一农垦大学崔玉婕合作完成。其中赵海燕主要负责第一、二、六、七、九章内容的撰写，崔玉婕主要负责第三、四、五、八章内容的撰写。全书由赵海燕统编定稿。由于作者水平所限，书中错误和疏漏之处在所难免，恳请读者批评指正。

2020年12月

CONTENTS 目录

第1章　绪　　论

1.1　研究背景

城市是一个国家文化、政治、经济的中心，也是人类文明的体现。有规模的城镇化始于工业革命时期，并且每个国家工业化进程中必然要经历城镇化阶段。城镇化既是人类发展的必经之路，也是促进中国全面发展的重要途径。在中国依据我国的国情和经济发展阶段，城镇化正朝着适应中国经济社会需要的方向发展，形成了一条有中国特色的城镇化的发展之路。近年来，中国的城镇化得到了深入发展，随之而来的是城市的发展，农村的生活环境的改善和提高，对中国全面小康社会和现代化建设起到了很好的推动作用。但随着城镇化的深入，城镇化发展给国家带来社会和经济效益的同时，也带来了一系列的生态环境问题，如污染加剧、交通拥挤、城市人口暴增等问题，这些问题影响了城镇化发展的质量。城镇化的发展不能仅仅体现在数量上更应该体现在质量上，而现在这些生态环境问题日益严重，给城市现在和未来的发展都会造成影响，为解决这些问题，必须建立城镇化和生态环境建设的良性互动模式。

1.1.1　生态环境危机与旧城镇化困境

城镇化建设过程中生态环境遭到破坏的最主要原因就是人类在进行各种违背自然规律和破坏生态环境的活动。这些行为体现在未经处理就随意排放工业废水、废气，森林植被被无限制砍伐，土地利用不当、土质松散、地面植被遭破坏、过度放牧等，导致了生态环境质量持续下降。长此以往，人为因素加之自然因素就导致水土流失严重、固体废弃物污染、生活垃圾污染严重、缺乏城镇绿地、城镇供水紧张等问题。

(1) 水土流失严重

过去中国为了经济发展忽视了环境问题，而这种以生态环境破坏为代价的经济发展方式是不可取的。在旧城镇化推进过程中，改变了当地原有地形、地貌，导致地表的破坏，并且产生了大量弃土；城镇化建设中所需的砂石、泥土等原材料，可能严重破坏所取地的植被和地表；城镇化进程也使得地面硬化速度加快，导致水循环路径被迫变更，加之人类活动制造出的生活垃圾、废弃物等，一旦出现暴雨或大风，就可能引发水土流失，或者加重水土流失情况。并且，人们在旧城镇化过程中对生态环境保护的责任感不强，防止水土流失的措施不足，没有意识到生态环境保护的重要性，对生态环境只会加以利用，不会进行保护，很难做到可持续发展，破坏生态环境带来的城市建设和发展只能是短暂的，不能长远。

(2) 固体废弃物污染

旧城镇化过程中会产生很多工业废料以及生活垃圾，这些垃圾的管理和处理方法有待改进。这些废弃物毫无规律，没有固定堆放的地点，长此以往有害成分之间发生化学反应，产生了很多有毒气体，再加上挥发作用，对大气造成了污染。并且颗粒废弃物导致大气当中粉尘含量的增加，加重了大气粉尘污染。政府财政资金有限，更多的资金用于推动城镇化建设，防范生态环境破坏和污染的财政资金投入比例不足。再加上造成生态环境污染严重的企业可能是当地政府税收的主要来源，导致有些部门对这些企业的管控不足，进而加大了城镇化过程中生态环境保护的难度和增加了防范生态环境破坏的困难。

(3) 生活污水、垃圾污染问题严重

旧城镇化过程中一些工厂为了节省污水处理费用，会直接将生产污水排放到周围的水域中，导致周围水域的水质受到严重污染，这些被污染的水随着不停流动，而不断向外扩散污染其他水域，导致大规模水资源污染。水遭到污染以后，会出现大量的杂质和有毒物质，这些物质会对人体造成很大的影响，若想给周围居民继续使用这些水资源，就需要投入大量资金进行过滤处理，增加政府的财政支出。在旧城镇化过程中，生态环境保护部门忽视了对生态环境的监督和企业生态环境保护意识的培养，对于破坏环境的现象没有做到及时惩处。

(4) 缺乏城镇绿地

城镇化的发展导致城市人口数量增加，植物和人的生物量比例越来越低，城市严重缺乏绿地问题凸显，然而生物量比例的大小可以体现生态环境质量的好坏，园林绿地是城市人工生态系统当中最有价值的一部分。特别在城镇化规模不断扩大的背景下，城镇化的效果如何，园林绿地生态效益是重要的一部分。城市的园林绿地是这个城市最初生态系统的生产者，也可以充分调控城市生态平衡。由于在旧城镇化进行的时候，为了经济利益，人们尽可能地在有限的土地上建造更多的建筑物，而忽视了对园林绿地上的规划和建设。加之，当地政府对业绩的追求，以及监督和管理不到位，造成了开发商追求利益的同时忽略了对居民生活质量的保障，最后导致了在旧城镇化建设过程中缺乏绿地面积的严重问题。

(5) 城镇供水紧张问题

城镇化的推进导致城镇人口越来越多，对使用水的需求量不断增多，由于用水量的增加需要长期汲取地下水，从而降低了地下水的水位。城镇化的迅速发展造成了土地利用性质的改变，同时道路和水管网建设让下垫面不透水面积扩大，造成了雨洪径流条件发生变化。除此之外，居民生活用水的排放处理设施相对较少，造成很多生活用水排入河流，且深入到地下，进而对地下水造成严重污染。加之城镇化过程中对植被的破坏，导致上游蓄水能力及水土保持能力降低，再加上城市的蓄水措施不当，当夏季雨天到来，会导致河流中流入大量土壤，使河流水质质量不断降低，严重影响城市用水。

1.1.2 城镇化与生态环境建设良性互动的必要性和重要性

城镇化与生态环境之间是相互影响相互作用的，起初，随着城镇化的推进，各行各业随之发展会影响附近的环境，随着城镇化的深入，生态环境的变化反而会影响到城镇化发展，只有这两者之间保持良好关系，实现城镇化与生态环境建设良性互动模式才是真正意义上的城镇化。城镇化推进速度与周边的生态环境有着密切关系，良好的生态环境可以促进城镇化速度，而恶劣的生态环境会限制城镇化发展。

(1) 城镇化与生态环境建设良性互动的必要性

新型城镇化建设与旧城镇化建设有着本质的差别，新型城镇化是一种经济社会发展的具体方式，它的发展机制是由政府引导和市场主导两方面构成，对各种规模的城市和小城镇进行合理布局促进其协调发展。城镇化与生态环境建设的良性互动模式按照统筹城乡、布局合理、以大带小、功能完善、节约土地等原则，形成以城乡一体、经济高效、资源节约、社会和谐的绿色、低碳、智慧、集约型的城镇化道路，促进城镇化、农业现代化、工业化、信息化各方协调发展和良性互动。新型城镇化建设与生态环境建设具有内在一致性，二者良性互动十分必要。因为新型城镇化包含了资源能源可持续发展、城乡一体、产业协调发展、绿色低碳、空间布局合理、农民的市民化、生产要素合理分配等环境要素，新型城镇化建设的核心思想与生态环境建设是一致的，都是保护自然环境、尊重自然环境、顺应自然环境。生态环境建设最终目的是人与自然的和谐相处，进而促进人类社会的可持续发展，城镇化与生态环境建设良性互动模式，是一种集约、低碳，绿色和谐发展的可持续模式，对新型城镇化建设具有重要的指导意义。一方面，生态环境建设对新型城镇化效率提高和发展的质量具有积极的推动作用，城镇化推进过程中会形成人口大量增加和各种产业加速聚集，可能会因此带来各种负面问题，通过生态环境建设可以调整经济产业结构，优化城市空间格局、充分利用劳动力和城市资源、减少城镇化进程中出现的问题。生态环境的建设和相关理念的教育宣传，促使人们增加对生态产品的需求，对新型城镇化发展起到了很好的推动作用。除了传统产业的生态化和新型环保产业的开发以外，生态环境的建设不仅可以帮助传统产业生态化，还能增加城镇化过程中的环保投资，改善生态环境整体状况，对城镇环境污染问题都能提供有效解决途径，从而吸引更多企业产业和人口的聚集，加快城镇化步伐。另一方面，城镇化发展所建设的人工生态环境，建设城镇基础设施的同时，改善了城镇生态环境，还能发掘经济可持续发展潜力和拓宽城镇化建设的内容。新型城镇化开发新型环保材料产业、清洁能源产业、可再生能源等环保产业，新型环保产业重组了城市的产业结构，促进了经济产业的升级优化，成为城市发展的重要产业，形成了可持续发展的城镇化；新能源产业替代传统能源产业，减少了污染物的排放，减轻了环境污染，也改善了不可再生的传统能源紧缺问题，确保了其他产业的正常发展；新型环保产业的发展为城市新增了更多的就业岗位，从而促进了社会的稳定。总之，城镇化与生态环境建设良性互动过程中，不仅能引导城镇化与自然和谐发展，正确处理人与自然的关系，还能应对资源紧缩、环境污染、生态环境退化等问题。城镇化与生态环境建设良性互动具有必要性，是发展低碳经济的关键，保护自然环境同时再开发利用自然，新能源的利用又有效缓解了资源能源危机。

（2）城镇化与生态环境建设良性互动的重要性

新型城镇化发展的关键是符合生态环境建设的要求，与生态环境建设形成良性互动模式，走可持续发展的道路。城镇化与生态环境建设良性互动模式，可以理解为城镇化建设过程中同步建设生态环境建设，但当城镇化建设完成时，生态环境建设需持续进行，才能确保人类和生态环境和谐共处。城镇化建设只是人类发展过程中的一个中短期目标，而生态环境建设却是人类赖以生存发展的长期目标。人是破坏生态环境的主要因素，随着城镇化发展，人口数量持续增加，生态环境面临的压力也越来越大，城镇化的推进逐渐打破了生态环境的平衡。城镇人口数量持续增加，资源的消耗也在持续增加，城镇消费结构、产业结构、经济结构都会发生一定的变化，进而影响生态环境。城镇化对生态环境主要的影响方式包括：城镇化过程中会新增很多企业，企业的生产又需要越来越多的资源，企业生产时会产生工业垃圾和废料，影响生态环境的平衡；城镇化过程也会促进交通系统的扩张，各种交通工具数量的增多，会增加噪声污染和尾气污染，影响生态环境建设。生态环境的破坏也约束城镇化的发展，包括这几方面：首先，生态环境的破坏，使周边环境发生变化，会出现如水土流失、火灾等灾害事件，会降低城镇化支撑能力；其次，生态环境破坏会造成空气污染、雾霾等环境问题，让人们感觉居住地的舒适度降低，拒绝进入城镇生活，影响城镇化人口数量；再次，政府若想重新建设被破坏的生态环境，需要更多的资源包括人力资源、物力资源，这部分资源的使用又会影响到生态环境的平衡；最后，生态环境的破坏会使所在地的投资市场受到影响，而且会对产业投资产生排斥，影响新企业的入住，甚至本地企业也会出现外流的情况，严重限制城镇化建设。城镇化与生态环境建设必须找到良性互动模式，有效地满足城镇化建设需求的同时，增强对生态环境保护。在城镇化过程中建设一个良好的生态系统，防止灾害事件发生，营造良好居住环境，提升居民居住舒适度，增强地区市场竞争力，通过有效地保护生态环境，提升城镇化建设质量和速度。

1.2 研究意义及目的

城镇化和生态化共同发展是新型城镇化的重要内容，通过新型城镇化，使城市发展进入新的篇章，实现社会和谐、环境友好、资源节约、经济高效、城乡互促共进等。随着经济的飞速发展，国民素质的提高，人们在追求物质享受的同时也开始关注居住地的生态环境。改革开放42年以来中国的经济一直保持高速增长，城镇化进程也在不断推进，但是由于经济快速发展和城镇化导致的生态环境问题也日渐凸显。黑龙江省作为中国资源大省、农业产品大产区、东北老工业基地，在城镇化发展道路上面临着重重考验，其中包括来自经济方面、建设方面，特别是生态环境保护方面。2019年年末，黑龙江省城镇化率达到了60.1%，比全国平均水平（60.6%）略低0.5个百分点。随着城镇化的不断推进，高物耗、高污染型产业的产生，以及密集的人类活动产生的生活垃圾、噪声污染、尾气排放等问题，对城镇生态环境的威胁日益严重，城镇化的进程打破了人类社会和自然环境原有的平衡。而环境污染又对城镇化的发展产生制约，日益恶化的生态环境降低了城市生态环境要素的支撑能力，使城镇投资环境的竞争力和产业结构的升级都受到阻碍。从黑龙江省当前的现实情况看，多年快速的城镇化建设中产生的生态问题已经受到黑龙江省相关部门的高度重视，迫切需要寻求适宜城镇化与生态环境的良性互动发展的策略。在这种形势下，研究城镇化进程中的生态效应，分析城镇化的发展对生态系统的影响，实现城镇化与生态化协调发展，既有理论意义，又有现实意义。因此，在当前的现实背景下，研究黑龙江省城镇化与生态环境之间的良性互动关系，寻求二者协调发展的实现路径就显得尤为重要。

1.2.1 研究意义

1.2.1.1 理论意义

从理论意义看，在城镇化发展的进程中，已有研究主要集中在城镇化、城镇化水平方面，城镇化产生的问题方面，多属于人文科学研究领域。而生态环境建设问题属于自然科学，城镇化与生态环境建设良性互动模式的研究可以将城镇化的问题延伸到自然科学领域，拓宽了研究领域，使研究更加深入透彻，对跨学科研究的理论体系起到了完善作用。

(1) 完善城镇化和生态环境建设理论

近年来，各国学者从不同角度对城镇化与生态环境建设方面的课题进行不间断研究，并且取得了很大进展，对于城镇化过程中出现的多方面问题予以说明。通过总结发现关于城镇化与生态环境建设方面在理论上还有一些模糊不清的问题有待解决，尤其是黑龙江省城镇化与生态环境良性互动模式研究成果很少见，如对城镇化与生态环境关联性理论分析，城镇化与生态环境良性互动意义分析等；本书通过生态安全评价模型的构建，模糊综合评价法，黑龙江生态安全评价来分析黑龙江省城镇化质量和生态环境协调关系，从而进一步完善城镇化与生态环境建设的理论体系。

(2) 丰富城镇化发展理论

通过对黑龙江省新型城镇化发展中的生态环境问题的全面调查，分析城镇化对生态环境的正负效应和生态环境建设对城镇化发展的推进机理，揭示城镇化与生态环境建设的内在影响机制，探索解决黑龙江省城镇化过程中生态环境问题措施，丰富了城镇化建设发展理论。同时，借鉴国内外城镇化过程中生态环境保护的经验，结合黑龙江省城镇化过程中生态环境保护实际问题，构建城镇化与生态环境建设良性互动模式的实施策略，推动黑龙江省城镇化发展，实现城镇化与生态环境建设良性互动，具有很强的理论指导意义。

(3) 为黑龙江省城镇化与生态环境建设良性互动模式发展政策制定提供理论基础

随着城镇化进程的不断推进，城镇人口增多，不同产业聚集，会产生各种社会问题和生态环境问题，仅凭市场机制是很难解决这些复杂的问题的，需要政府制定合理的城镇化发展政策解决相关问题。本书分析了城镇化与生态环境建设良性互动模式的特点，构建出一个合理的政策体系方案，可以促进城镇化资源配置，弥补市场失灵，并且影响城镇化的进程与生态环境的良性互动，未来相关政策从落实到实践，都可能改善城镇化发展带来的生态环境问题，使之成为重要的理论指导。

1.2.1.2 现实意义

从现实意义看，对黑龙江省新型城市化建设与生态环境建设进行关联性分析，探寻二者相互作用的影响强度及其规律，构建二者良性互动模式，以便在政策、规划及决策方案的制定上加强环境导向性，克服黑龙江省新型城镇化过程中可能出现的盲目性及其对生态环境的危害，使可能产生的大气污染、光污染、水污染等生态环境问题在源头上得以控制，并能在控制的基础上减少政策、规划、计划等在城镇化进程实施中产生的失误，从而找到城镇环境、社会和经济的最佳结合点，促进城镇社会、经济、环境的协调发展，在城镇的发展过程中兼顾生态发展，坚持与生态文明理念结合，促进城镇走绿色、健康、集约、可持续的发展道路。

(1) 有利于城镇化与生态环境建立良性互动模式

本书对黑龙江省城镇化进程的分析，全面了解黑龙江省城镇化的发展特点，阐明了黑龙江省城镇化 7 种发展模式：资源主导型城镇化发展模式、产业主导型城镇化发展模式、区位主导型城镇化发展模式、政策主导型城镇化发展模式、专业市场型小城镇发展模式、旅游型小城镇发展模式、综合型小城镇发展模式。通过对这些模式的研究以及黑龙江省新型城镇化建设的路径分析，有利于找出一种适合黑龙江省城镇化与生态环境建设良性互动的模式。

(2) 有助于城镇化过程中生态环境建设目标的实现

生态环境问题是制约城镇化发展的主要因素，找到二者良性互动模式可以加速黑龙江省城镇化的进程，解决资源浪费、环境污染、人口密集等现实状况，有助于黑龙江省实现城镇化可持续发展、低碳经济发展、自然资源节约利用等现实目标；实现社会、经济、生态环境协调发展；实现人与自然和平共处。

(3) 有利于黑龙江省生态环境保护政策与措施的制定

随着黑龙江省城镇化进程的加快，随之而来的是省内生态环境形势日趋严峻，各项污染物的排放，不仅城市受到影响，周边环境也逐渐被破坏。因此，分析城镇化与生态环境建设良性互动模式，设计黑龙江省城镇生态安全评价指标体系，设计保护黑龙江省生态环境的政策与措施方案，确立黑龙江省的生态环境建设道路及环境保护的实现路径，为政府修订和完善生态型城镇化的公共政策提供实证依据。

1.2.2 研究目的

基于此，本书以黑龙江省为研究对象，以城镇化与生态环境协调发展为主要内容，试图通过对城镇化与生态环境二者关系的深入研究，探寻黑龙江省城镇化与生态环境建设良性互动模式。研究的总体目的是通过对黑龙江省城镇化与生态环境状况的全面审视和深入分析，并借鉴国外发达国家的经验，构建黑龙江省城镇化与生态环境良性互动的发展模式，并提出实现二者良性互动发展的实施策略，为实现黑龙江省城镇经济的可持续发展提供有益思路借鉴。如何在保护和改善生态环境的基础上，寻求一条快速、稳定的城镇化发展道路，落实科学发展观、推进黑龙江省有层次和有体系的城镇化成为本书的主要研究目标。

(1) 理论目标

本书在阐述城镇化与生态环境良性互动模式的相关概念及理论研究，明确主要的研究对象基础上，从环境经济学，区域经济学及计量经济学等多个领域展开问题阐述及讨论，揭示黑龙江省城镇化与生态环境建设良性互动模式的演变规律和发展趋势，构建完整的城镇化与生态环境建设良性互动模式的研究体系，以进一步丰富黑龙江省城镇化与生态环境建设良性互动模式的研究内容。

(2) 实证目标

采用生态安全评价模型，借助模糊综合评价模型，从驱动力、压力、状态、影响、反响等5个角度，选取16个经济环境因素作为评价因素集，确立各因素的评价因子，进行黑龙江省城镇化与生态环境建设良性互动模式的实证分析，根据定量评价结果，科学判断黑龙江省城镇化层次和发展程度，为全书核心观点的构建以及政策体系的设计提供现实依据。

1.3 国内外研究现状述评

国内外学者对城镇化与生态环境建设互动关系的研究，从城镇与区域发展的可持续性以及生态响应角度进行城镇化、城镇结构、城镇体系构建等的研究，涌现出一些生态经济与可持续发展的研究方法与模型，利用追踪研究、轨迹研究、模拟研究等方法，从多维度、多元类型、复杂系统结构等诸方面对城市发展与区域环境变化进行探讨。近几年，随着3S技术的成熟，城镇化与区域生态环境动态发展的模型化研究成为一个热点，且逐渐从静态、不可逆的模型向宏观动态模型转变，并逐渐形成基于微观个体行为的动力学模型城镇化。生态环境建设涉及的学科比较广泛，考虑到本书的主要研究内容为城镇化与生态环境建设二者之间的良性互动模式研究，因此，本书在对城镇化、生态环境建设研究框架进行总结的基础上，着重对城镇化、城镇化与生态环境建设互动关系的研究动态进行梳理。

1.3.1 城镇化研究进展

城镇化是与工业化相辅相成的过程。相比国内学者，国外学者很早以前就从劳动力人口转移（Lewis，1954；Hertzler，1956）、城乡产业结构变迁（Todaro，1969）、非均衡增长（Hirsthman，1958）等角度开始研究城市化问题。Kuznets（1971）提出城市化是推动各国宏观经济增长的重要动力，农村人口向城市迁移为城市工业产业的发展提供了重要的劳动力要素；Krugman（1996）认为非农人口的城市转移引发城市规模的扩张，能够更好地发挥经济集聚效应。Krasny E & Tidball G（2012）提出从生态环保、绿色发展和可持续发展等角度研究城镇化的质量和效率，把生态城市、绿色城市和可持续城市当作内涵相似的概念，并认为这些概念会随着经济社会的发展不断地得到实践。Michael 等（2012）认为城镇化进程推动了产业的分工与重组，有利于现代新兴产业和服务业的集聚发展。Martellozzo 等（2015）认为，随着农业现代化的发展，农业劳动力出现了大量剩余，这部分人口向城镇大转移，他们对城镇的住房、医疗教育卫生等基础公共服务的需求推动了城镇用地扩张，这无疑促进了土地城镇化的发展速度。Bibri 等（2017）提出可持续的智能化城镇化发展是未来城镇发展的方向，同时又十分有助于城镇的可持续性发展。Lebed 等（2017）提出城镇化发展离不开城镇的物理组成、环境、经济、社会、文化、政治制度、社会公平等多个领域，城镇化的可持续发展理念源自可持续发展理念。

国内学者对城镇化的研究也不计其数，尤其是新型城镇化在党的十八大被正式提出之后，其研究更加备受关注，研究内容更加丰富、具体，主要包括内涵、特征、动力作用机制、面临问题等方面。周彦国、钱振水等（2013）从产城互动、城乡一体、城乡统筹、节约集约、生态宜居、和谐发展6个方面研究我国新型城镇化的内涵，并对新型城镇化的概念、发展道路和规划策略以及新型城镇化背景下的城乡规划与建设等展开探讨。姚士谋、张平宇等（2014）结合中国城镇化发展的特征与问题，针对城镇化策略建设与城镇主体产业问题提出了新认识与发展思维导图。胡杰、李庆云等（2014）对近年来城镇化的争议、面临问题及动力机制等进行梳理与总结，对新历史时期的城镇化道路进行探索。王新越、宋飏等（2014）从人口、经济、空间、社会、生态环境、生活方式、城乡一体化与创新与研发8个方面构建指标体系，采用熵值法测度山东省17个地市城镇化水平，运用灰色关联度分析影响城镇化发展的主要因素。李江苏、王晓蕊等（2014）采用城镇化质量分段函数评价模型，对河南省18个地市2001—2010年城镇化进行动态评价。田文富（2015）认为新型城镇化包含城乡统筹、集约节约、生态宜居、和谐发展等内容，并强调城市、城镇及新型农村社区之间的相互协调发展。张荣天、焦华富（2016）主要从内涵界定、指标体系构建、动力作用机制、发展模式及优化路径等方面对目前我国新型城镇化的研究进展进行初步归纳和总结，在此基础上对我国新型城镇化的研究展开述评，并试图探索新型城镇化未来发展的趋势。苏斯彬等（2016）以浙江特色小镇实践为切入点，提出推进新型城镇化采用“自上而下”的顶层设计与“自下而上”的基层探索相结合的方式。从海彬等（2017）从产城融合的角度实证检验了产业融合的门槛效应，认为相比于“先产后城”模式，“先城后产”在一定程度上更有利于中西部地区新型城镇化。杨振山、程哲等（2018）结合国外绿色城镇化发展的经验与启示，根据中国城镇化的发展现状和内在需求，认为应从产业、社会和空间管制等方面落实绿色城镇化，并建立公众参与的绿色城镇化机制体系。郭晨等（2018）归纳了公共设施水平、就业结构转型和社会保障体系三种重要的新型城镇化经济增长效应的中介机制。

1.3.2 生态环境建设研究进展

一个国家整体发展水平的评定，很重要的标准就是生态环境建设的成功与否，协调人与自然和谐共存，一直是国内外学者研究的重点。加拿大学者Elder等（1975）在《环境管理与公众参与》一文中对加拿大已出台的环境政策进行了分析评价，强调了公众参与对于环境保护工作顺利进行的重要性。罗杰．泊曼（Perman R.）（2002）在《自然资源与环境经济学》一书中提出可持续发展的重用性，并阐述了环境资源利用、森林资源利用、污染控制、国际环境经济、环境价值、环境核算等重大问题。Adriaenssens等（2004）将模糊评估法引入对生态系统的决策中进行生态评价。Halim等（2008）通过RS和GIS对土地类型变化研究提出了建议。Coskun（2009）将RS和GIS结合起来用于对水资源的评估。Singh等（2010）利用RS技术从景观生态的角度对生物多样性进行评价，并利用该方法进行生态监测和保护。Cabello等（2012）利用卫星遥感影像对保护区的生态功能进行调查，并对该地区生态环境进行监测和评价。Lebed等（2012）通过RS和GIS技术对哈萨克斯坦的巴尔喀什区域的牧区进行生态环境质量评价。

国内学者通过运用多样化的技术手段对生态环境建设方面也做了很多研究。张春梅（2006）基于生态敏感性对我国西南丘陵地区水土流失进行了分析研究。宋晓龙（2009）以黄河自然保护区为研究对象，从人为干扰和环境适宜性等方面进行敏感性评价并给出管理建议。颜磊（2009）从人文和自然等影响因素出发，针对北京市进行生态敏感性评价研究，给出空间变化规律，有助于研究区域环境管理和政策制定。石求辉（2011）对生态环境进行敏感性分析，依据敏感性的高低程度，可以将其作为对区域生态环境开发以及治理保护的决策依据。王瑞燕等（2012）选择典型生态环境脆弱区黄河三角洲垦利县的农用地，构建各种土地利用方式的生态适宜度模型。裴欢等（2014）以景观生态学及生态安全理论为依据，构建耕地景观生态安全评价模型，对研究区耕地景观生态安全进行综合评价，并对生态安全格局、重心演变及其驱动力进行分析。周启刚等（2018）基于PSR模型构建评价指标体系，利用正态云模型对三峡库区土地利用生态风险进行评价。

北京工业大学教授姜爱林（2001）提出我国城镇生态环境恶化主要表现在以下几个方面：一是大气污染与酸雨问题十分突出；二是水污染与缺水问题严重；三是城市垃圾污染日益突出；四是噪声污染仍有增无减；五是温室效应与城市热岛效应问题不少；六是城镇水土流失、植被减少、生物灭绝等生态恶化与日俱增。中南财经政法大学肖嘉（2014）提出城镇化进程中生态治理困境的破解策略：一是树立城镇化可持续发展观，构建生态治理的法律保障机制；二是明确生态治理责任主体，构建全方位多层次的生态建设机制；三是推动经济结构调整和产业转型升级，构建生态治理的财力保障机制。河北经贸大学崔建（2015）认为城镇化水平的高低，通常反映一个国家或地区的经济发展水平的高低，而生态环境保护的好坏，通常衡量一个国家或地区居民生活质量的优劣。为了城镇化有效进行应将城镇化建设与生态环境保护统一起来。

1.3.3 城镇化与生态环境建设互动关系研究进展

国外对于城镇化发展与生态环境问题的关注由来已久。早在18世纪工业革命之后，大量农村人口涌入城市，导致城市规模不断扩张，生态环境也随之遭到破坏。由此，城镇化与生态环境建设的互动关系成为学者研究的重点。

(1) 城市发展对生态环境的影响

Cleveland（1984）加入了物理学视角，研究了美国的能源和经济增长关系，认为城镇化和经济发展会对生态环境产生巨大压力，因此需要加强环境保护以促使经济和生态环境之间协调发展。Berry（1996）在研究城镇化对生态环境的影响时首次用生态因子分析法提取了城镇化对城市生态环境影响的主要因子，开创了生态因子研究的先河。Vernon Henderson（2003）从城市规模这一角度对生态环境与城市规模之间的关系进行了系统分析，结果认为城市人口聚集存在最优规模，在最优规模内人口集聚与生态环境之间良性互动，一旦超出最优规模就会产生聚集不经济现象，并且会对周围地区的生态环境产生严重的威胁。Harveson. PM（2007）从生态资源角度关注了物种多样性，分析了城市化对区域物种多样性带来的负面影响；Chikaraishi 等（2015）从环境方面分析了城镇化与碳排放的关系；Martellozzo 等（2018）从土地资源角度研究了城镇化对农业用地的影响。

在城镇化对生态环境的影响分析中，国内学者李明明（2008）重点对于资源型城市的可持续发展水平进行研究，通过运用生态足迹的方法，运用时间序列数据纵向比较了城镇化发展过程中所带来的生态环境的问题，表明了城镇化的发展模式由粗放型向集约型转变。

荣宏庆（2013）分别从人口城镇化、经济城镇化和城镇交通扩张三个方面分析。实证上，张乐勤（2016）从环境胁迫角度对城镇化与生态环境之间关系进行研究，测算了安徽省城镇化过程中的环境胁迫指数，并用回归分析方法，研究了其城镇化和环境胁迫指数间的演化规律。钟海玥等人（2018）对于西部地区的城镇化发展过程中，所承受的生态环境水平的压力进行分析，认为西部地区城镇在未来要实现可持续发展，应该加强政府的作用和基础设施的建设水平，才能实现城镇与生态环境的协调发展。

（2）生态环境对城镇化的影响研究

1972年，以梅多斯为首的罗马俱乐部成员出版的《增长的极限》一书中强调了当经济发展到一定程度时，自然资源会对经济增长方式产生约束作用。Gandy（2012）的研究更为细致，选取生态环境系统中的水资源研究对城市发展的影响，而York（2017）则从理论基础上研究了城镇化过程中土地、能源资源、水、环境容量、生态安全等对城镇化的约束机理和制约效应。

国内学者刘耀彬（2011）认为资源环境对城镇化既有促进作用，又有制约效应，这种影响是动态的、阶段性的。在城镇化最开始时期，一点点的资源投入就可以带来城镇化的快速发展；当城镇化日趋成熟，随着资源环境的投入不断增加，城镇化进程反而受到制约；当城镇化再进入一个更高的阶段，城市的发展为资源环境的使用提供了足够的空间，资源环境又对城市发展体现出积极作用。因此刘耀彬提出，城镇化的发展并不是越快越好，其发展规模、强度和速度一定不能超过资源环境承载力。梁伟（2017）通过构建空间联立方程，对城镇化、经济发展与雾霾污染之间的关系进行研究，研究发现雾霾的加剧能显著抑制城镇化率的提升。张泽义（2017）利用Luenberger生产率指数，引入环境污染，测算了长江经济带112个地级市州2005—2014年的绿色城镇化效率，其研究证明如果忽略环境污染将导致真实的城镇化效率水平被高估，而环境污染则是效率损失的主要原因。

（3）城镇化与生态环境耦合协调发展研究

美国学者R. E. Parke（1987）将自然平衡和生态网络等生态学理论引入资源环境与城镇化关系的研究，开创了生态学与城镇化及资源环境研究的先河。Marco Janssen（1998）等从经济、能源、气候多因子角度研究生态经济耦合协调。实证上，Grossman 等（1995）最先提出环境库兹涅茨曲线（EKC 曲线），认为城市发展和生态环境之间存在倒“U”形发展规律。McKinney（2006）指出城市化进程会对生物的多样性产生不利的影响。Harveson（2007）等人选择佛罗里达州 30 年的数据，进行数据分析，认为人口数量的激增和城市化的进程会不利于其他生物种群的生存与发展。Roark（2011）运用了双对数模型来分析城市与生态环境协调发展的关系，与其他研究者所使用的方法略有不同。

国内关于城镇化与生态环境的研究已非常丰富，陈泓冰（2000）基于1990—2000 年的数据，利用耦合协调度模型评价了湖北省城镇化与生态环境的协调发展状况。李波、张吉献（2015）借助探索性空间数据分析法基于GeoDa 软件绘制莫兰散点图对中原经济区城镇化与生态环境耦合发展的时空差异性特征展开了分析。谭俊涛（2015）研究了吉林省及其 9 个地级市的城镇化与生态环境的协调度，分析了吉林省城镇化与生态环境协调度的时空演变。方创琳等（2016）以特大城市群地区为研究对象，分析其城镇化与生态环境存在的交互耦合效应，并探索二者交互耦合的理论框架及技术路径，总结出特大城市群地区城镇化与生态环境交互耦合圈理论。刘传哲（2017）对中国省域 2005—2015 年城镇化与生态环境协调发展的时空特征进行了分析。孙黄平、黄震方等（2017）通过对泛长三角城市群的研究发现，城镇化与生态环境的耦合协调度具有空间自相关性，并且在空间上存在显著的高值集聚和低值集聚。严珅等（2018）通过构建城镇化与环境质量评价指标体系，运用协调发展度模型，定量分析了京津冀地区城镇化与环境质量的协调度。沈菊琴等（2019）研究的是城镇化与水资源的关系。

综上所述，有关城镇化与生态环境的研究内容已经非常丰富，研究方法各异，国外研究取得了一些重要成果，但集中在理论层面的突破研究；国内学者开展了一些实践应用研究，但主要集中在东南沿海、西北内陆以及大城市地区，由于我国区域差异性较大，这些成果对黑龙江省城镇化与生态建设协调发展的指导作用不大，且研究内容对具体分析城镇化与生态环境建设良性互动模式的这一类的研究相对匮乏。本书立足黑龙江省省情，借鉴国内外先进发展经验，构建黑龙江省城镇化与生态环境良性互动发展模式，为黑龙江省新型城镇化建设提供思路借鉴。

1.3.4 黑龙江城镇化与生态环境建设机遇与契机

中国城镇化最突出的特点是人口最多、城镇最多。新型城镇化的目标是不以牺牲生态环境为代价，优化城镇布局，实现城乡基础设施一体化，在可持续发展的基础上促进经济社会发展，其中城镇化与生态环境建设良性互动是新型城镇化的重要内容。目前，中国各地区城镇化水平稳定增长，黑龙江省作为东北的老工业基地和农副产品的大产区，不仅拥有丰富能源和相应的工业基础，还拥有更为先进的农业技术，从新中国成立初期到现在黑龙江省城镇化经历了六个阶段，从第一阶段快速发展阶段到第六阶段缓慢发展阶段，虽然期间黑龙江省城镇化水平也呈现出较快的发展趋势，但由于生态环境保护问题，影响了黑龙江省城镇化推进的步伐。伴随着黑龙江省城镇化的推进，破坏了原有的生态平衡，城镇人口大量增加，人类的密集活动，生活垃圾的增加，汽车尾气的排放；城市径流量增大，水污染加剧，城市用水紧张；固体废弃物增多，气候变化增大，大气污染严重；以及逐渐增加的高污染和高物耗性的产业都对城镇的生态环境产生严重的破坏。生态环境的污染和破坏又制约了黑龙江省城镇化的发展，生态环境污染降低了城市自然资源使用要素的支撑能力，阻碍了城镇投资环境的竞争力，影响了产业结构的升级。

2019年，随着国家政策的大力推广，黑龙江省根据国家相关政策制定全省新型城镇化规划，脱离旧城镇化的观念，根据黑龙江省的基本情况，寻求城镇化与生态环境良性互动发展模式。通过这种发展模式指导黑龙江省大型城市和中小型城镇相互配合、协同发展，使黑龙江省城镇体系得以完善，基础设施建设得以加强，产业结构得到优化，城镇化覆盖率迅速提升，人们的经济水平得到极大的提升。因此，在当前的现实背景下，正确地找出并研究黑龙江省城镇化与生态环境建设良性互动模式，寻求二者协调发展的实现路径，并在取得城镇化迅速发展的同时构建一个节约型和环保型的优质省份。基于此上契机，以黑龙江省为研究对象，以城镇化与生态环境建设良性互动模式为主要内容，找出黑龙江省城镇化与生态环境协调发展的路径，竭力实现对资源的高效利用，对城镇化的大力推进，以及对生态环境的高标准保护，为黑龙江省城镇化的推进和经济的可持续发展提供有益思路借鉴。

1.4 研究内容及方法

1.4.1 研究内容

随着黑龙江省城镇化的发展，城镇化建设取得了一定成效，但是由于城镇化发展进程中生态环境的破坏，导致黑龙江省城镇化速度放缓，面对黑龙江省当前这些生态环境污染的严重问题，找到黑龙江省城镇化与生态环境建设良性互动模式成为重中之重，同时也是本书研究的主要内容，全书内容共分9章：

第1章为绪论。首先明确研究背景，从生态环境危机与旧城镇化困境、城镇化与生态环境建设良性互动的重要性和必要性、黑龙江省城镇化与生态环境建设机遇与契机三个方面解析城镇化发展与生态环境建设的独特关联性，阐明黑龙江省城镇化与生态环境建设良性互动模式的必要性。其次，研究目的及意义、国内外研究现状综述，梳理国内外城镇化与生态环境建设的关联性发展脉络与演进历程，找出相关研究的薄弱面，作为本书重点研究方向。最后，研究方法及内容、研究重点及创新点，通过文献研究法、调查研究法、定性和定量相结合等方法进行研究，重点研究城镇化与生态环境建设良性互动模式的运作。这一部分是对全书内容的总体性介绍，突出本项研究的选题价值。

第2章为本书的理论基础。首先，阐述了城镇化，新型城镇化与生态环境的概念及其相关理论。其次，从理论层面深入解析城镇化与生态环境的独特关联性，阐明了城镇化与生态环境建设良性互动的促进因素和制约因素，揭示了城镇化与城镇生态建设的内在作用规律。再次，运用生态经济学理论、城乡一体化论、可持续发展理论、生态承载力理论等理论阐述了本书的理论基础。最后，阐述了城镇化与生态环境建设良性互动的意义，以此作为本书的理论基石。

第3章分析与归纳总结国内外城镇化与生态环境建设良性互动的模式建设实践与先进经验。一方面分析国外城镇化与生态环境建设良性互动的模式，包括美国、德国、英国、新加坡以及亚洲一些代表性国家。另一方面研究了国内城镇化与生态环境建设良性互动的模式，包括温州、苏南以及珠三角。对国内外模式进行分析，发现各国和各省在发展城镇化过程中同样经历过快速城镇化带来的生态环境问题，但解决问题的方法和途径各不相同。通过分析这些模式和方法为解决黑龙江省城镇化和生态环境良性互动模式过程中的诸多问题起到借鉴与启示作用，以推进黑龙江省新型城镇化建设与生态环境的和谐发展。

第 4 章黑龙江省城镇化的进程及发展模式。首先，从 6 个方面介绍了黑龙江省城镇化的发展进程。其次介绍了黑龙江省城镇化的发展特点，包括黑龙江省城镇人口增长迅猛，但城镇化率增长速度缓慢；黑龙江省城镇化发展类型众多；缺乏产业支撑；黑龙江省城镇建设滞后等。再次，阐明了黑龙江省城镇化 7 种发展模式包括：资源主导型、产业主导型、区位主导性、政策主导型、专业市场型、旅游型、综合型城镇发展模式。最后，分析了黑龙江省新型城镇化建设的路径：以“四化同步”贯穿新型城镇化建设始终；以制度促进要素城乡双向流动；以产业路径激发地区内在活力；以完善的城镇体系带动城乡融合发展；以均等的公共服务保障“以人为核心”；各路径的决定因素与成效。

第 5 章黑龙江省城镇化进程过程中生态环境建设存在的问题及原因。这一章主要分析了城镇化进程中出现的城镇功能特色不突出、城镇化发展的主体动力不足、城镇化发展中体制和机制不足、工业的聚集和扩展等问题。找出了导致问题的原因包括：生态文化薄弱、经济发展和产业结构粗放、城镇生态环境的制度与监督不足、生态环境建设不足等。进而总结出黑龙江省城镇化进程中生态环境存在的问题，包括人口素质偏低、产业结构不合理、环境管理体系不健全、不合理的城镇建设规划、环境保护资金投入不足、法律法规不够完善等问题。以此分析黑龙江省城镇化进程中生态环境建设存在的问题，包括人口素质偏低、产业结构不合理、环境管理体系不健全、不合理的城镇建设规划、环境保护资金投入不足、法律法规不够完善等问题。

第 6 章黑龙江省新型城镇化建设对生态环境影响分析。首先从人口、产业发展、城镇发展、基础设施建设及资源环境保护上分析黑龙江省当前城镇化的现状；从水资源、土地资源、生物资源和气候资源分析黑龙江省当前生态环境现状；在此基础上，分析黑龙江省城镇化建设对生态环境的影响包括：城镇化发展与生态环境内在联系；城镇化发展对生态环境的有利影响和不利影响；新型城镇化影响生态环境质量的路径分析；促进城镇化与生态环境建设的良性互动方式。

第 7 章黑龙江省城镇化进程中生态安全评价。借助模糊综合评价模型，从驱动力、压力、状态、影响、反响等 5 个角度，选取 16 个经济环境因素作为评价因素集，确立各因素的评价因子，对黑龙江省城镇化的生态安全进行模糊评价。梳理分析结果：首先为了快速发展地方经济，提高劳动生产率，提高人们的收入水平，谋求较快的经济增长是以更多的能源为基础、以环境为代价的，也必然导致生态安全越来越差。其次近些年来，政府把城市化作为一个经济的增长极，鼓励越来越多的人从农村来到城市，城市的人口密度越来越大，垃圾排放也越来越多，对于城市的生态安全提出了进一步的考验。最后，随着黑龙江省经济水平的逐渐提高，同时，越来越多的物质需求带来的是日益扩大的生产规模，形成了一个循环，只能使环境越来越差。

第 8 章构建黑龙江省城镇化与生态环境建设良性互动模式。界定城镇化与生态环境建设良性互动模式的含义；分析二者良性互动的作用机制，提出二者良性互动发展的目标和重点；并从优化城镇空间布局，完善城镇基础设施建设、加强生态文明建设，提升生态环境承载力、转变经济发展方式，优化地区产业结构、构建安全环保的现代化综合体系、节约集约利用土地，促进空间城镇化的发展等 5 个大方面以及 13 个小方面提出实现黑龙江省城镇化与生态环境良性互动发展的实施策略。

第 9 章结论及展望。主要对上述研究进行总结，提出结论；并在本书基础上，指明下一步研究工作的方向与研究展望。

本书研究框架如图 1－1。

1.4.2　研究方法

本书采用综合研究方法，结合定性分析和定量分析；以相关文字资料结合统计数据为研究依据，理论与实际相结合，宏观与微观相结合；运用了实证分析与规范分析，运用统计和计量方法对黑龙江省城镇化与生态环境建设良性互动模式进行拟合分析并评价，针对其中存在的问题提出改进途径，主要方法有：

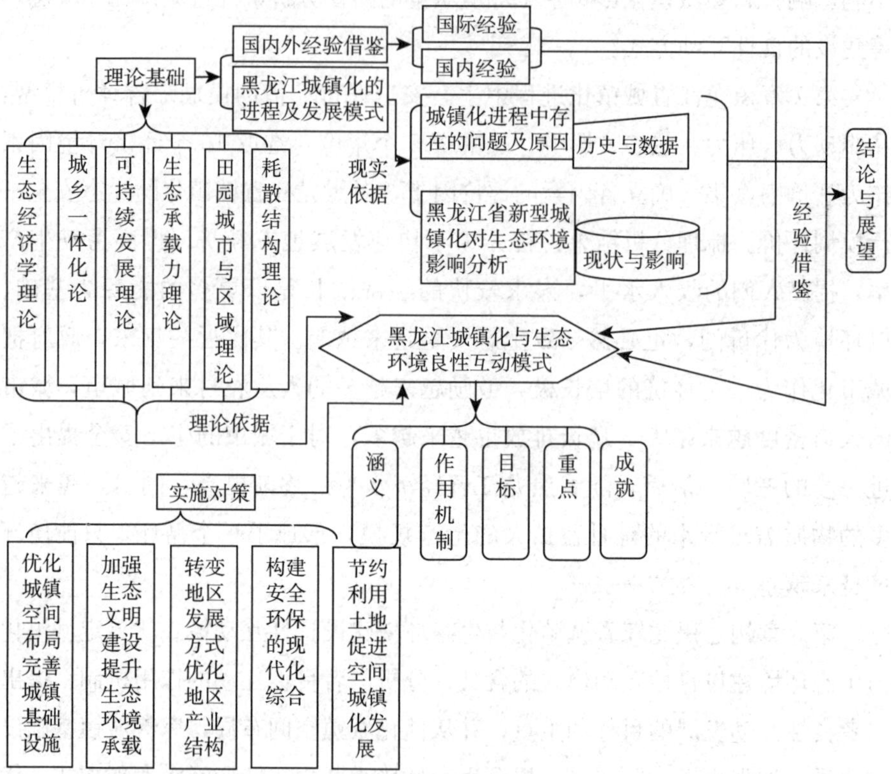

图 1-1　研究框架

(1) 文献研究法

对国内外关于城镇化与生态环境方面大量文献进行阅读、整理、分析和论证，明确研究方法，形成研究思路，构建研究框架。并参考大量最新的、权威的统计数据，概括总结相关观点并汲取一些重要思想，为本书奠定基础。

(2) 调查研究法

对黑龙江省几个主要城市的城镇统计部门、建设部门和环境保护部门进行走访调查，了解城镇人口、产业、设施、资源及生态环境现状，为分析黑龙江省城镇化与生态环境建设良性互动模式提供现实依据。

(3) 定性分析与定量分析相结合

本书用定性分析的方法对城镇化与生态环境建设良性互动模式进行了理论分析，借助生态安全评价模型，实证研究了黑龙江省的城镇化质量，并对分析结果进行定性和定量相结合的综合评价，对黑龙江省城镇化进程中的生态环境问题进行科学评价。

1.5 研究的重点及创新点

1.5.1 研究的重点

本书的研究重点是通过对城镇化、新型城镇化、生态环境建设内涵进行分析，研究黑龙江省新型城镇化对生态环境带来的影响。并且借鉴国内外先进经验与做法，从世界范围看，美国、德国、英国等发达国家，从国内范围来看，温州、苏南、珠三角等地，在城镇化建设和城镇化与生态环境建设等方面积累了丰富经验，对这些国内外先进经验和法制轨迹进行总结与研学，探寻黑龙江省城镇化与生态环境建设良性互动模式，用新型城镇化发展的意识与思想寻求解决城镇化发展中存在的生态环境治理的问题及原因。

1.5.2 研究的创新点

（1）研究方法创新

对已有的城镇化与生态环境建设模式进行了分析研究，在前人已有的城镇化与生态环境建设模式分析研究理论的基础上，选取较为典型的城镇化发展案例，对其发展模式适用的条件进行了分析总结，延伸出了黑龙江省城镇化与生态环境建设良性互动发展模式。

（2）研究内容创新

经过深入调研，系统构建了黑龙江省生态安全评价指标体系，用于衡量和评价黑龙江省城镇化的生态状况。本指标体系对其他省份及地区的城镇化评价均具有指导和借鉴意义。

第 2 章　相关概念界定及理论分析

2.1　相关概念界定

2.1.1　城镇化

2.1.1.1　概念界定

城镇化受到人口、社会、区位、经济、文化等多种因素影响，是具有综合性和复杂性的经济社会现象。国内外学者从不同学科，包括经济学、人口学、生态学、地理学、社会学等学科对城镇化进行了研究。1867 年，西班牙城市规划师 A·塞尔达，最早提出城镇化（Urbanization）这一术语。各学科学者从不同学科和角度对城镇化这一概念进行定义，经济学从生产方式和经济模式的角度来定义城镇化，人口学从农村人口转化成城镇人口的过程来定义城镇化，生态学认为生态系统的演变过程也是城镇化过程，地理学角度界定城镇化是农村区域转变为城市区域的过程，社会学家从组织变迁和社会关系的方向定义城镇化。

本书对这些概念进行深入思考，结合学者张友良（2012）对城镇化全面系统的论述，对城镇化内涵做出如下界定：

城镇化，是一个国家或区域，随着经济发展和科学技术的进步，社会生产力得以提高，产业结构逐渐优化，社会从以农业为依托的乡村型社会逐渐转变为以工业为主的第二产业和以服务业为主的第三产业为依托的现代城市型社会的过程。城镇化的主体是经济产业结构、城乡空间社区结构、人口就业结构的转化以及生态系统的演变过程。城镇化的特征主要体现在 3 个方面：首先，劳动力从农业方面向非农业方面转移；其次，人口从农村到城镇空间上的转换；最后，除农业以外的各产业向城镇聚集。城镇化的概念具有综合性，主要涉及以下 5 个方面：

（1）人口城镇化

是指社会生产力发展到一定阶段，劳动力从农业方面向非农业方面转移，人口从乡村到城镇空间上的转换的演变过程，它也是客观地衡量中国实际城镇化水平的标准。

（2）经济城镇化

主要指经济结构的非农化和经济总量的提高，以及整个社会经济中城镇区域产出比重持续的上升状态。

（3）社会城镇化

即城镇文化、价值观念、生活方式等由城市向乡村扩散，人们的行为习惯、生产方式、思想观念，随着城镇化的推进进而发生转变的过程。

（4）产业结构城镇化

其本质是指各产业之间结构比例的优化升级，即三大产业包括第一产业、第二产业以及第三产业遵循经济规律，在城镇化过程中各产业之间结构比随之优化的演变过程。

（5）城市建设和生态环境城镇化

即城镇数量和规模增加、城镇空间形态扩大、城镇基础设施不断完善、城镇景观的不断涌现、城镇生态环境承载力增强、城镇生态环境整体优化。

综上所述，城镇化不仅是人口从农村到城镇空间上的转换，非农产业向城镇的聚集，从而使城镇规模扩大、数量增加，集约化和现代化程度提高的过程，而且也是指城镇文化、价值观念、生活方式等由城市向乡村扩散，进而人们的行为习惯、生产方式、思想观念，随着城镇化的推进而发生转变的过程；在社会中，城镇文化主导地位日益增高，乡村文化的影响逐渐消失；居民整体素质得到提高，农民的一些思想观念和生活习惯也发生变化，人们越来越关心居住环境和生态环境保护。可见，城镇化既有人口的集中，产业的升级，空间形态的转变，也有精神文化方面的转变，包括农村生活方式、行动方式和思想方式向城镇生活方式、行动方式和思想方式无形的转变。城镇化除了对城乡居民生活条件的改变，还要实现城乡居民收入水平不断提高，素质和能力的不断提升。

2.1.1.2 城镇化积极影响

城镇化是中国经济发展的一个必经过程，也标志着中国现代文明的进步，在城镇化发展过程中带来很多方面良好的转变。首先城镇化推进的过程有效缩小了城乡差距，对乡村发展起到了带动作用，乡村人口逐渐向城镇转移，为农民增加了创新创业机会，培养了一批创新型人才，同时也充分利用了一系列可利用资源，为中国经济的可持续发展助力。其次，城镇化的发展也革新了农民的思想，提高了农民的素质，缓解了农村人地矛盾的压力，带来了无限的可能。再次，城镇化促进了资源的优化配置和产业结构的调整，吸引了更多的生产要素向城镇聚集，从而可以实现市场扩展、增加更多就业机会、推进新型工业化完成。最后，城镇化为农村富余劳动力提供工作岗位，缓解了农村人地紧张矛盾的同时，增加了农民收入，逐步缩小城乡区域差距，协调城乡区域发展，有利于实施国家区域发展总体战略。

2.1.1.3 城镇化消极影响

城镇化也有一定的弊端，中国作为农业大国，人口多，底子薄弱，劳动力素质偏低，在实现城镇化的转变过程中，遇到极大的阻力。首先，城镇化影响新的农业科技成果在乡村的应用。城镇化的发展使大量乡村年轻的劳动力转移到城镇，乡村剩余劳动力大多数为老人，他们承担了繁重的农业工作，又对新的科技知识知之甚少，导致一些先进的农业科技成果在乡村普及和应用受到不同程度的影响。其次，随着城镇化的推进，人口从乡村往城镇转移，导致乡村低素质劳动力比重增加。由于中国城镇化水平发展的不平衡，导致优质的农村劳动力涌入一些发展较快的城镇化地区，使得农村优质劳动力大量流失，农业工作多数由素质低下劳动者承担，这些劳动者在从事农业生产过程中，不仅效率低，而且耗时长，影响农业耕种的时效，并且农忙时农业生产劳动力价格猛涨，导致一些农业劳动作业不能及时有效地开展，农业生产效率下降，耽误了农时，使农业经济效益受到损失。最后，城镇化使农村留守老人和儿童缺乏关怀，弃耕农田问题日益加剧。农村优质劳动力向城镇大量转移，导致留守农村者多为老人和儿童，这些弱势群体无人照料，无法承担繁重的农业生产活动，引起耕地无人耕种，良田无人种植，长此以往良田成为荒地，影响了中国社会主义新农村建设的推进，也可能会产生粮食安全的问题。

2.1.2　新型城镇化

2.1.2.1　内涵

新型城镇化建设是党的十八大提出的新战略。因此，新型城镇化是我国特有的概念，是在科学发展观的理念下，实现以人为本、城乡统筹、城乡一体、产城互动、节约集约、生态宜居、和谐发展为基本特征的城镇化，是对西方城镇化和传统城镇化的超越，也是对自身城镇化实践的逐步完善。

城镇化，是一个国家或区域，随着经济发展和科学技术的进步，社会生产力得以提高，产业结构逐渐优化，社会从以农业为依托的乡村型社会逐渐转变为以工业为主的第二产业和以服务业为主的第三产业为依托的现代城市型社会的过程。而新型城镇化是一种经济社会发展的具体方式，它的发展机制由政府引导和市场主导两方面构成，对各种规模的城市和小城镇进行合理布局促进其协调发展。按照统筹城乡、布局合理、以大带小、功能完善、节约土地等原则，形成以城乡一体、经济高效、资源节约、社会和谐的绿色、低碳、智慧、集约型的城镇化道路，促进城镇化、农业现代化、工业化、信息化各方协调发展和良性互动。新型城镇化包含了资源能源可持续发展、城乡一体、产业协调发展、绿色低碳、空间布局合理、农民的市民化、生产要素合理分配等要素，新型城镇化建设的核心思想与生态环境建设是一致的，都是保护自然环境、尊重自然环境、顺应自然环境。新型城镇化区别于旧城镇化的内涵主要包括以下几个方面：

（1）新型城镇化是公共服务和当地居民协调发展的城镇化

仅有劳动力从农业方面向非农业方面转移，人口从乡村到城镇空间上的转换的城镇化不是真正意义上的城镇化，仅有人口数量的增加和产业的优化，而新增人口生活质量若没有得到提升、人居环境没有改善，无法享有基本的公共服务，也称不上高效的城镇化。新型城镇化要建立新的城镇人口管理制度，统一城乡的居住地登记体制，给予新增人口以完全的“市民权”，让新增常住人口在医疗、养老、教育等社会福利方面与当地居民享受同样的待遇和权利。

（2）新型城镇化是经济、人口、资源和生态环境相协调的城镇化

新型城镇化，是在城镇资源和生态环境承载力范围内聚集产业和人口，努力发展循环经济、低碳经济，节能减排，保护和改善生态环境。重视城市生态环境建设，增加城市内绿地和城市周边林地面积，推动人与自然和谐相处，建设生态型城市。保障城镇化建设的质量，按照生态环境保护标准，对污水、垃圾、噪声等污染物进行严格管控和处理，进而实现城镇化不间断的推进。

(3) 新型城镇化是与农业现代化、工业化、信息化同步推进的城镇化

推进城镇化，农业现代化是基础，工业化是动力，信息化是导航，“四化”之间相互作用，实现有机融合。城镇化作为载体和平台，推动了农业现代化的发展速度，为工业化和信息化提供了发展空间，发挥着不可替代的主导作用。新型城镇化与农业现代化协调发展、融合了信息化和工业化，最终促进城镇发展、产业支撑、人口比例和基础设施建设和谐统一，促进公共资源在城乡之间均衡配置，形成以城带乡、以工促农、工农互惠、城乡一体的新型城乡关系。

(4) 新型城镇化是小城镇与各种规模的城市协调发展的城镇化

优化城市空间布局，引导人口和产业按照所在城市的公共服务功能配套完善资源环境承载力，形成大、中、小型城市，并且对大城市过度扩张进行合理控制，加快健全中小城市基础设施配备和社会福利服务。推动城镇向信息域、数字域、智能域、知识域方向发展，加快工艺流程和生产方式的创新优化。注重新型节能环保产业的发展和已有产业的合理布局，形成产业集群，重点培育环保型新兴产业，造就城镇适宜居住、适宜就业、适宜旅游的生态环境。

2.1.2.2 新型城镇化的特点

新型城镇化，核心是提高城镇化质量，目的是让城乡居民走向共同富裕。通过综合考量，探索出一条生态、节能、集约的新发展路径，要实现城镇建设和产业发展相融合，着力提高城市内部承载力。要为现代农业提供更广阔的市场，让转移到城镇的农村劳动力逐渐适应城镇的发展，给予他们与当地居民相同的社会福利。新型城镇化应该是多方面综合的城镇化，包括人口的城镇化、经济城镇化、社会城镇化、产业结构城镇化以及城市建设和生态环境城镇化，新型城镇化具体特点如下。

（1）规划起点高，辐射能力强

新型城镇化要做到先规划再建设，做到科学规划，合理布局，从而解决旧城镇化城市规模不合理，城市建设混乱、城市化落后于工业化等问题。将城镇管理方法和公共管理系统完善等优势向周边地区和附近农村地区进行辐射，从而带动郊区、农村共同发展。不做孤岛式城镇，拓宽城镇发展意识、规划和措施，以城镇为中心辐射乡村协同发展。

（2）聚集效益佳，途径多元化

城镇化最主要的特点是有聚集功能进而产生规模效益。新型城镇化要在适度扩大城镇规模、增加城镇数量的同时，发展循环经济、绿色经济，提高城镇整体发展质量。中国地域辽阔、地区发展不平衡，由于每个地区情况不同，因此在符合基本原则的要求下，城镇化的实现路径应当是多元化的。根据中国不同的发展阶段，不同的地域，制定符合当地特点和未来发展需要的城镇化实现路径，并且城镇化与人口、生态环境、产业的处理方式也应该是多元化的。

（3）城镇联动紧，城乡互补好

之所以使用城镇化，而非城市化，主要原因是整体考量城市的发展和小城镇的发展，解决好非此即彼或非彼即此或畸轻畸重的问题。中国的城镇化要进行城乡整体规划，打破城乡壁垒，形成城乡之间利益整合、优势互补、共存共荣、良性互动的局面。通过城乡一体化，城镇可以为农村提供强大的发展动力，带动农村全面发展，农村可以为城镇的发展提供有效助力，成为坚实后盾。不能效仿一些发达国家，为谋求城镇的发展以牺牲农村发展为代价的道路，那样得来的发展只能是一时的，很难长远。

（4）人本气氛浓，个性特征明

新型城镇化不是创造城镇而是以人为本建设城镇。因此，从人的生存需要出发，从主观能动性出发，创造适宜人类居住的生态环境，建立良好的为人服务的功能，增加城镇的人文关怀，从而促进居民自由而全面的发展，是以人为本的城镇化。中国的城镇要有自己鲜明的特征，每个区域，每个城镇都应该呈现自己突出的个性，城镇应根据所在地不同的背景、基础、生态环境和发展条件，打造别具一格的中国城镇。

(5) 保护生态环境，促进二者良性互动

城镇化的发展与生态环境保护的关系是相辅相成、互相促进的。以牺牲生态环境为代价的城镇化发展长久不了。城镇化与生态环境建设良性互动非常重要，城镇化发展所建设的人工生态环境，建设城镇基础设施的同时，改善了城镇生态环境，还能发掘经济可持续发展潜力和拓宽城镇化建设的内容。生态环境建设对新型城镇化效率的提高和发展的质量具有积极的推动作用，城镇化推进过程中会形成人口大量增加和各种产业加速聚集，可能会因此带来各种负面问题，通过生态环境建设可以调整经济产业结构，优化城市空间格局、充分利用劳动力和城市资源，减少城镇化进程中出现的问题，最终实现产业发展与生态环境建设相互协调。

2.1.2.3 新型城镇化的典型模式

城镇化模式的选择与国家的政治经济体制、经济发展状况等因素有关。国外的城镇化模式主要分为：政府主导、市场主导、政府调控、自由放任四种模式。中国的城镇化经过了多年发展，从旧城镇化转变到新型城镇化发展道路上，新型城镇化的发展模式也在实践中得到了检验，形成了具有中国特色的新型城镇化发展模式。但中国地域辽阔，各地区的背景、基础、生态环境和发展条件都有所不同，并不是所有好的模式都可以直接复制并且能加以推广，各省市不能直接照搬照抄，要根据自身的特点进行借鉴，以下是几种中国新型城镇化典型的发展模式。

(1) 大城市发展模式

中国是一个资源大国，有着丰富的能源和自然资源，但是中国也是一个人口大国，使得人均资源占有率比较低，因此更需要合理分配资源，使其得到最大化的使用效果。大城市的发展相比中小城市更能够发挥集聚效应，也可以使资源得到更有效的利用，对于中国这种发展中国家经济作用巨大。大城市一般是一个地区的中心，它的发展有很强的带动作用，能够带动周边区域共同发展，它的发展也有助于中国新型城镇化发展水平稳步向前，从初级阶段走向成熟阶段。大城市的发展模式无疑推动了中国的经济发展、现代化的建设和加快了城镇化的速度，但在城镇化过程中却不能毫无规划，盲目扩张，要注重城市生态环境保护，提高居民的生活水平，在发展的同时保证城市的建设质量，以促进城市经济的可持续发展。中国地域广阔，大城市之间发展差距较大，发展模式各异，新型城镇化要根据现实需要开展大城市发展模式，找到符合本区域自身发展的道路，不能为“造城”而“造城”，应开发大城市所有潜力，推进新型城镇化建设。

（2）中小城市发展模式

新型城镇化建设中大城市发展模式扩张发展速度过快，使得城市的基础设施、交通、生态环境、公共服务等面临很多挑战，因此国家在合理发展大城市的基础上，提出协调发展中小城市的方案，中小城市发展模式是介于大城市与小城镇发展模式之间，它是可以缓解新型城镇化建设问题的一条新的路径。中小城市的发展既可以缓解大城市发展过程中的在公共服务、交通、基础设施等方面的压力，缩小城市与城市之间的发展差距，中小城市的发展也有利于带动小城镇建设，解决农业人口就地市民化问题，帮助新增人口落实各项权益，助力新型城镇化建设。中小城市发展空间巨大，因此要制定合理的战略，利用其资源优势，充分发挥市场的作用，深层次改革产业结构，根据不同区域找到合适的发展模式，才能又好又快地发展，因此中小城市模式对未来的新型城镇化的发展起到了重要作用。

（3）小城镇发展模式

中国有很多的小城镇，大量的人口集中在这些小城镇，新型城镇化建设的关键之一就是妥善解决这一部分人口的城镇化。农业人口很多都集中在小城镇，因此小城镇是农业人口进行转移的重要地点，肩负着转移农业人口的重担，小城镇发展模式可以缩小城乡发展差距，解决新型城镇化发展中很多现实发展问题，是农村城镇化的重要途径。小城镇在建设中充分利用地理优势，结合实际情况，挖掘可用资源，优化产业模式，发挥市场的作用，促进城镇化由传统向现代的转变。小城镇可以利用所在区域的大城市为依托，通过发展乡镇企业、民营企业实现快速发展。适合发展小城镇的各区域也可以依据区域发展特点，在小城镇发展模式中找到一条适合自身的发展道路。

2.1.2.4 新型城镇化的意义

（1）新型城镇化发展能有效扩大内需

这几年经济下行，吸引投资和扩大内需消费成了抑制经济下滑的救命稻草。因此，党的十八大以来，国家在政策调整上积极推进新型城镇化建设，在某种意义上是拉动经济增长的重要举措。同时也只有拉动内需，转化思想，转变经济发展方式才符合我国经济发展目标，提高人民的生活水平。

（2）推进新型城镇化有助于国土开发有序进行

新型城镇化的一个突出特点就是政府主导，融发展规划与眼前利益于一体。在制定新型城镇化发展目标时，首先对农村土地使用权流转进行改革，对土地性质进行分类，对耕地加以保护。这样不仅调动了农民的积极性，也有力地促进了土地开发的有序进行。

（3）推进新型城镇化有利于解决“三农”问题

目前中国的农村和农业经济发展仍然存在着很多的问题，最主要的问题就是如何增加农民收入。帮助农民增收既是重大的经济问题，也是重大的政治问题，还是解决“三农”问题的关键，因此，应当把解决好“三农”问题作为工作中的重点，根据城乡发展的综合要求，积极努力，切实解决好这些问题。实践证明，发展才是实实在在的大道理，没有发展，就不能破解用地刚性需求与保护耕地的难题，也很难推动农业组织化经营和规模化生产。

（4）新型城镇化可以有效调节社会、政府与市场的关系

中国经济不断的发展，城镇化的速度随着社会和经济不断发展也越来越快，导致社会出现阶层性分化，贫富差距也越来越大，加剧了社会、政府和市场之间的矛盾，新型城镇化的推进帮助政府减轻贫富差距，缓和社会矛盾，促进社会公平，对政府、社会与市场的关系进行了有效的调节。

2.1.3 生态环境

2.1.3.1 内涵

生态环境是被人们广泛使用的一个科技名词，但是人们对其含义的理解和认识却是不一样的。不同学科对生态环境界定各有不同，生态学把生态环境定义为在生物寄居场所中，对每个生物生长和发展具有直接或者间接影响的所有生态因子的总和。地理学认为生态环境等同于环境；环境科学认为生态环境是各种自然要素组成的自然系统，具有资源和环境双重性质。综上所述，生态环境概念的界定范围比环境概念界定范围小，并且更加强调生态和环境的相互作用。生态环境包含生态和环境两个词语，生态是指生物在一定的自然环境下生存和发展的状态，也指生物的生理特性和生活习性，以及它们之间和它与环境之间环环相扣的关系。环境是人类生存的空间及其中可以直接或间接影响人类生活和发展的各种自然因素。生态环境是生命有机体所在的环境，是影响生物生存与发展的一切外界条件的总和。生态环境由许多生态因素综合而成，其中生物因素有动物、植物、微生物等，非生物因素有气候、水文、地质地貌等，在自然界中，各种生态因素相互影响，相互联系，共同对生物发生作用。

事物都在不断的发展当中，对生态环境的定义和解释也在不断地完善。当前学术界普遍认可的定义是，生态环境是指对人类生存和发展产生重要影响，依赖包括水、生物、土地、气候等在内的各种自然资源的一个复杂且能够自身循环调节的复合生态系统。在本书中，从城镇化的视角，将生态环境进一步补充为，除了由生物因素（指人类以外的生物界）和非生物因素（指生物以外的自然条件，包括气候、水文、地质地貌等因子）影响的自然生态环境外，还有因为人类不断干预自然环境产生的社会生态环境，比如城镇化发展引起的生态破坏类型与程度。随着经济的发展，各国越来越重视生态环境的建设，中国也明确了生态环境保护目标，通过生态环境建设，促进自然资源科学合理的利用，从而减轻自然灾害的危害，通过建立自我修复能力强且良性循环的自然生态系统，推动中国社会和经济的可持续发展。

2.1.3.2 生态环境的特点

通过对生态环境含义的分析，可以总结出本书具体研究的生态环境具有以下特点。

第一，发展性。生态环境并不是静止的客观存在，而是不断变化发展的，一方面来自环境主体的运动发展将对生态环境产生作用，引起生态环境系统某些结构或因素的变化。另一方面，生态环境内部各因素之间也存在着相互作用的关系。总之，生态环境的主体及内部各要素之间相互作用共同促进了自身的发展。第二，相对稳定性。生态环境的变化发展不是快速、突然的，而是随着外界或内部因素的变化缓慢的发展，因此在一定的时间范围内，具有稳定性。此外，生态环境还具有一定的自我调整能力，只要外界干扰因素在其可承受的范围之内，生态环境均可以通过自我调节，恢复到比较稳定的状态。第三，整体和区域性。生态环境是由各个环境要素组合而成的有机整体，具有整体性；但由于地理位置、外界干扰因素不同，不同区域的生态环境呈现出一定的差异性。

2.1.3.3 生态环境公共产品特性

生态环境具有公共产品的特性，与公共产品一样具有非竞争性和非排他性。非竞争性描述一部分人对某件产品的消费，不会影响其他消费者对该产品的消费，或者消费者从这一产品获得收益也不会影响其他消费者从这一产品中获得收益。非排他性，是指消费者之间是平等的关系，一部分人对某一产品或者服务的消费，不会或者无法排斥其他消费者对这一产品或服务的消费。由于公共产品具有非竞争性和非排他性，与私人产品具有竞争性和排他性不同，公共物品的特殊性，使得它的生产和提供都是由政府部门通过财政开支安排完成。生态环境作为公共物品，除了非竞争性和非排他性，最大的特征即为外部性。外部性是社会经济生活中，由于某企业或个人的行为直接影响其他企业或个人，但是其他企业和个人并没有因为受到好的影响而支付费用或因为受到坏的影响而未获得补偿。总的来说，外部性可以分为正外部效应和负外部效应，概念中提到的受益而无须为此付出代价，称之为正外部效应；反之，受害而未获得补偿，称之为负外部效应。例如，汽车尾气污染会破坏生态环境，导致空气质量下降，损害身体健康，但排放汽车尾气的人并没有为此付出代价，汽车尾气污染带来的就是负外部效应；又如企业在工厂周围增加绿植覆盖率，为周围的居民带来了清新空气和良好的生活环境，但企业并未获得补偿，企业增加绿化带来的就是正外部效应。生态环境建设由于存在外部效应，通过市场来进行调节，效率会非常低，且资源无法优化配置，因此，生态环境的建设更多需要政府通过制定政策和鼓励措施进行完善。

2.2 城镇化与生态环境关联性理论分析

2.2.1 城镇化与生态环境关联性的含义

城镇化与生态环境独特关联性是指在城镇化推进过程中，客观存在着城镇与生态环境之间物质、能量等元素持续进行交换的一种特有现象。城镇化发展过程中，人口不断的集聚、产业规模扩大、城镇地域面积扩张等不断与城镇内的水、土地、大气以及动植物等生态因子交互关联。由于交互作用，使城镇化发展程度和生态环境优劣相互影响且密切相关，这种相互的独特关联性是复杂的。因此，就需要基于这种城镇化与生态环境独特关联性，对于城镇化与生态环境交互的动态过程进行调整和协同，使二者的关系建立在良性循环基础上，促进两者协调发展。

城镇化与生态环境的独特关联性，是城镇化的各系统与生态环境的各系统相互作用，动态演变的过程，本质上是人类与环境相互作用、相互依赖的过程，在这个过程中人更多地处于主导地位，生态环境处于从属地位。一方面，这个过程中，城镇化的推进对生态环境可能产生胁迫效应，主要体现在城镇化扩张程度和速度、城镇化的规模以及城镇化的经济发展方向等方面。如果城镇化过程中，人类的活动强度超过生态环境可承受范围时，生态环境就会遭到破坏，从而可能会影响城镇化推进的速度，并且还会使城镇化走入低质量发展的困境，城镇化的发展因此受到生态环境发展的限制。另一方面，在产生胁迫效应的同时，也具有积极的促进效应。如果城镇化建设过程中，做好合理规划和设计，政府部门完善相关体制，可以促进城镇化高质量发展。重点对人口集聚、环境教育、资源集约及污染集中治理等方面进行完善和加强管理，以促进生态环境对城镇化发展的积极影响，并且通过合理规划和设计也可以提高生态系统的层次，促进生态系统良性循环发展，对城镇未来的居住、投资、产业等提升具有重要意义。

城镇化的发展一定程度上对生态环境造成破坏，而我们要考虑如何能在破坏最小的范围内仍能把城镇化同时发展得好，这是一个巨大难题，我们最好将范围控制在自然环境的力量可以自行恢复的区间内，这样的城镇化才可以真正地得以实现。城镇化与生态环境的关联也让我们真正了解到黑龙江省发展新型城镇化仍是任重而道远。我们有许多地区仍需开发，就像当年将北大荒开发为北大仓一样，而这次的新型城镇化，我们不能单单以农业、工业为主，而是更要注重新兴产业，注重人民的一面，要让黑龙江省人民肯定我们黑龙江省的发展可以协调经济与环境的关系，才能真正得到国家认可。在不断协调环境与城镇化的建设过程中，以不破坏生态环境为基础，采取多种方式，保护生态环境，例如垃圾分类、节能减排、循环利用等措施，在城镇化建成后，要实施产业生态化，发展生态循环经济，加强生态文明建设，提高居民素质和保护生态环境意识，使得城市发展带动环境改善。

2.2.2 城镇化与生态环境的互动效应分析

2.2.2.1 生态环境对城镇化的促进和约束作用

(1) 促进作用

城镇维持可持续发展的重要条件是有良好的生态环境，生态环境的建设对城镇社会和经济的发展起到了十分关键的作用。生态环境建设对城镇化的促进作用主要体现在以下几个方面：优质的城镇环境，可以很好地打响城镇的知名度，增加其对附近地区的辐射能力，促进周边地区共同发展，从而提高整个城镇的运行效率，还可以促进城镇有形固定资产的大幅增值；良好的生态环境能够为城镇提供较好的物质基础、较强的生态要素支撑能力，有利于城镇空间的进一步拓展和经济的未来发展；适宜的城镇居住环境，有利于吸引新型节能产业的聚集以及高端人才的入驻，从而提升城镇的整体竞争力；良好的生态环境，还可以有效聚集各种资源，包括劳动力、资金、技术等，促进城镇化高质量发展。

(2) 约束作用

生态环境的破坏会制约城镇化的发展速度，带来很多问题，主要体现在以下几个方面：生态环境的破坏，居住环境舒适度变低，影响居民生活质量，导致人口流失，从而影响城镇化的发展；生态环境被破坏会使城市失去物质基础，还会降低生态环境要素的支撑力，抑制城镇化的推进；生态环境的破坏，还会增加灾害性事件发生的概率，间接影响城镇化的进程；生态环境的破坏也会导致企业的流失，抑制产业结构优化，降低所在地的投资环境竞争力，减慢城镇化步伐；政府为了修复破坏的生态环境，需要投入大量财政资金，从而制约当地经济的发展。

2.2.2.2 城镇化对生态环境的促进和胁迫效应

(1) 促进效应

伴随着人流、物流、资金流、技术流、信息流向城镇的聚拢，城镇化对生态环境的促进作用由此凸显。具体表现为：城镇化的资源集约效应促进了技术管理水平的提高，从而提高了资源利用率，减少了废弃物的排放；城镇化过程使人口向城镇聚集，有利于合村并镇和农村土地的集约经营，也缓解了农村劳动力的就业压力和当地的生态环境的压力；城镇化通过开发新型环保材料产业、清洁能源产业、可再生能源等环保产业，新型环保产业重组了城市的产业结构，减少了污染物的排放，减轻了生态环境污染；城镇化的推进，提高了居民的整体素质，促使居民转变生活方式，增强生态环保意识，在无形之中提升了生态环境的承载力。

（2）胁迫效应

城镇化对生态环境的胁迫作用，主要包括三个方面：城镇经济发展、城镇空间扩张、城镇人口聚集。具体表现如下：城镇化过程中，随着经济发展聚集了大量的企业，企业的增加导致产业结构的变化和使用地规模的扩张，增加了资源、能源以及生态环境的压力；城镇人口增长过快以及由于城镇化水平提高而导致的城镇人口消费水平和消费结构的转变，使得生态环境压力愈来愈大；城镇化过程增加了对空间的拓展，为了经济利益，人们尽可能地在有限的土地上建造更多的建筑物，而忽视了对园林绿地上的规划和建设，导致城市严重缺乏绿地问题凸显，以及对农业用地的侵占破坏了原有的生态平衡，带来了一系列的生态环境问题。

综上所述，城镇化与生态环境互动效应是城镇化的一个要素和生态环境的五个要素之间相互作用的结果。在城镇化进程中，城镇化与生态环境两个系统相互促进、约束与胁迫，其关系如图2-1所示。

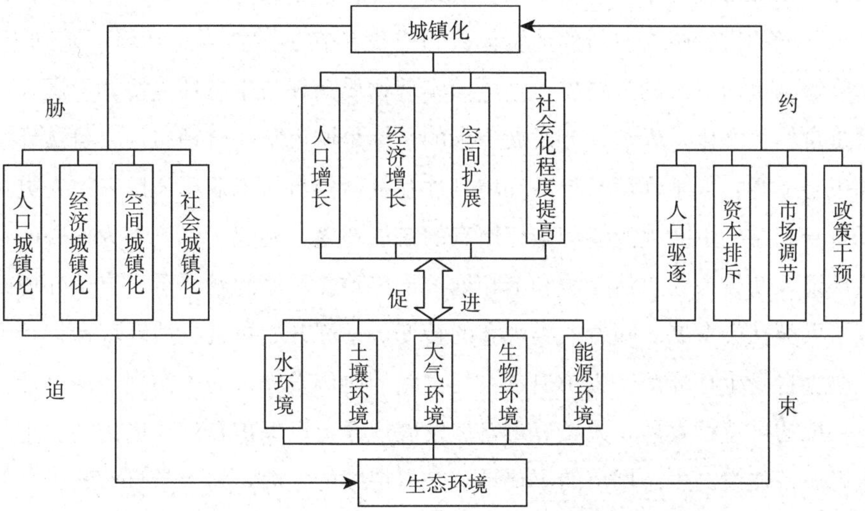

图2-1　城镇化与生态环境互动效应示意图

2.3 城镇化与生态环境建设的相关理论

2.3.1 生态城市理论

生态城市内涵是优化城市空间布局、基础设施完善、环境清洁优美、居民生活舒适、信息科技发达、物能高效利用，经济发展、社会进步与环境保护三者之间保持良好关系，从而达到生态良性循环的城市复合生态系统。生态城市的基本特征：首先是经济生态化，经济生态化的核心是经济发展与生态环境保护同步，这就要求城市发展过程中，通过技术手段实现清洁生产、开发清洁能源、提高资源使用效率，最终建立生态型产业体系。生态城市既要实现经济增长，也要提高生态质量，力求经济、社会、环境三者之间协调发展，因此城市发展必须以保护生态环境为基础，建立生态型社会经济体系。其次是社会生态化，生态城市的居民具备较高的科学素养和文化水平，拥有生态环保意识，倡导生态价值观。传统经济发展模式，把国内生产总值的增值作为最主要目标，不顾自然环境破坏以及生态价值的丧失，将环境成本排除在社会经济生产体系之外，以牺牲生态环境换来的经济发展，使得环境污染加剧，资源消耗过度，最终导致经济发展速度下降。生态环境建设要求在生态城市进程中，倡导新消费模式，在符合生产力发展水平的同时符合生态环境的供给能力。新的消费模式力求做到在不危害生态环境的基础上，又能够满足消费者的消费需求，进而实现物质消耗与生态环境协调发展。最后是自然生态化，人类社会发展追求的目标是城市空间合理布局，自然环境和生态平衡，人工环境与自然环境良性互补。但自从工业革命以来，人类为了自身利益，不断地改造和破坏原有的自然环境，构建了以人类为核心的自然环境，使得人与自然无法和谐相处，最终致使环境问题严重，自然环境约束了人类社会发展。随着人类观念的转变，逐渐开始重视自然环境保护，为了改善自身生存环境；为了追求人与自然的协调发展；为了实现经济、社会与环境的可持续发展，人类尊重自然发展规律，以保护自然环境为核心进行生态城市建设。生态城市的主要理念是可持续的发展，将人与自然置于平等地位，追求人与自然共存共荣，是人们追求高质量生活方式的理想选择，是中国推进新型城镇化发展的正确方向。

2.3.2 城乡一体化论

随着经济的发展，城乡发展差距逐渐增大，城乡二元结构对经济社会的发展已经起到制约作用，城乡差距的增加，对我国社会稳定构成了潜在的威胁，学者开始研究城乡一体化建设的可行性。不同学科从不同角度研究城乡一体化，经济学认为城乡一体化是通过对城乡产业的优化布局、生产力的合理分工，实现经济利益的最大化。社会学认为城乡一体化建设可以促进经济和社会的协调发展，均衡城乡劳动力的合理分配，从而达到城乡经济与社会共同发展。从生态环境的角度，认为城乡一体化建设是城乡环境的一体发展，实现城市和农村生态环境的有机结合，摆脱生态环境问题，促进生态环境的治理和生态环境的保护，保证自然生态的良性循环，是自然环境与人工环境的有机结合。社会学和人类学认为城乡一体化是指城市和乡村消除经济、社会、文化等方面发展上的地域差距，有效地利用资源，实现生产要素的最优组合，实现人员的最佳配置，不断缩小城乡各方面的差距，使得城市和农村实现经济和社会的协调发展，最终完成城乡一体化。城乡一体化是中国实现城镇化发展的必经之路，城乡一体化的内涵是把城市与乡村、工业与农业、城镇居民与农村居民视作一个整体，改变原有的城乡二元经济结构，确保城乡在经济、服务、文化上保持一致，使城乡经济、社会发展、生态环境三者和谐共进。城乡一体化作为中国经济转型期的关键，它符合人们对良好的生态环境的向往，缓和城乡矛盾，促进中国经济的均衡化发展。

2.3.3 可持续发展理论

可持续发展理论强调资源的可持续利用，这就需要人地关系能一直处于协调状态，最终实现人与自然和谐共处的目的。可持续发展理论包括四大基本内涵：一是发展的多维性。发展的多维性追求的是因地制宜发展，世界上各个国家和地区的地理环境、经济、文化等背景都不一样，因此在发展模式的选择上，要立足实际，走符合国情、区情的多样化、特色化的道路。二是发展的协调性。协调发展一方面是人与自然的整体协调，另一方面包含世界、国家和地区之间的空间协调，还包括人口、经济、社会、环境及内部各个子系统的协调。三是发展的共同性。地球上的任何一个国家和地区是既相互独立又相互作用的子系统，一个子系统出现问题，其他子系统以及系统整体都会受到影响，因此，可持续发展的目标是整体的、公平的、共同的发展。四是发展的高效性。可持续发展理论追求的是人口、经济、社会、环境等子系统协调发展下的高效率发展。可持续发展认为正确的发展模式是“既满足当代人的需要，又不影响子孙后代满足其需要的能力”，在发展经济、稳定社会、提高人民生活水平的同时，最重要的是保护好生态环境。可持续发展理论为人类社会生产明确了发展道路，强调了永续发展的科学观、发展的核心思想以及人地协调的共生思想。旧城镇化进程通过不断消耗资源和能源，发展经济、创造财富，满足人类各种需求，但为了做到长远发展，城镇化过程中，对于城市的规模大小、城市政策体系制定、城市的消费理念的培养都需要可持续发展理论作为指导。在本书中，运用可持续发展理论指导揭示城镇化与生态环境建设良性互动模式的属性特征，进行生态安全评价，以及指导调控建议的提出。

2.3.4 生态承载力理论

不同学科从不同角度界定生态承载力，人类生态学认为生态承载力是生态系统的自我修复、自我调节的能力。自然生态学认为生态承载力是在特定环境下，生物种群个体数量存在的极限。综合分析，生态承载力是指一个生态系统在维持其功能和结构稳定性的前提下，能承受的以人类活动为主的外界干扰的最大限度。对生态承载力主要从两方面开展研究，一方面是生态系统，另一方面是以人类活动为主的外界干扰。生态系统是在一定的范围内，通过物质循环和能量流动，无机环境与各种生物之间、生物群落之间，在相互作用影响下形成的统一整体。生态系统不仅包括草原生态系统、森林生态系统、海洋生态系统等自然生态系统，还包括城市生态系统、农田生态系统等人工生态系统。生态系统为人类提供了空气、阳光、食物、水等生存条件，也为人类提供了煤炭、石油、天然气、矿产等自然资源。生态承载力以生态系统的自我调节功能稳定和资源环境的可持续发展为前提，为生物生存和人类生产生活提供资源支持和环境容量。由于生态环境自净能力的有限性，其容纳的污染物也是有限的，若外界的干扰在合理的强度内，通过时间推移，生态系统可以逐步恢复其功能和结构的稳定。若外界干扰超过了合理范围，生态系统的平衡就会被打破。因此，生态承载力研究主要通过衡量外界干扰对生态系统的影响来判断生态系统的承载能力。为了生态系统的良性发展，人类不能无止境地向大自然索取资源和物质，人类必须以一定的人口、经济和社会发展规模适应有限的生态环境容量，把对生态环境的影响控制在生态系统所能承受的压力范围内，才能确保生态系统安全，实现区域协调发展。本书中，城镇化发展的前提是把对生态环境的影响控制在生态承载力以内，控制对生态环境的资源索取和环境污染，而生态环境建设则需要努力提升生态承载力的阈值，加强生态环境对城镇化的支撑作用。

2.3.5　田园城市与城市区域理论

18 世纪中后期，工业革命带来了生产力的巨大进步和经济的蓬勃发展，但城市的无限蔓延、交通的拥堵不堪、生态的严重失衡、乡村的萧条衰败等问题也随之而来，人们开始重视城乡规划问题，其中，空想社会主义学者提出城乡发展一体化理念，倡导重建城乡发展新秩序，比如欧文主张建设融合型社区——协和村模式等，但限于当时的经济社会发展条件，空想社会主义关于理想城乡建设的实践以失败告终。20 世纪末，霍华德提出“田园城市”理论，他认为城市的过度蔓延和膨胀是由于城市对人口入城有巨大吸引力，要想抑制城市膨胀，需要思考新的城乡规划模式，霍华德比较了在城乡两地生活的优势和劣势，提出城乡结合模式，即建设新型田园城市，将城市与乡村的优势相结合，避免两者的劣势条件。该理论提出后，欧洲各地纷纷实践，但成功案例较少，多数沦为城郊建设。田园城市理论无论是在人口规划上，还是在田园绿化，甚至在城建布局等方面，都具有先创性，对后来的城乡规划理论产生重大影响。英国学者格迪斯认为在城市规划中应重视生态学理念，将规划地发展现状、经济条件、环境资源潜力与约束条件等结合起来进行研究，以全面规划城乡一体化建设，另外，在规划时，还应关注当地历史背景、风土人情、居民建议等。格迪斯提倡区域规划，跳出城市规划的限制，在做城市规划时，兼顾区域层面和乡村层面。美国社会哲学家刘易斯·芒福德在城乡规划领域具有重要影响。当时美国盛行区域主义，且大型城市发展中存在不少弊病，刘易斯·芒福德提出需秉持新的理念，重新规划城乡建设，实现城乡区域发展平衡。该学者认为城市规划不应只注重城市发展，最重要的是实现城市与乡村的整体发展，且在规划过程中，应重视各地人文条件。刘易斯的城乡发展理念中，已经将城市和乡村整合为一个有机生态整体来规划，不仅考虑到整体区域的人口流动与分布，还考虑到城市、农村与生态环境之间的关系，甚至细化到花园、绿化地等层面，可见，在刘易斯的城乡规划思想中，城乡一体化整体发展理念十分明显，生态思想与可持续发展理念已经包含在内。

2.3.6 耗散结构理论

城镇化过程就是为了经济发展和生存需要，不停地与外界进行物质能量及信息的交换，从而获取能源、矿物质、阳光、空气、水等物质能量，同时又不断地向大自然释放工业废料和生活垃圾等污染物，以破坏环境为代价维持自身系统的稳定。而在与外界进行物质能量及信息的交换，维持自身稳定的过程中，系统可能会从无序状态转变为有序状态，或者从高等级有序状态转变为低级的有序状态。城镇化过程本质上是一个人工复合生态系统由城镇化子系统和生态环境子系统互相作用而成，城镇化与生态环境良性互动的程度，决定了整个人工复合生态系统的稳定性、有序度，以及功能和结构的完整。综合分析，耗散结构理论是一个内部存在多种要素的非平衡系统，在与外界进行物质交换的过程中内部各要素之间因形成复杂的非线性相关效应而产生自组织现象。在当前国内研究中，耗散结构理论作为理论基础而被学者们广泛应用于城镇化与生态环境互动关系研究。耗散结构理论认为，城镇化与生态环境两系统交互耦合、胁迫发展而形成巨型复杂系统，其内部要素的相互作用使其构成一个耗散结构体，该结构体因能量与物质的不均衡交换与传递而不断偏离平衡状态。在该结构中，城镇为向人类提供生产、生活所需物质而不断从生态环境中攫取资源，同时又将产生的垃圾等污染物排放到大自然中对其造成破坏；而生态环境作为一个具有反馈作用的系统，当受到诸多因城镇发展而带来的压力超过其自我调节与修复能力的阈值时，将会通过自身变化对人类的生产行为进行反击，从不同方面对城镇的持续发展产生约束。作为一个开放系统，与外界不同的相互作用会对其带来不同程度的影响：若在符合生态规律及资源环境承载力范围内对城镇进行开发与建设，对生态环境造成的破坏可通过其自我调节与自我修复能力恢复，这样即可使系统处于平衡有序状态；如果城镇建设开发强度过高，资源环境无法承受这样高强度的开发，则会使生态失去平衡，环境受到破坏，整个系统处于恶性发展、无序、失衡状态。因此，耗散结构理论对城镇化与生态环境良性互动模式的研究有着深刻的意义。

2.4　本章小结

本章主要是城镇化、新型城镇化与生态环境的概念的界定以及城镇化与生态环境建设的相关理论论述。首先，介绍了城镇化、新型城镇化以及生态环境的概念及其相关理论，以及对本书基于黑龙江省城镇化与生态环境良性互动模式研究所提供的理论指导进行分析性阐述，并且为了后续章节研究需要，本章对城镇化从人口城镇化、经济城镇化、社会城镇化、产业结构城镇化、城市建设和生态环境城镇化五个方面进行了概念的界定。其次，阐述了城镇化与生态环境关联性理论分析，以及城镇化与生态环境的互动效益分析。城镇化与生态环境独特关联性是指在城镇化进程中，客观存在着城镇与生态环境之间物质、能量等的元素持续进行交换的一种特有现象。生态环境对城镇化有促进和约束作用，城镇维持可持续发展的重要条件是有良好的生态环境，生态环境的建设对城镇社会和经济的发展起到了十分关键的作用，然而，生态环境的破坏会制约城镇化的发展速度，带来很多问题；同样城镇化对生态环境也有促进和胁迫效应，城镇化的推进，提高了居民的整体素质，促使居民转变生活方式，增强生态环保意识，在无形之中提升了生态环境的承载力。城镇化对生态环境的胁迫作用，主要包括三个方面：城镇经济发展、城镇空间扩张、城镇人口聚集，通过对二者关联性的剖析，揭示城镇化与生态建设的相互作用的内在关系。最后，阐述生态城市理论，生态城市内涵是优化城市空间布局、基础设施完善、环境清洁优美、居民生活舒适、信息科技发达、物能高效利用，经济发展、社会进步与环境保护三者之间保持良好关系，从而达到生态良性循环的城市复合生态系统；城乡一体化论，城乡一体化是中国实现城镇化发展的必经之路，城乡一体化的内涵是把城市与乡村、工业与农业、城镇居民与农村居民视作一个整体，改变原有的城乡二元经济结构，确保城乡在经济、服务，文化上保持一致，使城乡经济、社会发展、生态环境三者和谐共进；可持续发展理论，可持续发展理论强调资源的可持续利用，这就需要人地关系能一直处于协调状态，最终实现人与自然和谐共处的目的；生态承载力理论，生态承载力是指一个生态系统在维持其功能和结构稳定性的前提下，能承受的以人类活动为主的外界干扰的最大限度；田园城市与城市区域理论，城市和乡村整合为一个有机生态整体来规划，不仅考虑到整体区域的人口流动与分布，还考虑到城市、农村与生态环境之间的关系，甚至细化到花园、绿化地等层面；耗散结构理论，耗散结构理论是一个内部存在多种要素的非平衡系统，在与外界进行物质交换的过程中内部各要素之间因形成复杂的非线性相关效应而产生自组织现象。以上奠定了本书的理论基础，使本书主要内容都建立在深厚的理论根基之上。

第3章　城镇化与生态环境建设良性互动模式的国内外经验及借鉴

鉴于城镇化与生态环境良性互动发展对一国经济和社会持续健康发展的重要性，世界各国都在积极探索适合本国的发展模式。但在实际过程中，因认识程度、资源条件、规划实施等方面的不同，各国所构建的发展模式和实施的效果也有很大不同。发达国家、亚洲先进国家以及中国国内城镇化与生态环境良性互动模式都有许多典型案例值得学习，本章首先介绍国际先进的典型国家以及国内典型省市模式，然后分析这些模式给黑龙江省城镇化与生态环境良性互动发展带来的经验借鉴，以便黑龙江省在新型城镇化建设中，学习经典模式和先进做法和经验，在规划设计、经济结构调整和城乡均衡发展中汲取宝贵经验并结合省情制定出切实可行的发展战略，以推进黑龙江省新型城镇化建设的生态化发展。

3.1　国外城镇化与生态环境建设互动的做法

3.1.1　美国的“精明增长模式”

美国城镇化建设开展得非常早，美国以地区划分，分成了三大城市群：美国第一大城市群是工业化和都市化很高的华盛顿、纽约、波士顿等位于东北部的中心城市群和一系列中小城镇；第二大城市群由芝加哥、底特律等位于五大湖南部的几个城市构成；第三大城市群是以洛杉矶、旧金山湾、圣地亚哥等位于美国西海岸的城市构成。三大城市群成为美国的政治、经济、文化中心，而很多小型城市则以其为标杆，在三大城市群的带动下也取得了一定的发展。美国城镇化空间布局明确，为了实现城镇的均衡发展，大城市仅作为辅助，中小城镇才作为建设重点。20世纪60年代，美国政府进行了“示范城市”计划，旨在将大城市人口吸引到小城镇发展，从而充分发展小城镇。10年间，美国的小城镇人口增长了近25%。在小城镇建设过程中，美国为了提升城镇聚集效能，整合各种要素，组建城镇群，进而带动周边发展，降低城乡差距，推进公共服务均等化，促进城乡一体化，最终实现城乡均衡发展。至今美国城镇化率超过85%，已成为世界上城镇化率最高的国家之一。从美国城镇化三段进程看，城镇化与生态环境协调发展问题在逐步受到重视。在19世纪初的早期阶段，随着领土的西扩，人口从东部开始向中西部地区迁移，呈现均衡分布的趋势。但由于人少地多，难以形成集聚效应，城镇化的进程相对缓慢，城镇化发展对生态环境造成的影响并不明显；在20世纪初的加速发展阶段中，外来移民大量涌入呈现集聚趋势，人均耕地资源降低，伴随工业化进程加快，城镇化开始加速发展，向“蔓延式”增长模式过渡，在城镇化高速发展的模式下出现了自然资源过度投入、环境污染加剧，生态负荷加重等生态环境问题；进入20世纪中后期，随着美国经济的高速发展和企业规模的扩张，土地资源更加紧张，城市中心土地租金高昂，人们开始追求自然生活，逆向流动进入郊区，城镇化与生态环境之间矛盾日益严重，美国政府开始意识到平衡城市经济发展与城市生态环境关系的重要性。相关政府机构、城镇规划专家开始携手解决城镇低密度大面积扩张所带来的种种问题，建立了“精明增长模式”，取代了以往的“蔓延增长模式”，并取得了巨大的成功。

美国的“精明增长模式”包括三个核心理念。一是城镇建设的生态化，制定和出台了许多生态环境保护措施并且加以认真地贯彻执行，与此同时投入了大量资金进行城镇的人工生态环境建设，从而使生态环境很快得到了修复，如鼓励城镇居民绿色出行，以自行车为代步工具得到了城镇居民的极大响应。二是城镇规划的精细化，用最科学的布局规划建设城镇基础设施、人口居住区以及城镇产业等，避免因规划不当导致的资源浪费和环境污染，使城镇资源和土地都得到最合理的利用。三是城镇发展的主题化，根据每个城镇的资源优势和地理优势发展特色城镇，城镇建设和发展过程中都有鲜明的主题，并且注重城镇资源和当地产业发展的对接，既避免城镇之间的同质化竞争，又使每一个小镇的产业发展都有充分的资源保障。表3-1对比了美国在城镇化建设中采用的“精明增长模式”和“蔓延增长模式”两者的特征，从中可见，“精明增长模式”是对“蔓延增长模式”的最大改进，它对于美国的城镇化与生态环境的协调发展起到了很大的推进作用。所以事实证明，在城市化发展和生态环境建设二者之间并非只有选择关系，我们可以以一种长远的，可持续发展的眼光去争取二者之间的协调与良好互动，这必定会使城镇化建设的道路更加平坦无阻。

表3-1　精明增长模式与蔓延增长模式特征比较

特　征	精明增长模式	蔓延增长模式
密　度	密度高，活动中心比较集聚	密度较低，活动中心分散
增长模式	填充式或内聚式发展模式	城市边缘发展，占据绿地或农田
土地使用的混合度	混合使用	统一性的土地开发
空间尺度	小尺度的街区、建筑和狭窄的街道	大尺度的街区、建筑和宽阔的街道
公共设施	地方性的、分散布局，适合步行	区域性、综合性的，适于机动车
交　通	多模式的交通，鼓励步行、骑自行车和使用公共交通	小汽车导向，缺乏步行、骑自行车和公共交通的环境和设施
连通性	高度连通的街道、人行道和步行道路，能够提供短捷的路线	分级道路体系，有许多环线和端头路，步行道路连通性差，对于非机动车交通有很多障碍
街道设计	采用交通安宁措施，街道设计为多种活动服务的场所	街道设计目的是提高机动交通的容量和速度

资料来源：2010国务院发展研究中心研究丛书《中国城镇化：前景、战略与政策》。

3.1.2　德国的“均衡发展模式”

德国的城镇化起步较早，并一直走在世界前列，城镇化率超过90%。结合德国人口、土地资源等背景来具体分析，其城镇化也经历了三个阶段。19世纪初的准备阶段：早期的德意志帝国处于封建社会时期，以农业为主，人口束缚于土地，流动受到经济上、政治上和地域上的阻碍。这一时期，由于还处于早期的农业社会，工业化城镇化进程缓慢，因此生态环境问题还未出现；19世纪40年代至20世纪初的城镇化启动和发展阶段：在工业革命浪潮推动下，加剧人口流动，城镇化开始伴随手工业和商业兴盛得以启动。政府的重视和积极参与，使城镇化的发展与生态环境协调发展，没有出现大规模的生态环境问题。20世纪至今的城镇化快速推进及完善阶段：新兴工业城市迅速发展，中心城市逐渐衰落，交通便利、环境清新、地价便宜的市郊和小城镇或农村成为人口聚居的场所，城镇化提速发展。在城镇化过程中，德国提出了“均衡发展模式”，这种模式主要坚持以人为本的原则，通过合理规划与立法，实现公共服务和社会产品能均衡满足城乡居民的需求，构建城乡之间的均衡发展模式。逐渐改变具有“资源中心”的大城市地位，以防止大城市人口的密集和过度集中，从而导致的污染过度排放，交通拥挤和生态环境严重破坏等情况的发生。事实证明，德国城镇化的“均衡式发展模式”非常成功。目前在德国70%的人口都分布在中小型城市，因中小型城市规划设计合理，各种资源分布均衡，工业区、商业区、住宅区各区域分布合理，使居民生活方便，生活环境宜人。德国在构建“均衡式发展模式”的城镇化过程中，重点保护生态环境，根据各区域城镇的资源优势和不同地理条件以及发展潜能对其进行不同的发展定位。不同城镇在规划设计过程中，从城镇的总体布局到建筑格局，都以保护生态环境为首要任务，所有城镇规划方案均要求保障绿化面积，城镇的森林和绿地面积必须达到30%以上，发展中追求人与自然的和谐。德国这种发展模式本着尊重自然，实事求是的原则，既促进了城镇化的发展，保护了生态环境，又为居民创造了宜居的生活环境。

3.1.3 英国的“特色小城镇模式”

英国是世界上最早开始城镇化的国家，也是最早对城镇化进行探索和反思改革发展道路的国家。根据英国城镇人口特征的变化，英国的城镇化可以划分为两个主要阶段：第一个阶段是工业化早期，城市快速发展导致的“人口集中化”阶段。随着工业化革命的开始，英国的工厂迅速向城市地区集聚，城市的人口规模也日渐增加，城市周边地区也得到了发展，城镇面积不断扩大，城镇与城市连绵成片，最终完全合并，使城市规模急速扩张。这一阶段英国的城镇化大致有三种发展模式。一是大城市中心化模式。以布拉德福德、谢菲尔德等城市为代表的历史悠久的市场中心成为中心城市，或是以卡迪夫、利物浦为代表的港口为主的城镇也成为了度假中心城市。二是大城市吞并小城镇模式。因为一些大城市的发展，周边的小城镇也随之发展，并且地理位置靠近大城市，在大城市的空间推进中被吞并，从而变成大城市的一部分。三是小城镇特色工业发展模式。英国在城镇化的推动下产生了许多如斯温西等工业特色小城镇，包括煤矿类小城镇、纺织类小城镇、交通类小城镇等，这些小城镇都具有独特的产业特色，并且通过产业发展带动了经济发展。“人口集中化”阶段是英国小城镇的黄金发展时期，在此阶段完成了小城镇与城市系统的整合，进而形成了比较完整的城镇网络。虽然第一阶段在城镇化的飞速发展进程中英国的经济得到了飞速发展，但也牺牲了生态环境、浪费了资源、影响了乡村及农民的利益，住房拥挤、环境质量差、生活贫穷等问题凸显，同时英国传统小镇的分布网络和地域性逐渐被工业化和交通的发展所破坏，小镇原有的自然属性也随之发生了变化，致使它们从独立的小城镇变成中心城市的附属。到 20 世纪中叶，人们逐渐厌倦了大城市生活开始向往田园生活，那么城镇化进程也开始步入第二阶段“人口分散化”的阶段。为了解决第一阶段“人口集中化”阶段发展留下的问题。英国政府采取的一系列措施促进了小城镇的转型发展，一方面是城乡规划相关法规的完善和资金的支持，在之前为了经济发展牺牲了生态环境、浪费了各种资源，此时开始反哺小城镇基础设施和公共服务以及改善乡村环境。英国政府通过完善立法和投入资金助推城镇更新，增强城镇活力。另一方面是新城建设。新城建设成功缓解了大城市人口过多的负担。推动了人口从中心城镇向在远郊区规划设置的新城迁移，加快了城镇的基础设施建设，促进了城乡一体化，解决了城镇化发展过快的问题，使更多的城镇通过系统的规划和正常的成长过程运转发展起来。

3.1.4 “花园城市”新加坡

新加坡建国较晚，在建国初期，土地和自然资源的稀缺再加之主权纠纷、产业结构混乱，新加坡政府决定做出改变，使国家的发展不依赖其他国家而是立足于本国的经济，以此为指导，新加坡根据发展需求不断调整工业结构，最终新加坡的经济形成适合国际发展的多元经济结构。这种结构主要以制造业为主，商业贸易、交通运输、金融旅游与国际服务业全方位发展，通过不断地调整和改变，新加坡也逐渐实现了城镇化。短短几十年，新加坡从一个产业混乱的殖民地国家发展成一座环境优美、经济发达、交通有序的

“花园城市”，其城镇化过程引起世界的瞩目，是多国学习的榜样。新加坡城镇化成功的原因有以下几点：首先，整体规划到位。新加坡自建国初期开始便着手城市规划建设。他们最初以100年为规划期限，除长期规划以外，还制定了适合中期和短期发展的城市规划。长期规划目的是制定国家总的战略发展方针，而中期规划与短期规划目的是根据发展情况不断细化，从而做到规划之间环环相扣，相互衔接。新加坡将整个国土划分为5个片区，再将这5个大的片区分为25个小的卫星镇，各区各镇依据功能需要和人口数量配置相应的如医院、学校、公园、交通等基础设施和公共服务，从而解决附近居民的基本的民生问题，既方便了市民日常生活也节约了大量能源。其次，新城旧城共存。新加坡对城市的改造结合了生态环境建设，倡导新旧建筑整体性共存理念，大环境改造不完全破坏旧城面貌。特别强调生态环境建设和旧城改造相结合，单纯的高楼大厦的建筑没有意义，要在保护历史文化、山水湿地、城市记忆基础上建设新城市。建造现在建筑的目的是要打造现代的、地方的、提升民族尊严的世界名城，而保护历史建筑的目的是为了留存城市过去的记忆。因此，新加坡在城镇化过程中，要做到既要保护老建筑又要保护环境，进而将新城建设和保护生态环境与老建筑相结合。最后，布局规划合理。新加坡的建筑高低错落有致，由于国土面积小，建筑密度比较高，但却没有压抑感，这完全归功于布局规划的合理。在建国初期，新加坡就提出打造“花园城市”的目标，并要求所有住宅前均要有绿地，力求做到人均8平方米绿地，但这些住宅的绿地设计并不是完全相同的，会根据各建筑不同设计不同绿化模式。新加坡在之后的城镇化过程中一直都贯彻这个理念，哪些区域可以建住宅，哪些区域可以建高层办公楼，哪些地方需要建广场，哪些地方是保持原样，都已经做好整体布局，如今新加坡全国绿化面积已经超过50%，成为名副其实的“花园城市”。

3.1.5 亚洲先进国家模式

亚洲城镇化建设比较好的国家是以日本和韩国为代表的，这两个国家在城镇化建设中，生态环境保护方面具有丰富的经验。日本城镇化发展的阶段性是与其产业结构调整有着同步性的，通过产业结构升级调整推动日本城镇化的发展。从明治维新至今，日本实施工业兴国战略，根据工业化战略调整城镇化发展，工业化先后经历了初次工业化、加速工业化、成熟工业化和后工业化形态，同样城镇化也经历了初次城镇化、加速城镇化、成熟城镇化和后城镇化形态。但是随着工业化的不断发展，所产生的问题也日渐凸显，如房地产投资过度造成的城镇化泡沫；重工业化造成的环境污染严重；过度大城市化造成的城乡发展不均衡等问题。日本逐渐意识到问题的严重性，因此从20世纪90年代开始，日本城镇化建设以现代服务业如金融保险、科技研发、信息技术等为新的发展动力，现代服务业的主要特征为高科技、绿色、环保、低碳。日本的城市由原来的工业品制造中心向现代服务业中心转变，“绿色发展”成为日本城镇化的核心目标。而韩国城镇化模式是以大城市为发展中心，韩国的城镇化起点并非是工业化，是因为南北战争，导致大量农民失去土地，不得已涌入城市谋生，从而促进了城镇化。20世纪60年代以后，韩国城镇化受到了工业化驱动，快速推动了城镇化发展。为了发展经济，实现现代化，韩国实行“大城市为主、工业为主”的城镇化发展策略。随着工业化逐步提高，工业布局与人口也向少数大城市聚集，形成首尔工业圈，釜山为中心的东南沿海经济带，并发挥了中心城市的辐射作用，韩国用较短时间实现了发达国家城镇化的水平。但大城市的过度膨胀使得人口压力巨大、基础设施不足、环境污染、城乡差距严重等问题凸显。韩国政府为了改善这一现状，规划建设卫星城市，分散大城市人口压力；培育新农村以改善道路、供暖和水电等城镇基础设施；在乡镇构建经济综合体，使经济、文化、教育、医疗一体化发展，从而使中小城市吸纳更多的农村人口。

3.2　国内城镇化与生态环境建设互动的做法

3.2.1　温州模式

温州自改革开放初期就着力发展城镇化，之所以城镇化迅速发展的原因是充分发挥了市场机制的作用。在计划经济时期，政府起主导作用负责城镇的规划建设和城镇居民的生活保障，若农村人口向城市转移意味着财政支出的增加，因此政府会控制农民向城镇迁移的数量。改革开放后，温州抓住了机遇，充分发挥市场机制，率先打破了计划经济体制模式，发展城镇化。城镇化的过程中致使大量的乡镇人口向城市聚集，为了减轻政府负担居民的生活保障和城市的基础设施的财政负担，温州引入市场机制，招标了一部分企业建设城市基础设施，这样既可以有序推动城镇化发展，同时解决了政府的财政负担。温州推进深化户籍制度改革，放宽城镇落户条件，落户的乡镇居民享有与原城镇居民同样的公共服务和社会保障，打破了户口问题对农民的限制，有效地转移了乡镇富余劳动力，也推动了城镇化发展。温州还率先实施了土地有偿使用制度的改革，通过将农村土地抵押、入股、转让等方式，推动了农业现代化发展，使土地资源得到有效配置，解决了进城人口的土地问题，还为新型城镇化建设获得了大量资金保障。温州以乡镇企业为支撑，大力促进经济发展，产业布局进一步优化，相关产业相互聚集，逐步形成了产业群。产业集群的发展，解决了乡镇转移人口的就业问题，城镇化速度得到了整体提升，进而完成了产业区域化，增强了温州经济功能的区域综合性。

3.2.2 苏南模式

苏南地处东南沿海金三角地区，因其优越的地理位置，城镇化率一直都名列前茅。改革开放后苏南地区选用“小城镇为主体，乡镇企业为主导”的发展模式，到了1990年后发展模式变为以城市新区开发为核心的人口集聚和工业规模扩张模式，进入21世纪，选用大城市圈和城镇群为主的技术创新模式。当前，苏南地区城镇化发展模式为“新苏南模式”，这种模式倡导政府与市场协调发展，现代服务业和先进制造业同步发展，城乡统筹一体化发展等。苏南地区大力发展苏州、无锡、常州等城市，并发挥城市圈作用，对周边城市和地区起到了经济辐射和带动作用，同时为了充分体现小城镇的基础性作用，逐步减少小城镇数量，从而提高建设质量。苏南地区附近的乡村受到整体经济结构和产业布局的影响，改变了乡村的经济和就业结构，改善了城乡二元对立的状态。苏南地区工业化的发展也带动农业现代化，利用便利的交通以及技术、资金、人才等优势推动乡镇企业发展，乡镇企业发展到一定规模逐步转变成产业园区，从而吸引大量外部资金扩大企业的规模，改变了乡镇原有的农业发展模式，转变了农业人口的身份，解决了农业剩余人口就业问题，在乡镇居民的生活水平提高的同时逐步建立有序的社会保障体系，有效地保障了乡镇居民能享受到更多的社会服务。苏南地区的城镇化发展模式，实现了城镇化进程的有序推动，解决了乡镇剩余劳动力就业，控制了大城市人口转移的数量，缓解了大城市的人口压力，消除了城乡二元结构问题，是目前为止比较成功的自下而上的城镇化模式。

3.2.3　珠三角模式

改革开放初期，珠三角地区因为交通便利，地理位置优势以及国家给予政策的支持吸引了大量的外资，带动了当地企业以及周边乡镇企业的快速发展，产业的集聚又带动了劳动力的聚集，为城镇化的发展积累了充足的资金、获得了劳动力支持。珠三角地区城镇化进程中，经济发展方式、产业结构、容纳高端产业的能力都得到了进一步提升，完成了城镇化与工业化共同发展。该地区临近中国香港、澳门，因此借鉴了它们的城镇化发展经验，完善了当地的基础设施，促进了城镇群的发展，从而推进了城乡一体化。经过这一期间的发展，珠三角地区的城镇化过程历经乡村工业化、城市工业化，进入大都市化、城市群。经过了几十年的发展，珠三角城镇化的驱动力不断发生变化，对土地、人口等要素动力与外向型动力依赖逐渐减小，创新、知识、环保等动力逐渐增强。珠三角地区的城镇化进程发生重大的转型，从外向型乡村城镇化发展模式，逐渐转向知识型创新型城市群发展模式，进而珠三角地区内部发展条件和外部发展环境都产生了很大变化。珠三角地区在保持原有活力基础上，强化现有城镇化发展模式，加强“动力转型”；通过扩大内需、建立特色文化、完善配套设施、保护生态环境、提高生活品质等方面完成了“质量转型”；通过提供社会保障、教育保障以及住房保障等方面完成了“制度转型”，这些转型促进了珠三角地区城镇化过程的快速发展。

3.3　国内外经验借鉴

3.3.1　国外经验借鉴

相对于国外而言，中国的城镇化发展时间短，速度快，仅用了几十年的时间城镇化率就超过了世界平均水平。黑龙江省是中国的资源大省、农业大省。从整体看，其城镇化发展主要依靠大批非农人口进城务工，属于临时性的暂居人群，其发展具有较大的不稳定性，在发展过程中片面注重城市规模扩张，导致生态环境破坏严重，资源浪费等问题。目前，国家提出的农转非政策将进一步推动城镇化的发展，黑龙江省的城镇化也处于转型的关键时期。基于黑龙江省自身的发展趋势，并借鉴吸收国外先进的城镇化发展经验，为黑龙江省城镇化的发展提供参考。美国、德国、英国、新加坡以及日本、韩国在城镇化的发展历程中重点内容都是在城镇规划、产业结构调整及城镇设施建设上始终把保证生态环境良性发展放在首位，并有完善的法律保证实施，这为黑龙江省寻求城镇化与生态环境协调发展的策略提供了有益的借鉴。

（1）科学的规划方案和严格的法律约束

城镇化是一场深刻的社会变革，是涉及区域调整、产业结构调整、社会关系变革、城乡居民融合等许多工作的系统工程，因此，构建科学的城镇规划体系就显得尤为重要。美国、德国、英国、新加坡等国家的城镇化建设取得成功的关键一点，是以科学的城镇规划方案作为城镇化与生态环境协调发展的行动指南。这些国家的城镇化建设具有非常显著的长期性和超前性特点。在前期规划过程中严格论证且细致地安排了城镇基础设施、各项产业、资源及生态环境等要素，使之做到协调一致发展。科学地构建城镇规划体系，对于村庄、小城镇、县城和城市等不同区域分层次建设，使各区域做到定位明确、功能互补，在保证各区域充分发展的同时避免重复建设。这样，既使城镇基础设施和公共设施实现了最大效能的使用，也使城镇生态环境得到了自觉性的维护，保证了城镇经济和环境的有序运转。在规划的落实方面，用政策甚至法律对规划的执行实施严格的保障，把规划的“权威”性体现出来。城镇化过程中的管理法律法规几乎涉及社会生活的方方面面，加之完善的环境保护法律体系，为城市的管理提供了强大的法律支撑和保障。城市管理人员更是以身作则、严明执法，对破坏城市环境的违法违规行为严惩不贷，坚决杜绝“下不为例”的宽容处理，有效警醒人们共同承担保护城市环境的责任。

（2）市场主导，政府引导

从历史看，各国的城镇化建设也都走过弯路，主要原因在于为了加速城镇化进程和发展经济，过多地依赖于市场机制，忽视了政府调节。由于缺乏政府正确引导，从而导致城镇化建设过程中，城市无序扩张、城镇发展结构失衡、土地资源严重浪费、生态环境破坏等各种问题产生。面对出现的问题，各国通过反思及学习国际上城镇化建设的先进经验，并根据本国实际问题，调整原有的城镇化建设的战略，推行双轮驱动政策，一方面强调市场化的作用，另一方面结合政府调控作用，通过政府引导，重点保障城镇与生态环境和谐统一的发展。无论是美国的“精明增长模式”、德国的“均衡发展模式”，还是英国的“特色小城镇模式”都非常注重通过产业结构、区域结构、要素投入结构和排放结构等方面的经济结构调整优化来作为城镇化发展的推动力。在经济结构调整中，市场和政府的力量配合得当，各尽其职。市场作为主导力量，其内在机制对产业的引导注重绿色环保，企业在生产要素的投入和废物的排放上均有严格环保指标约束，企业在履行环境保护的社会责任方面有严格的自律性，而政府引导的重点是注重产业结构和区域结构调整的不断优化。德国的城镇化建设强调均衡发展，产业布局尽量避开在大城市的集中聚集，大多数中小企业都选择在小城镇落户，很多人口不过万人的小城镇，都拥有世界市场占有率极高的优胜企业，这些企业不仅为小城镇居民提供了大量就业岗位，也成为德国经济发展的引擎。美国在产业结构调整上强调从资源型经济向综合型生态经济的转变，通过技术创新发展信息技术产业、新型节能环保产业以及新能源产业等新兴产业，实现产业内部循环发展。新加坡产业结构升级过程中，政府根据发展需求多次调整经济战略。通过具体问题具体分析实事求是的态度，新加坡政府构建了适合本国的工业化政策，根据不同时期产业发展状况，采取不同的对策，实现城镇化的全面发展。

(3) 均衡协调，低碳发展

各国都是在尊重自然规律的前提下，进行城镇化建设，打造出独具特色的低碳型生态城市，实现了社会、经济、环境及资源的协调发展。首先，从社会、经济、环境及资源四个方面制定可持续发展的目标。社会生活方面通过在生活圈附近营建高质量、多功能的公共服务设施，鼓励居民绿色出行，节约资源；经济发展依赖于产业，优化产业结构，实现经济从资源型向综合型生态型的转变；环境方面对现有生态环境加强保护，并且增加人工生态环境的建设；资源方面合理规划低碳节能目标，高效利用水资源，针对不同建筑分别制定节水率、雨水利用率、非传统水源利用率等指标，并且对垃圾实施分类收集与处理。其次，以低碳型生态城市作为发展目标，构建城市生态规划的系统工程。由多项生态规划构成整体系统工程，生态规划系统包括六大方面：土地利用、景观设计、清洁能源、绿色交通、水资源、环境保护。最后，结合城镇总体规划和各项城镇生态规划，并合理落实到城镇建设的空间规划上，形成总体的生态保护性指标，指导城镇化进程，并且细化各项生态保护性指标，运用到不同城镇的建设发展中去，确保在开发建设的每个环节中都得到有效的贯彻执行。德国把追求城乡区域平衡发展和共同富裕作为城镇化建设的方向和目标，城镇化建设本着以人为本的原则，以全体居民公平享有资源为主旨，实现城乡等值化发展。德国把所有的小城镇有机组建成11个大都市圈，生活在大都市圈内的居民形成城乡统筹、互为融合的独特模式。美国实施城乡一体化发展模式采用沿交通干线向城郊和农村扩散，本着城乡平行发展资源共享的原则，实现产业结构、人居环境、就业方式、社会保障等多方面的转变。美国社会没有明显的城乡和工农差别，在大城市周围至少100千米内不能划清城镇和乡村的界限，人口社会融合度高。为了激励人们节约资源能源和鼓励绿色出行，美国和德国政府都倡导绿色健康的生活方式，公共服务设施的建设更多地考虑为绿色出行设置便利。同时，在城乡建设中把环境保护作为重要因素加以考虑，始终把生态安全放在优先位置。日本、韩国城镇化过程中都经历了人口聚集由集中到分散的过程，重视城镇均衡协调发展。日本在城镇化过程中合理规划了居民区与商业区的布局，节约居民在路途上花费的时间，并且重视公共交通建设，构建以公共交通为核心的城市出行系统，节约能源的同时方便了居民生活。韩国注重城市污染治理及加强城市生态保护，以城镇常住人口增长趋势和空间分布规划建设文化设施、学校、体育场所、医疗卫生机构等公共服务设施，实现城镇区域协调发展。英国发展低碳经济，建设生态产业和生态都市圈。随着英国政府对环境污染整治过程的推进，生态文明理念在英国城镇化发展中不断明晰。如今的伦敦已是花团锦簇、空气清新、景色怡人的生态美城，这应归功于政府在城市规划建设中一直将绿色、环保、低碳视为设计的准则，且把经济发展同生态环境保护相结合。从迁移出城市的工业和污染型企业到发展城市中心的商贸服务业再到大力发展生态环保产业的过程，见证了英国城镇化过程中发展理念的改革与变迁。除此之外，合理规划利用土地、保护水资源、保护生物多样性、建设生态园林等举措也都为建设生态文明的都市圈起到了巨大推动作用。

（4）提高社会公众环保意识

对生态环境的保护和对污染的治理，仅靠政府的强制性法律和经济奖惩手段是不够的，还需要积极调动公众这一社会力量共同努力。在英国，对于环境保护事务，公民不仅有咨询的权利，还有监督、参与讨论及参与政府决策的权利。政府通过广告宣传和实时空气质量监控信息的推送可以让环保意识植根在人们心中，规范其日常生活行为，提醒公众从点滴做起、从生活中的小事做起，例如采用绿色环保的交通方式替代私家车、节约资源等。新加坡全面加强民众绿化意识和绿化教育，把绿化全城的价值观落实到生态环境保护的行动中。城市管理和环境保护法制化的缺陷在于治标不治本，新加坡政府深刻意识到：要想从根本上推动“花园城市”建设，必须加强全国绿化宣传教育、普及和推广环保知识来努力提高全民绿化意识。只有将教育与法治有机结合才能更加有效地减少对生态环境破坏污染的行为。治理城市污染、建设城市生态文明需要大力宣传和发动广大群众的支持。但是，光靠宣传教育是远远不够的，更重要的是要把绿化观念落实到行动中去，而不是仅仅停留在口号和公文中成为“纸上的绿化”，新加坡政府每年都会组织人民群众植树并举办清洁绿化活动月，促进公众保护环境意识的提升。

3.3.2　国内经验借鉴

（1）以经济发展推动人口城镇化

以城镇经济建设作为城镇化发展的核心工作，以发展经济来推动人口城镇化。通过产业结构升级，大力发展第三产业，为城市新进人口提供更多就业的岗位。经济发展实现人口资源的有效配置，产业结构发展决定了劳动力的需求状况，通过经济发展和产业结构的优化促进人口转移就业的结构变化，实现人口资源的合理配置。中国在以往的城镇化进程中，京津冀、珠江三角区这些大都市圈聚集了过多的人口，造成了大城市人口压力过大，因此，发展重心应向中小城镇转移。为促进中小城镇的发展，调整原有的产业结构和布局，调控人口的规模和分布，从而实现区域协调发展，推动人口城镇化进程。与此同时，缓解了大城市的人口压力。经济发展推动人口城镇化的关键是协调区域内部关系及产业的转移等问题。通过因地制宜及科学引导来实现各区域的产业转移，进而实现产业结构优化提升区域中心城市的带动作用，推动人口有序地流动。为此，苏南，温州等地区，首先，颁布新政策吸引现代服务业及高新技术企业落户，并且通过执行企业准入政策落实不同产业区域定位，优选同行业同类型的企业，来提高城市引入企业的质量；其次，升级优化城镇现存产业，通过向上游行业扩张，延长企业的产业链；最后，淘汰夕阳产业，向欠发达地区转移劳动力需求量大、低收益的传统型产业，不同区域之间根据发展需求实施产业的转移，合力完成城镇化产业的整体升级与优化。随着产业结构优化调整的完成，区域中心城市的就业人口结构会自发地同步优化，高层次人才在产业优化过程中依旧稳定发展，具有发展潜力的人才通过此过程也得到了培养，而低素质劳动力会因此过程转移到周边城市。改善就业人口的层次结构也会进一步促进产业优化升级，二者之间的作用是相互的，一部分人口留在中心城市推进城市经济建设和产业发展，还有一部分人口随着劳动密集型产业的转移也随之转移到中小城市，促进中小城市经济的发展，推进人口的城镇化进程。

(2) 政府加大基础设施及公共服务建设

城镇化水平的一个重要标志就是基础设施完善程度，基础设施是保证城镇化过程中各项功能正常运行的基本条件。基础设施包括如供排水、道路邮电、交通、环境保护等技术性基础设施，以及如零售商店、住宅、中小学校、餐馆业、文化体育、医疗卫生、行政机构等社会性基础设施。改革开放以来，苏南、温州、珠三角等地的基础设施和公共服务设施建设速度较快，居民生活条件得到明显改善。政府通过财政投资引导、扩大基础设施投融资渠道，包括银行贷款、发行债券、外资投资等方式，吸引更多的资金参与城镇基础设施建设。通过改革城镇人口配套的保障制度，解决外来人口的居住、教育、医疗等生活中涉及的公共服务问题。具体措施包括：首先，剥离户籍附带的福利利益，保证所有常住人口都可以覆盖到公共服务；构建流动人口评价体系，分阶段、分层次地扩大公共服务的覆盖范围，在改革中注重效率与公平同步。其次，加大财政投资力度，促进中小城市发展，通过财政投资提升中小城市的公共服务质量，吸引剩余劳动力的流入，实现就近城镇化。最后，学习苏南、温州、珠三角等地，深入改革户籍制度，放宽落户的条件，提升农业转移人口劳动报酬，解决他们在住房租购、公共卫生、子女教育等公共服务方面的问题，根据各地区的实际情况以及流动人口的实际需求，因地制宜地建设公共服务体系，保障流动人口与当地居民享有同等福利待遇，实现人口城镇化，为城镇化发展积累更多人才。

(3) 因地制宜培养城镇产业

苏南、温州、珠三角等地城镇化过程的经验表明，城镇化发展过程是一个经济发展的自然过程，城镇自身必须具备一定的发展条件，有其自身的客观规律。根据已有的城镇发展实践经验可知，因地制宜推动城镇化发展的类型有以下几种。一是加工产业带动型，城镇当地拥有资源优势如农产、牧产、渔产、矿产等，利用资源优势，发展加工业和贸易，形成专业产销基地，以加工产业推动当地城镇化发展。二是市场带动型，城镇由于地理位置优势，靠近交通要道，是集贸中心或新兴交易中心，以此扩大交易范围，改善市场条件，以商业推动当地城镇化发展。三是外向带动型，城镇具有地缘优势，地处沿海周边，易于对外贸易或引进外部高新技术，发展加工贸易，从而推动城镇的发展。五是旅游带动型，城镇拥有独特的自然景观以及人文历史，通过合理利用这一资源优势，发展城镇旅游业，以旅游推动当地城镇化发展。综上所述，各地区发展城镇化应该因地制宜，发挥当地优势，取长补短，从而推动城镇经济发展，完成整个城镇化进程。

(4) 走多元化城镇发展道路

中国的新型城镇化发展的关键是提高城镇的综合承载能力，并不是只发展大城市，也不是盲目增加小城镇的数量，而是通过合理规划大中小城市布局，形成系统全面发展的城镇体系。根据中国国情和以往成功经验，中国城镇发展道路的关键是多元化。首先，大力发展小城镇。随着中小城镇经济水平提高，产业的不断发展，企业数量增加，人口逐渐向中小城镇转移，一方面解决了大城市的社会环境问题，另一方面缓解了大城市的人口负担，因此整个城镇体系中，中小城镇的发展占有不可忽视的地位。通过苏南、温州、珠三角等地的发展模式可知，要发展中小城镇，一是挑选有地理位置优势的重点小城镇建设发展，以带动当地经济的发展。二是加快建设大城市周边的卫星城市，以此解决大城市发展负担，以及带动周边地区共同发展。三是加快新农村建设，通过政策优惠吸引企业到农村地区发展，解决农村剩余劳动力问题。其次，建设发展城市群。根据各地实际情况，对东部沿海发达地区、中部地区、西部欠发达地区、东北老工业基地实施分类指导，适当选择城市群的发展布局，通过合理有序规划，实现城市范围的有效模式，进而完成城市增长最强效应，有效加强整个地区的竞争力。最后，城镇化需要各地区互相合作进行。中国新型城镇化的推动，实现了经济增长，拓宽了市场领域，进一步发展还需将各地区城市带相结合，进而宏观调控区域发展。虽然，各地区由于地理位置、环境因素、资源因素等差异导致城镇化进程不同步。但通过各地区互相学习、互相带动，最终会实现各区域全面发展，完成中国城镇化进程。

3.3.3 对黑龙江省城镇化发展的启示

（1）科学合理的规划城镇化发展布局

通过借鉴国内外城镇化发展经验，可知新型城镇化的关键是对城镇进行科学合理的规划。黑龙江省在以往的城镇化建设过程中发展迅速，取得了一些不错的成效，城镇化率也一直高于全国平均水平，但现在黑龙江省城镇化率下降，低于全国平均水平，导致这种现状主要有两方面原因：一方面黑龙江省新型城镇化发展到了瓶颈期，另一方面黑龙江省每年的人口流失严重。黑龙江省推进新型城镇化应结合自身基本情况，制定科学合理的城镇化发展规划，并及时调整和完善黑龙江省各地区新型城镇化发展纲要，构建各地区城镇发展规划新格局，在规划制定上要注重设施、交通、环境和产业的良性互动发展。科学的规划和产业结构优化是黑龙江省新型城镇化发展的坚实基础和推动力，目前黑龙江省产业仍未达到全面升级，处于过渡时期。完成产业全面优化，首先，必须做到新型城镇化与现代工业化同步发展，奠定城镇化建设的基础。其次，协调城镇化与农业现代化关系，通过实现农业现代化为城镇化发展提供充足的劳动力和农产品。最后，黑龙江省城镇化的推进要学习国内外成功经验用政策或法律保障城镇规划方案的实施，使城镇规划的作用充分发挥出来，有机结合人口布局、产业布局、土地改革以及城镇化体系建设。

（2）完善相关法律法规和制度基础

黑龙江省新型城镇化发展过程中，完善法律法规，健全相关制度是重要的基础保障。通过国内外城镇化进程经验可以看出，各个国家以及城市在推进城镇化发展时，都出台了关于社会管理、社会保障、人口集聚、公共服务等方面的法律和政策，以确保城镇化发展的稳定。完善的法律法规使政策实施过程中有法可依，也保障了外来人口的根本权益，同时健全的制度基础，让外来人口享有与本地居民同等的社会福利和公共服务。黑龙江省每年都有大量人口从农村转移到城市，政府通过完善法律法规，保护外来人口的合法权益，减少维权困难和拖扣工资等事件的发生。同时政府通过健全社会保障制度、户籍制度等制度，改善外来人口住房待遇差、看病难、上学难等实际问题。黑龙江省户籍改革政策核心是以人为本，从只重视经济增长为中心，转变成以人的全面发展为中心。黑龙江省新型城镇化建设要做到产业结构优化、农民工市民化、土地集约化及新型城镇化体系结构合理化等。黑龙江省新型城镇化推进过程中，重点要采取多种措施保障和改善转移人口的生活质量，推进劳动者职业技能培训，增加就业和创业扶持政策，落实农民医疗、养老、失业等保险政策，为黑龙江省新型城镇化发展助力。

(3) 以可持续发展的理念为核心

新型城镇化发展体系要遵循可持续发展理念，在发展过程中要注重城镇内外部环境保护、集约式的使用资源等方面。黑龙江省在旧城镇化过程中由于对资源的粗放式使用，导致资源的浪费，同时出现了许多环境污染问题，而政府对问题的忽视及没有妥善处理，导致黑龙江省水资源检测超标及污染问题频发，在春季露天焚烧秸秆，导致这一期间空气质量降低，雾霾严重。当前，黑龙江省在新型城镇化发展过程中，一方面，加大力度监督和保护环境，健全相应配套监管制度，完善监管法律体系，严格管控工业废气和废水的排放，杜绝没有达标污染物的排放，避免对环境造成不可逆的污染。另一方面黑龙江省当前城乡差距大，资源分布不均衡，城乡居民没有建立起健康文明的生活方式，公众生态意识淡薄，在环境保护上缺乏自我管理能力。因此，应该认真学习国内外城镇化发展经验，在新型城镇化建设中把加强城乡资源的均衡分布和提高公众的生态环境保护意识作为重点，打破城乡界限，在人口流动和土地资源调整上制定出利于城乡均衡发展有效融合的策略。这样，在一定程度上可以避免当前因人口过于集中于大城市导致的严重的生活和生产污染，有效降低黑龙江省新型城镇化建设中的环境压力。

(4) 市场作用与政府作用相结合

黑龙江省新型城镇化建设过程中，不仅需要市场充分发挥基础性调节作用，还需要政府的宏观调控与引导作用，通过政府的适当干预矫正市场失灵，合理规划城镇发展。美国为监管土地利用行为，建立管理制度，保障国家、地方政府、土地所有者三方合理分享土地收益，并完善土地使用审批制度，与此同时，公民及其他利益团体被赋予参与规划和监督的权力，从而控制了城市的蔓延，奠定了城镇化发展的社会基础。韩国既依靠市场竞争机制来推动产业结构转型升级，又利用政府推行产业组织政策，通过市场和政府同时促进产业结构优化。黑龙江省在新型城镇化建设过程中，学习国内外先进经验，在强化政府统筹作用的同时用好市场调节手段，使市场主体的活力充分释放出来。政府的作用重在引导，通过制度改革、政策安排来解决生产侧或供给侧的矛盾和问题。为此，需要推进科技体制改革，促进产业向高技术含量方面发展；需要加快生态环境体制改革，为绿色低碳城镇化发展提供动力。

3.4　本章小结

本章主要介绍了国内外城镇化和生态环境良性互动的经验与借鉴。首先介绍了美国、德国、英国、新加坡及日本、韩国等发达国家在生态环境保护方面的先进经验。其次介绍了中国城镇化发展具有代表性的温州模式、苏南模式以及珠三角模式，并且分析这些国家和地区城镇化和生态环境良性互动的模式，从中寻求对黑龙江省发展城镇化的启示。通过分析国外城镇化发展模式发现，各国城镇化的经验如下：科学的规划方案和严格的法律约束，科学的城镇规划方案作为城镇化与生态环境协调发展的行动指南，在规划的落实方面，用政策甚至法律对规划的执行实施严格的保障，把规划的“权威”性体现出来；市场主导，政府引导，推行双轮驱动政策，一方面强调市场化的作用，另一方面结合政府调控作用，通过政府引导，重点保障城镇与生态环境和谐统一的发展。均衡协调、低碳发展、尊重自然规律的前提下，进行城镇化建设，打造出独具特色的低碳型生态城市，实现了社会、经济、环境及资源的协调发展；提高社会公众环保意识，将教育与法治有机结合，有效地减少对生态环境污染破坏的行为。通过分析国内具有代表性城镇化发展模式得出具体经验，例如以经济发展推动人口城镇化，以城镇经济建设作为城镇化发展的核心工作，以发展经济来推动人口城镇化；政府加强基础设施和基本公共服务建设，政府通过财政投资引导、扩大基础设施投融资渠道，吸引更多的资金参与城镇基础设施建设；因地制宜培养城镇产业，各地区发展城镇化应该因地制宜，发挥当地优势，取长补短，从而推动城镇经济发展，完成整个城镇化进程；走多元化城镇发展道路，通过合理规划大中小城市布局，形成系统全面发展的城镇体系。虽然都是根据当地实际情况制定与实施的，但其先进的思想与措施对黑龙江省城镇化和生态环境良性模式都有很好的启示作用。黑龙江省学习国内外城镇化先进经验，通过科学合理的规划城镇化发展布局，构建各地区城镇发展规划新格局，在规划制定上要注重设施、交通、环境和产业的良性互动发展；完善相关法律法规和制度基础，使政策实施过程中有法可依，也保障了外来人口的根本权益，同时健全制度基础；城镇化过程中坚持可持续发展的理念，在发展过程中注重城镇内外部环境保护，集约式地使用资源。市场作用与政府作用相结合，通过政府的适当干预矫正市场失灵、合理规划城镇发展等几个方面改善原有城镇化发展模式。

第 4 章　黑龙江省城镇化的进程及发展模式

4.1　黑龙江省城镇化发展进程

自新中国成立以来，城镇化经历了曲折的发展历程。同样，黑龙江省的城镇化建设也是从困难的境地中发展起来。换句话说，尽管黑龙江省的城镇化发展有着自己的特点，但是和全国的城镇化发展步调是一致的。中国逐步恢复经济建设是在 1949 年，并且从这以后顺利实施了第一个五年计划。城镇化建设作为“十一五”时期的重点项目，随着国家经济的稳步发展，东北地区的发展也得到了高度重视，在东北地区开展了东北工业基地建设，大力发展工业，使东北地区从贫困状态脱离。加之东北商品粮基地得到了开拓，这又使黑龙江省部分地区逐步富裕起来，逐步由小县城转变为大城镇。这些举措促进了黑龙江省城镇化水平的提高，使黑龙江省城镇化位于较高的水平。根据国家统计局的数据显示，1952 年年底时黑龙江省共有 1 099.5 万人口，其中城镇居民有 320 万，城镇化率就已达到 29.0%。而我国平均城镇化率是 12.5%，跟我国平均的城镇化率相比较已经多了 16.5 个百分点。纵观黑龙江省的城镇化发展历程，可以将其分为以下六个阶段：

第一阶段（1949—1957 年）快速发展阶段：在这一阶段，新中国刚成立，国家大力恢复经济建设，国家重点进行工业化建设，在这一时期农村人口可以进行自由流动，城镇化跟上了工业化发展的脚步。1949 年，黑龙江省的城镇人口达到 325 万，城镇化率为 26.27%，到 1957 年城镇人口达 539 万，城镇化率达到 36.87%。在这一阶段，城镇化的发展突飞猛进。1949—1957 年的 8 年中，黑龙江省的城镇化率从 26.27%增加到 36.87%，年均增长 1.33 个百分点。同时期全国城镇化率从 10.64%增加到 15.39%，年均增长 0.6 个百分点。1949 年黑龙江省城镇化率是全国的 2.5 倍，8 年内平均增速比全国高 1.23 倍。这是由于 20 世纪 50 年代，中国在苏联的技术和财政支持下启动了 150 个重点工程（22 个落在了黑龙江省，实际完成投资占全国的 11.0%）。这种工业化的主要组成部分是资本密集型技术的重工业。虽然这些产业对城镇化的直接影响有限，但它们鼓励了小型工业的发展，这类工业吸引农村劳动力向城市迁移。此外在 1952 年，第一个五年计划（1953—1957）被启动。该计划包括“建设重点工程，稳步推进”的城市发展政策，促进了中国城市化进程。大量农民移居城镇和工矿区就业。城乡、工农业、城市增长和经济增长同步发展。城镇化的类型被称为“同步工业化”。

第二阶段（1958—1965 年）波动阶段：1958 年中国实行“大跃进”政策，全国上下以发展工业为主。在这一时期，国家大力发展工业，农业跟不上工业的发展节奏，而黑龙江省城镇化发展速度也是很快的。在 1960 年，国家对经济建设进行部署和调控，不能再搞“大跃进”，要平稳有序地进行经济建设，不能盲目追求速度。国家提出“调整、巩固、充实、提高”的八字方针，使更多的人回归农业进行农业生产。1958 年到 1960 年的 3 年间黑龙江省城镇化率上升了 11.02 个百分点，年均增长 3.67%，是第一个时期的 2.76 倍，这是黑龙江省自新中国成立以来城镇化速度最快的几年。“大跃进”政策夸大了农村工业的发展，导致农村人口向城市转移。考虑到当时的经济和社会发展水平，我们可以称之为“过度城镇化”时期。这一阶段的调整，对黑龙江省城镇化进程也造成了影响，城镇化率有所下降，由 1960 年的 47.9%下降到 1965 年的 38.1%。表面上看黑龙江省的城镇化进程似乎停滞了 7 年，实则不然，1960 年是该时期两个阶段的分水岭。接下来的 5 年，是全国范围的第一次逆城镇化浪潮。黑龙江省的城镇化率从 48.56%年均下跌 2.16 个百分点，是新中国成立以来逆城镇化最快的 5 年。如此剧烈的大起大落对经济造成了很大的冲击。这是由于当时的“大跃进”运动，1959 年至 1961 年三年困难时期，中央于 1961 年提出八字方针旨在优先发展农业和轻工业，在压缩重工业规模的同时，通过户籍制度减少国有企业的工人数量和城市人口规模，因此中国的城市化和工业化进程在这一时期受到了一定的阻碍。

第三阶段（1966—1977 年）衰退阶段：1966 年黑龙江省城镇化率为 37.6%。在这一阶段，我国工业发展停滞不前，城镇化也处于停滞状态，而且这一时期发生了“文化大革命”，国家部署要求知识青年上山下乡，干部也要到基层中去。到了 1977 年城镇化率下降到 36.4%。1966—1977 年的 12 年间黑龙江省的城镇化率下降了 1.18 个百分点，同时期全国下降了 0.31 个百分点。这次逆城镇化浪潮不如第一次那样猛烈，但持续时间更长。黑龙江省出现这一局面是“文化大革命”与冷战共同作用的结果。一个稳定、良好的国际、国内环境是经济建设的必要条件，应引以为鉴。

第四阶段（1978—1994 年）稳步发展阶段：这一时期中国开始实行改革开放，经济建设有条不紊地进行，进而逐渐恢复城镇化建设。国家出台了诸多政策，其中包括了促进城镇化建设的政策，比如降低了城镇水平的标准。黑龙江省的城镇化建设也逐步从停滞状态发展起来，城镇化水平开始大幅提高。中国开始实行以公有制为主导，多种所有制并存的市场经济，提高了城镇吸收劳动力的能力，而且也允许农民由农村进入城镇，黑龙江省城镇化的发展也因此显著加快。17 年间黑龙江省城镇化率从 35.88%一路高歌至 52.42%，年均增长率为 0.97%，这是黑龙江省城镇化进程中的第二个春天。家庭联产承包责任制释放了粮食生产的压力，大量农村劳动力可以加入非农产业，城镇和农村都开始出现了大量集体所有制企业。城镇与周边农村之间日益增长的贸易促进了非农业部门的发展。另外在“文化大革命”期间被迁到农村的学生被允许搬回城市。当然这一时期农民仍然不能自由地选择在城市生活和工作。1980 年以来，中国实行了城镇治理、城镇升级改造、城市贸易市场开放、国有企业招用农民工、允许多种所有制并存，扩大商品市场等新政策。这些行政改革也促进了中国的城镇化进程。同时，开放政策鼓励了政府大量投资沿海地区，开发新的经济技术开发区和高新技术园区。在此期间，主要在沿海地区开发“工业区”，以吸引外资和技术。这说明中国优先发展的区域以沿海地区为主，东北地区的地位逐渐下降。1994 年黑龙江省城镇化率比全国平均水平高 23.9 个百分点，但 1978 年以来的 14 年，黑龙江省城镇化年平均增长率仅比全国平均水平高 0.35 个百分点。早在 1957 年就已经高出全国平均水平的 21.5 个百分点了，可是在这些政策的冲击下，黑龙江省的城镇化水平逐渐居于瓶颈状态。通过这些其实不难发现，黑龙江省高水平城镇化大都是靠着新中国成立之初国家的政策支持。而一旦没有了国家的战略支持，其自身很难适时调整。这一时期城镇化的迅速发展实则是计划经济时代国家大力扶持政策的余热，如强弩之末一般，缺乏后劲。

第五阶段（1995—1999年）止步不前阶段：这一时期国有企业自身的发展遇到了极大的障碍。1997年国家将学校、医院等从国企中分离，转移到地方。黑龙江省也随着国家对国企的改革步伐改革，但黑龙江省的国企占比很大，以至于全省的城镇化建设停滞不前。5年间城镇化率仅上升0.54个百分点，年均增长0.108个百分点，而上一时期年均增长0.97个百分点，二者相差8倍。可见黑龙江省对国有企业和国有政策有着较高的依赖性。

第六阶段（2000年至今）缓慢发展阶段：这一时期，从新中国成立以来的资源短缺结束。中国经济发展过快，但是处于不健康的发展模式。经济发展主要依靠资源的利用，全国的发展出现了瓶颈问题，生产产能过剩，需求严重不足。国家想办法解决经济存在的产能过剩，党中央高度关注城镇化问题。李克强总理强调，城镇化对我国进入新的发展阶段、面临经济下行压力具有重要意义。此后国家相继出台了许多政策，使城镇化进入快速发展的阶段。通过国家政策的扶持，截至2011年黑龙江省城镇化率已快达到56%，城镇化水平得到提高。21世纪以来黑龙江省城镇化率年均增长0.45个百分点，比全国平均水平慢了一半。按照这一趋势，预计2020年黑龙江城镇化率将首次低于全国平均水平。但这并不需要过度恐慌，循环累积因果理论已经预示了未来。

总结以上六个阶段，新中国成立之初，黑龙江省的城镇化水平较全国高得多，国家的战略重心也往东北倾斜。这一初始状态决定了正的累积方向——黑龙江省城镇化率将呈现不断升高的趋势。此后的动荡限制了累积效应的充分发挥，导致改革开放前夕黑龙江省城镇化率仅高出全国18.84个百分点，而1949年就已经高出15.63个百分点了。也就是说，国家重点建设东北的效果经过动荡这一“次级强化运动”，仅仅使城镇化率在29年间上升了3.21百分点。1978年加入了改革开放这一历史因素，它为以重工业为主的黑龙江省带来的无疑是负向累积。因此当上一个时期的累积效应彻底释放后（1994年），黑龙江省的新型城镇化建设开始了滑坡。到了20世纪90年代中期，新中国成立至改革开放期间国家政策对黑龙江省城镇化建设的正向冲击已消失殆尽。90年代中后期的负向冲击则一直持续至今，仍不见有减退的迹象。“振兴东北”口号的提出，仅对黑龙江省的城镇化建设起到微小的正向影响。可以预见，若没有新的冲击，黑龙江省将很难恢复昔日的辉煌。虽然现实很残酷，但更残酷的就是要学会适应如今的现实。我们不需要处于极度恐慌的状态，但是还要科学分析，采取积极合理的措施。倘若黑龙江省没有抓住转型时机，激发内部活力，还是很可能会落在全国平均水平之下。

4.2 黑龙江省城镇化发展的特点

4.2.1 黑龙江省城镇人口增长迅猛，但城镇化率增长速度缓慢

从1949年到1961年的12年间，黑龙江省人口增长了634.3万人，增长了238.34%。1962年至1978年的17年间，城市人口增长了3 117万人，增长了38.42%；1979年至1989年的10年间，黑龙江省城市人口增长了465.1万人，增长了39.37%。1990年至2001年，城镇新增人口297万人，增长了17.48%。1949年至2001年，城镇人口由265.8万人增加到1 996.2万人，净增加1 730.4万人，增长651.025%。从2000年到2020年的20年间，黑龙江省城市人口增加了212.4万人，结合黑龙江省城镇化发展进程可以看出黑龙江省城镇化率的增长速度正在放缓。

4.2.2 黑龙江省城镇化发展类型众多

黑龙江省地处我国的东北地区，与俄罗斯接壤，具有特色的自然资源。由于黑龙江省的自然条件以及地缘的原因，黑龙江省发展了多种类型的城镇。黑龙江省城镇类型主要有中心城镇、资源型城镇、边境口岸城镇、地理型城镇、历史型城镇、交通型城镇等城镇，这些类型的城镇逐步发展起来并具有自己的特色。在新中国成立以前黑龙江省就出现了中心城镇，如哈尔滨、齐齐哈尔、牡丹江和佳木斯等城镇。这些城镇人口密度大，新中国成立以后经过城镇化的不断发展促进，城镇化水平也不断提高。计划经济时期是黑龙江省资源型城镇开发建设的主要时期。随着我国经济建设的不断推进，

城市化水平不断提高，在城镇化进程中出现了大庆、七台河、鹤岗、鸡西、双鸭山等资源型城镇。但是，黑龙江省的这些城镇都是以拥有资源为依托发展起来的，例如大庆主要依靠石油开采，非油工业的工业增加值很低。但是资源不是取之不尽用之不竭的，不断进行资源的开采，资源终将达到枯竭。黑龙江省急需转变经济发展方式，快速实现产业升级、进而节约资源。自从改革开放以来，黑龙江省逐步发展了边境口岸城镇，随着黑龙江省不断与外国进行贸易，这些城镇的人口和经济迅速发展，主要有黑河市、绥芬河、密山、同江、抚远等城镇。一些小城镇具有人文历史和自然风光的优势，他们的发展动力就来源于旅游业刺激经济增长，如亚布力滑雪场等。此外还有交通型城镇，这种类型的城镇主要是交通发达，周围有重要的公路和多条铁路，它们大多处在交通要道，发展动力来源于交通便利。

4.2.3　缺乏产业支撑

黑龙江省的城镇之所以发展起来主要是从一些小的县城发展起来的，一些重点的工业只是集中在几个大城镇中靠国家的扶持发展起来，黑龙江省的众多城镇还是以农业为主，工业和服务业处在初级阶段。因此城镇的发展较为滞后，经济发展与全国的差距逐渐拉大。一些大中城镇，因建立较早，虽然工业产业有所发展，但结构不合理，通常是以初级产品生产为主，技术研发力量不够，名优产品少之又少，企业多数集中在中小企业，缺少具有核心竞争力的大企业。这些都导致黑龙江省城镇的产业结构处于低水平，没有升级换代的动力，造成很多问题出现。因为经济的不发达，产业的结构不合理，不能带动周围的经济发展，农村的剩余劳动力不能就业，导致了城镇化发展水平虚高，城镇化发展质量不高。

4.2.4　黑龙江省城镇建设滞后

在城镇化的过程中既要有量的突破也要有质的飞跃。但是黑龙江省在城镇化过程中，对基础设施的投资跟不上城镇的建设，使城镇不能充分发挥它的功能，造成城镇功能缺陷，城镇化发展质量较低。虽然，黑龙江省的城镇化率非常高，和全国的平均城镇化率相比较，高出了全国平均城镇化率20.1个百分点。但是黑龙江省城镇化的基础设施建设不足，城镇功能不齐全，不能满足城镇发展的需要。黑龙江省的城镇的设施水平不高，黑龙江省的城镇人均住宅建筑面积、城镇人口用水普及率、城镇燃气普及率、城镇居民家庭恩格尔系数、人均道路面积和城镇人均可支配收入均低于全国水平。此外，黑龙江省的城镇布局不合理，黑龙江省的大城镇屈指可数，主要的城镇还是小型的。按照国家城镇规模分类标准，黑龙江省有31个城市，其中省会城市哈尔滨市是黑龙江省最大的城市，齐齐哈尔和牡丹江是省内两个较大的城市。还有宜春、大庆、佳木斯、鸡西、鹤岗、双鸭山等6个较发达城市和23个中小城镇。黑龙江省的小城镇较多，而这些发展较快的大城镇大多分布在黑龙江省的南部地区，如南部有特大城市哈尔滨，发展较快的齐齐哈尔、牡丹江、大庆，这就不能发挥城镇的带动作用，一些小城镇没有大城镇的依托和支持，发展十分缓慢。而且一些小城镇的发展没有规划，布局不合理。目前，黑龙江省的一些城镇的发展依托的要不就是资源优势，要不就是地域优势，而且小城镇的发展都是效仿大城镇，没有根据自己的实际情况发展，造成黑龙江省城镇化发展畸形，发展水平低。

4.3 黑龙江省城镇化发展模式

城镇化发展模式一种是以市场为导向的发展模式，另一种是政府政策为主导的城镇化发展模式，其中以市场为导向的城镇发展模式包括：资源主导城镇化发展模式、产业主导的城镇化发展模式和区位主导城镇化发展模式。在城镇化的发展过程中，应根据地域特点以及不同城镇化发展水平选择不同的发展模式。

4.3.1 资源主导型城镇化发展模式

黑龙江省的重要地理优势之一是拥有丰富的自然资源，特别是矿产资源和能源资源，这都是促进区域经济发展的重要保障。大庆市是一个典型的资源型城市，以生产石油为主，大庆油田建成之前，大庆市只是一个落后的农村。大庆油田建成后，大庆的经济高速发展并向外不断扩张，从而带动整个地区城镇化快速发展。截至2012年，大庆市已经成为黑龙江省的特大城市，大庆市GDP总值为2 568.3亿元，占整个黑龙江省国内生产总值的

18.87%。与大庆市类似，鸡西、鹤岗等资源型城市也是通过对资源的开发和利用发展地区经济加快城镇化发展的。这类城镇化发展模式特点主要表现在产业结构上，第二产业为地区经济的主导产业，并且以采矿业和能源业为主。目前黑龙江省工业发展的趋势是第一产业产值占比不断下降，第二产业不断发展，第三产业占比非常小。但是，资源领先的城市化发展模式有其缺点。由于技术限制，资源型城市往往因资源的过度开发和不合理利用，导致资源不可再生。同样，大量的资源开发后，城市化的继续发展会遇到瓶颈，这样只能选择转换为其他的发展模式。因此，资源主导型城镇化发展模式的资源配置不适合城镇化的长期绿色发展。

4.3.2　产业主导型城镇化发展模式

产业主导型城镇化发展模式最为主要的是资源导向，只有具备相应资源的地区才能进行工业的发展，因此，某些地区如进行工业型城镇的发展一定要依托相应的资源和地理优势，当然伴随现代结构产业调整，劳动和资源型产业不再是主要的经济发展模式，现代技术、科技、品牌、形象都可以提升城镇化的发展进程。不断发展的大型城市，也越来越离不开技术导向型的中小城镇，通过优化产业结构内部来推动小城镇的经济、文化等各方面的发展与进步。总的来看，产业主导型城镇化发展模式发展中会形成以工业区域为主的小城，如黑龙江省知名的呼兰镇就是基于工业型小城镇实现发展的。工业型小城镇建设不仅要依托区域内部自身发展，更要依靠政府进行资金、技术、人才的支持和相关政策优惠，保障工业性小城镇在稳定和谐的环境下发展。在主要发展工业的城镇，地区发展模式应该体现产业的集聚效应的促进作用，所谓的集聚效应不仅是涉及相同的产业发展所产生的经济发展规模效用，也涵盖了一个完整的产业链发展过程。在城镇化的集聚发展过程中，资源的作用是十分有限的，并且增长的作用也是受到限制的，因此，当这种类型的城市发展到一定的程度的时候，资源枯竭型的城镇发展可以朝着这个方向的城镇化道路过渡。在产业型的城镇中，第二产业具有十分重要的作用，可以说它是连接第一产业和第三产业的中间环节，在产业发展过程中，三大产业存在相辅相成的关系，缺一不可。当前，大庆地区面对资源不断匮乏的现状，积极创新发展道路，努力向新型城镇化的方向发展，已经基本建立了以传统的石油工业为基础，不断发展其他新型产业，并带动周围地区的加快城镇化进程的发展模式。但是，产业主导型的城镇发展模式也有一定的局限性，对于地区的生产专业化水平的要求也是比较高的，而且对于模式之间有阻碍作用。不同地区以及不同产业之间，要在竞争的同时加强合作，形成竞争之下的良好发展局面，做到高效的协调性和组织纪律性。

4.3.3 区位主导型城镇化发展模式

除上述发展模式之外，其他的因素也可以带动城镇化的发展，交通、文化等人文因素也是一大促进因素，这是城镇聚集以及发展的另一具有说服力的因素。哈尔滨是一个历史悠久的城市，曾是金代的都城。并且交通便利地理位置优越，这使得哈尔滨在20世纪初就发展成为了国际化商埠，再加上淳朴的人文气息使得哈尔滨发展成为人口超过1 000万的文明城市。哈尔滨不断发展的同时，也带动周边地区经济和城镇化的快速发展。从哈尔滨的发展中我们可以发现，区位是经济发展的关键性因素，这是城镇化中的主要促进因素。但是交通、人文的影响也是十分显著的，这不仅吸引着更多的人口进行城镇化建设，也是开发城镇优势，增加功能的绝对优势要素。这要求城镇在进行现代化的过程中，要充分利用已有的资源优势，但是更要充分结合地区的其他优势，进行综合大战，加快城镇化的发展速度。

4.3.4 政策主导型城镇化发展模式

在大部分城镇化过程中市场是最重要的决定力量，在这个过程中，它决定了是不是要进行城镇化以及相应的模式选择和进度控制。但在政策主导型的城镇化发展模式中，政府是动因，这一过程中虽然也受其他因素的影响，但是政府的意愿和支持是最主要的，政策可以引导城镇化的道路发展。这类城镇的产业化是完整的发展模式中的一个小的部分，是整体的重要构成部分，对已完善的城镇化道路有一定的促进作用，因此应给予适当的重视。当今，由于中国的特殊国情，政策的指导有着更加重要的作用，这对于推进城镇化的发展有着积极的促进作用，特别是对发展优势比较少而且工业基础比较差的地区来说，政策的主导更有利于城镇化的发展，能够加快现代化的发展步伐。但是从经济这个大体系来看，政策只是一个外在的力量，最主要的经济发展要靠经济规律的引导。所以，在一个地区，要真正找到城镇内部的经济增长点，实现比较优势下的城镇化发展。

4.3.5 专业市场型小城镇发展模式

专业市场型小城镇是在专业市场环境中进行产业发展的，以农产品为例，城镇在进行农产品的生产中，不能依靠传统农产品种植，一定要保障是在基于农村城镇化建设的道路上推动农产品深加工发展，以此来提升农产品的附加值，增值的农产品则恰恰可以展现出农村城镇化发展过程中的特色，在形成自己独特的产业发展过程中带来更多的隐性效益。以讷河市为例，讷河市是中国著名的马铃薯之乡，在农业种植马铃薯过程中通过对马铃薯附加值研究，研制生产出了雪花淀粉，港进水晶粉等知名品牌，实现了对马铃薯的深加工及附加值的提高，实际获得的效益远远要大于种植马铃薯的单纯种植效益。在这样的可持续发展环境中，城镇可以实现资金增长、企业品牌效益、税收提升、工作岗位增加等多方面积极影响，成为推动城镇化特色发展的风景线。

4.3.6 旅游型小城镇发展模式

一些小城镇崛起和发展的原因首先就是其独特的旅游资源，其次是大中城市周边旅游资源配套。这样的小城镇以其特有的自然资源或文化资源吸引了大量的游客，并在此基础上逐渐发展成为以消费者和服务业为主的小城镇。第一，对于小城镇的建设，应在旅游的过程中创建一些新型小城镇旅游发展资源，如可以集成兰溪河风景旅游区的经济和社会资源，建立一个拉哈山、呼兰河支流与王子坟、练兵台、烽火台等以及东林寺等自然景观、金源文化遗址与人文景观浑然一体，风景独特的河口镇。第二，要发挥自然景观旅游型小城镇的已有资源，通过进一步完善相关设施和制度建设，促进自然景观型小城镇的发展，并且辐射周边的农村加速其非农化进程，如宜春市的朗乡镇、尚志市的亚布力镇和帽儿山镇、阿城的松峰山镇等。第三，发展具有历史文化资源特色的旅游小城镇，如宁安市渤海镇、东宁县三岔镇等。

4.3.7 综合型小城镇发展模式

综合型小城镇主要是以“农工、商贸兴镇”为依托而产生的。很难明确地将黑龙江省小城镇单纯地归为某一类型的小城镇，例如有一些工业型小镇不仅有一定规模的市场，还有一定的旅游资源。在综合型小城镇建设中，只要条件具备就可以在主导产业长足发展的基础上不断促进其他产业的规划布局和优化升级，做到“农工、商贸兴镇”。例如，阿城玉泉镇可以充分发挥其作为工业城镇和旅游景点的优势，积极转型建立农副产品加工企业，开发离哈尔滨较近的区位优势，发展商业，使阿城玉泉镇从综合开发中获得更多的收益。

4.4 黑龙江省新型城镇化建设的路径

4.4.1 以“四化同步”贯穿新型城镇化建设始终

“四化”之间的相互作用机理，是“四化”彼此交融，共同构成了经济现代化。空间是四化过程中不可或缺的因素，而新型城镇化就是专门从空间的角度阐述社会向现代文明的过渡过程。具体来看，经济的发展需要工业化与农业现代化提供动力，经济的协调发展需要新型城镇化与农业现代化，信息化则是其他三化的推进器。农业现代化是提高农业生产力，解决农业生产方式落后问题的根本途径，也是乡村振兴和新型城镇化的重要保障。工业化的空间载体是城镇，工业化能给城镇带来更多的要素集聚。而信息化可以看作工业化的高级形态。同步推进“四化”的举措，首先要明确同步不是同时，同步推进“四化”要根据地区特点分清“四化”中的主次，强调内部的协调。结合黑龙江省这一农业大省近年来工业萎缩的现实，应在推进新型城镇化的同时重点关注农业现代化，解决城乡分割问题，再融合工业化与信息化，进一步推进城乡间要素的公平交换。可以从规模化、机械化等方面推动传统农业向高效、智能、精准的高端现代农业发展，着力提升中小企业竞争力，促进行业转型升级，打造适合黑龙江省发展的产业集群。

4.4.2 以制度促进要素城乡双向流动

只有实现城乡要素的双向流动，才能在微观层面完成城乡融合的任务。经济的发展是依靠各要素之间的相互配合实现的。要实现新型城镇化建设，就要保证“新城”的内部经济有活力，能够在中断外部力量的情况下产生足够的集聚效应向越来越好发展。黑龙江省城镇在空间上依附于乡村，城镇与乡村应在人才、资金、信息、土地等要素上形成水乳交融的关系，而不单单是优质要素流入城镇的“一头热”局面。制度变革是一种行之有效的引导要素的方式，也是触及要素流动障碍根源的一种有力手段。市场是按照收益最大化配置要素资源的，目前要素由乡村到城市的单向流动仅仅是由于城市的回报率大于乡村。就拿劳动力要素来说，目前的趋势是农业人口向城市转移而很少向城镇转移，因为他们可以在城市获得一个更高的收入。正常情况下，随着农业人口的不断涌入城市，城市的工资逐渐下降，直至低于乡村的收入水平，城市人口便会向乡村迁移。之后劳动力在城乡之间不断双向流动，最终使城乡的收入水平相当。目前黑龙江省有形的或无形的土地制度、户籍制度、社会保障制度等往往倾向于将农业人口束缚在乡村。这种人为限制劳动力往城市流动的制度阻断了市场对人力资本的配置过程，也就逐渐拉开了城乡收入差距。现阶段最为迫切的是进一步深化户籍、土地、就业方面的改革，消除制度上的弊端，完善城乡之间要素流动的平台。

4.4.3　以产业路径激发地区内在活力

产业是地区集聚的主要源泉，也是避免城市沦落为“空城”的主要手段。在新型城镇化过程中注重产城融合的建设思想，将产业作为城市的经济灵魂。总体来看，黑龙江省的产业可以从农业、服务业、战略新型产业三方面突出自身优势。做好全国粮食安全的压舱石，黑龙江省应着力建设完善的现代农业体系。现代农业的前提是土地的连片经营，规模效应凸显。黑龙江省的人均耕地占有量在全国处于较高水平，土地的合理规模经营较容易实现。此外现代农业讲求农业生产的绿色、高品质，黑龙江省特有的寒地黑土富含大量的有机质，结合现代化的测土配方施肥较容易生产高品质农产品。而有机食品目前在国内尚未形成规模，其市场前景广阔，现代农业可以作为未来黑龙江省经济发展的一大支撑。近 3 年来黑龙江省第二产业逐年萎缩，现代服务业和战略新型产业一定程度上是第二产业的替代。现代服务业是经济到达一定水平之后逐渐壮大的产业，但不必将现代服务业的市场局限在省内，而是要放眼全国、放眼世界，提前布局。服务范围可以包括农业服务、文化旅游、康养医疗等。战略性新兴产业瞄准的是产业集群内部的利益共享。初期阶段的战略新型产业，虽具有规模较小，抗风险能力较弱，产业投资大，回报期长的特点。但是它的前景更为广阔，收益也会更高。黑龙江省产城融合，促进新型城镇化。在空间上，农业一般布局在乡村地区，服务业和战略新型产业布局在城市，尤其是中心城市。现代农业的发展将释放农业劳动力，适当引导，有利于这部分居民在小镇就地城镇化。服务业和战略新型产业形成的产业集群有利于提高（中心）城市对技术、人才、资金等要素的吸引力，增强城市甚至城市群的内部活力和辐射能力。

4.4.4 以完善的城镇体系带动城乡融合发展

城镇体系不仅是市场机制调配资源要素的节点网络，也是政府行政手段引导市场风向的有力工具，更是实现城乡融合发展的必要保障。从空间的角度看，工业产品的生产大都是在城镇这一节点上完成的，产品顺着供应链流动的过程中勾画了城镇体系的脉络。中心城市通过这些脉络连接着中小型城市，进而连通城镇直至乡村。虽然县城和重点城镇在城镇体系中位于城乡之间的交叉点上，乡村振兴战略进一步要求实现城乡融合发展，但经过对黑龙江省 60 个县（市）的实证分析发现，目前黑龙江省的县（市）大都缺乏自身活力（特别是划归第五类、第六类的 24 个县），无法通过自下而上发挥拉动作用。因此黑龙江省目前城镇体系的核心是中心城市和与其紧密联系的要素流动脉络。城镇体系本质上是产业或产业集群的空间载体。产业通过这一载体吸引了众多的资金、人才、原料等要素，产生规模经济，再通过城镇间的脉络将产品送到各个市场。完善的城镇体系有利于加快产品、要素的流动和资源的配置，有了完善的城镇体系，城市群的辐射能力才能更好地传导至乡村，乡村的剩余资源才能及时地流动至城市。总之，完善的城镇体系是城乡融合经济体的骨架。

4.4.5 以均等的公共服务保障“以人为核心”

均等的公共服务可以根据地域划分为两方面的内容：一是城镇和乡村内部公共服务的均等，二是城乡之间公共服务的均等。当前，农业转移人口市民化是公共服务均等化的重要表现。城市公共服务的分布主要以户籍为基础。户籍制度改革是农民工享受平等公共服务、实现城市内公共服务均等化的重要措施。此外，均等的公共服务还应包括城乡之间公共服务的均等。由于“以城带乡、城乡融合”的发展模式要求将工作重点放在打破城乡障碍而不是乡村上，目前黑龙江省乡村的发展条件跟不上城市，城市的辐射带动作用受制于城乡障碍无法有效传导至乡村。在这一空档期，应将更多的公共服务投入乡村，确保日后乡村与城市的衔接性，是均等化公共服务的努力方向。城乡之间均等的公共服务不是绝对的、无差别的均等，而是相对的均等，要以人均公共服务水平衡量。以公共基础设施的城乡分布为例，由于乡村人口远没有城市密集，城市的公共基础设施与乡村相比有数量多、质量高的特征，但根据边际效用理论，高质量的城市公共基础设施服务了更多的居民，它与相对低质量的乡村公共基础设施给人带来的效用是一样多的。

4.4.6　各路径的决定因素与成效

不同路径的内涵各不相同，但在决定因素与成效方面，不同路径由共同的因素决定。经济社会发展水平和资源环境承载力是新型城镇化建设的决定因素。新型城镇化建设一旦偏离现实经济社会的发展水平或超过了当地的承载力，就很难做到“以人为核心”，就退化成了传统的城镇化，更做不到城乡融合。这就要求无论是制度的变革、产业的集聚、城镇体系的完善还是公共服务的均等化都要适应经济社会发展水平和资源环境承载力，制度与政策的执行决定了新型城镇化建设的成效。黑龙江省新型城镇化建设的成功与否，关键是“四化同步”、产业发展、城镇体系、公共服务能否有机地结合，形成一个闭合的“完形”。要用制度变革打通它们之间的障碍，并落实相关政策确保具体措施发挥效力，制度一方面涉及户籍、就业和土地上的劳动力等要素的流动障碍。另一方面还涉及产业、城镇体系、公共服务上的变革。产业集聚所依赖的营商环境，发展现代农业依赖的土地规模，城市群内部协调依赖的新行政方式，公共服务分配依赖的户籍等都要受制度的制约。执行政策的主体是政府，但政府要依靠社会各界的积极参与才能将政策落实到位。政府是引导推动新型城镇化建设顺利走完“最后一千米”的最活跃的因素。

4.5　本章小结

首先，分析黑龙江省城镇化发展的历史过程，大体可以分为六个阶段，

(1949—1957年)快速发展阶段,(1958—1965年)波动阶段,(1966—1977年)衰退阶段,(1978—1994年)稳步发展阶段,(1995—1999年)止步不前阶段,(2000年至今)缓慢发展阶段。新中国成立至改革开放期间国家政策对黑龙江省城镇化建设的正向冲击已消失殆尽,黑龙江省应该及时抓住转型时机,激发内部活力,否则可能会落在全国平均水平之下。其次,介绍了黑龙江省城镇化的发展特点,包括:黑龙江省城镇人口增长迅猛,但城镇化率增长速度缓慢;黑龙江省城镇化发展类型众多,由于黑龙江省的自然条件以及地缘的原因,发展了多种类型的城镇;缺乏产业支撑,黑龙江省一些重点的工业只是集中在几个大城镇中靠国家的扶持发展起来的,众多城镇还是以农业为主,工业和服务业处在初级阶段;黑龙江省城镇建设滞后,基础设施的投资跟不上城镇的建设,使城镇不能充分发挥它的功能,造成城镇功能缺陷,城镇化发展质量较低等。再次,阐明了黑龙江省城镇化七种发展模式,包括:资源主导型城镇化发展模式;产业主导型城镇化发展模式;区位主导型城镇化发展模式;政策主导型城镇化发展模式;专业市场型小城镇发展模式;旅游型小城镇发展模式;综合型小城镇发展模式。最后,分析了黑龙江省新型城镇化建设的路径:以"四化同步"贯穿新型城镇化建设始终,"四化"之间的相互作用机理是"四化"彼此交融,共同构成了经济现代化;以制度促进城乡要素双向流动,只有实现城乡要素的双向流动,才能在微观层面完成城乡融合的任务;以产业路径激发地区内在活力,在新型城镇化过程中注重产城融合的建设思想,将产业作为城市的经济灵魂。具体可以说就是从农业、服务业、战略新型产业三方面突出自身优势;以完善的城镇体系带动城乡融合发展。城镇体系不仅是市场机制调配资源要素的节点网络,也是政府行政手段引导市场风向的有力工具,更是实现城乡融合发展的必要保障;以均等的公共服务保障"以人为核心",均等的公共服务可以根据地域划分为,城镇和乡村内部公共服务的均等、城乡之间公共服务的均等两方面内容;各路径的决定因素与成效,不同路径的内涵各不相同,但在决定因素与成效方面,不同路径由共同的因素决定,经济社会发展水平和资源环境承载力是新型城镇化建设的决定因素。

第 5 章　黑龙江省城镇化进程中生态环境建设存在问题及原因

城市也称城市聚落，是各种社会经济活动、科学技术发展、文化进步以及信息交流的中心。城镇的发展，使得人们的生活方式、生活品质都得到一定的改善，推动了社会的进步，但是不可避免地在一定程度上破坏了原有的自然生态环境。各国在经济发展的同时也在不断改进人们的生活方式，期望能改善人与自然之间几近破裂的关系。目前，黑龙江省正处于城镇化快速发展时期，有些地方政府为了追求短时期的效益，出台各种政策来吸引污染产业企业入驻，忽略了城镇生态环境保护的重要性，没有考虑城镇生态环境的容载率。表象上，这些企业增加了当地的就业岗位，给经济带来效益，但从长远角度看，这种做法严重地危害着各地的生态环境，破坏了黑龙江省城镇化与生态环境建设的良性互动模式。

5.1　黑龙江省城镇化进程中出现的问题

5.1.1　城镇功能特色不突出

城镇化是农村向城市不断转变的历史过程，在这一历史过程中，有时间维度和空间维度的差异。各个地区差异性的资源、政策优势及经济策略，导致各个地区出现各式特色与功能的城镇化发展模式。黑龙江省在发展城镇化过程中最为主要的问题就在于城镇功能不明显，缺少专属黑龙江省的城镇特征。基于黑龙江省的地势地形，不同地域内的地理环境、资源分布也会有所不同。以黑龙江省大庆、鹤岗为例，它们都具有丰富的石油、煤炭资源，属于资源导向型城市，而牡丹江、哈尔滨则以丰富的自然资源和现代建筑为旅游产业的代表，因而宜在黑龙江省打造发展多功能型的城镇化城市。但从目前黑龙江省城镇化的发展看并没有将这些特色及优势进行发展，忽略了具有本地特色的中小型城市在城镇化发展过程中的功能，具体如伊春、绥化、齐齐哈尔都在黑龙江省城镇化发展过程中做出了贡献。以伊春为例，相比哈尔滨、大庆等知名城镇城市，其在发展中的城镇化进程也要明显高于其他城市，但与之不符的是，伊春市并没有形成其独特的优势城镇特色，相比其他城市来说也并没有形成独具特点的优势，功能繁多且与其他城市存在重叠是伊春发展中面临的主要问题。受到中国固有的二元经济体制影响，不仅仅是黑龙江省，其他省在发展中也存在城市与城市之间联系少、协调调度能力不足的缺点。城镇化发展中，尽管城市与城市之间相连，但却是独立地发展着，并没有形成经济发展一体化模式或集群效应。不断发展中的黑龙江省，大部分城市依然存在极高的城市功能重叠，缺少城镇功能特色，产业格局、类型及模式也大抵相同，使得各城市之间存在着难以跨越的竞争关系，而没有形成相互合作或推动其他城市产业发展的关系。从发展角度看，由于省内城市之间竞争带来的恶果，使得区域之间融合更加困难，各城市内部的功能特色在短时间内建立起来存在一定难度。

5.1.2 城镇化发展的主体动力不足

城镇化发展模式是以市场化主导或是政策主导，城镇化发展的主体动力都必然是经济发展。从全国看，东北地区经济发展较其他发达地区较慢，而黑龙江省在东北部地区的经济发展也较为缓慢，尤其第三产业在地区 GDP 中所占比例过低。黑龙江省城镇化动力缺乏问题凸显，这必然与农业为黑龙江省主要产业地位特殊以及中国粮食安全政策脱不了关系，但是主要原因还是第二、第三产业发展落后。一方面，从黑龙江省发展历史看，发展初期采用模式为资源主导，经济发展基本上是依托国有资源企业，必然带来资源企业对整个地区经济发展和城镇化水平有影响程度极大的问题。然而计划经济时期，国有资源企业经营效率低下，原因在于政府对石油、煤炭等资源控制严格，不能充分表现出其市场价值，同时各类体系并不完善，如社会保障、城市建设、税收体系等。国有企业需要承担的经济负担过多过重，如需要负担大批的退休职工、当前的城市建设和高额的国家利润上缴。另外一方面，其本身管理制度存在很多问题与不足，由于企业不能及时调整结构和改进技术，导致技术落后、生产效率低下，对企业的进一步发展造成严重的阻碍后果。改革开放后，虽然国有企业在国家政策的推动下进行了企业改革，并在缓解其经济负担方面取得一些成绩，但很难在短期恢复经济效益。而城市长期依赖国有资源企业，导致城市没有长足完善的发展规划，并且地区经济结构中国有资产企业所占比例过高；城市长期依赖地区资源，在以第二、三产业为核心形成增长点和增长极方面工作力度不足。

5.1.3　城镇化发展中体制机制不足

由于各个城镇资源优势、区位优势存在差异，导致黑龙江省主要城镇地区差异现象突出。随着经济的进一步发展，这一差异可能一定程度上会有所扩大。例如哈尔滨、大庆、齐齐哈尔、牡丹江四个主要城市的 GDP 总和占据黑龙江省 GDP 总值的 72%，这足以证明黑龙江省地区发展差异的显著。如果地区差异过大，将会导致地区经济发展不均衡，经济资源都集中在特大城市，会产生其他城镇发展水平和速度相对缓慢的现象。虽然根据增长极理论，资源会首先流入特大城市，在大城市经济达到饱和、效率配置降低时，再扩散向周边地区，促进其城镇化建设，但在没有政策倾斜下城镇化过程相对较长。黑龙江省作为中国东北老工业基地的重要构成部分，省内的大部分企业为国有企业，而国有企业职工一旦退休，就会给政府和本地带来严重的经济压力和负担，进而影响本地居民的正常生活，所以，建立健全社会保障体系是推动人民群众物质生活提升的关键，对黑龙江省的发展也具有重要作用。此外，黑龙江省内部除国有企业下岗及退休员工以外，其他企业在现代化发展中失业员工数量不断增多，截至 2018 年年底根据有关部门统计，黑龙江省内部失业率为 3.99%，是影响其经济增长速度和城市发展规模的关键因素。体制机制落后是现代社会发展中创新意识和观念不足导致。伴随中国改革开放进程不断深入，各行各业的产业结构出现变化，由劳动型产业开始向资源、技术产业发展，这一结构性变化也间接推动城镇化的发展和进程加快，但在推动经济发展过程中，也会因体制机制过于陈旧造成一系列压力。由于中国现实发展原因，政府并没有实现户籍体系的开放，因此，在城市发展中的人员流动上，存在地区之间的明显差异。黑龙江省内相比其他地区而言，人口较少，第三产业发展有限，不仅缺少资金支持、体系不完善，也缺少相应的人才进行城市建设，进而导致黑龙江省各地区城镇化发展机制建设不足，与其他地区相比存在明显落后的现象。

5.1.4 城镇化规模的盲目扩大

黑龙江省近几年城市与乡镇经济快速发展依靠扩大土地的形式，与新型城镇化发展理念大相径庭，仍属于传统城镇化范围的“轻质量、重效益、轻内涵、重外延”，城镇土地资源规划效率不高，土地扩大速度极快，很难发展成为全面协调可持续的发展。城镇扩大仍然保留着“重开发，轻产出”的局面，黑龙江省城镇土地使用率仍然较全国平均水平低，与东北地区相比也低于平均水平。这种依赖于“土地红利”的资源分配原则，没有达到应有的使用率，并且影响了经济发展、百姓生活，为新型城镇化建设增加了更多阻力。增加城镇化扩大的速度，而土地利用率并不增加，必然会使农耕地减少，黑龙江省身为粮食产出基地，依旧延续这种发展模式将会对国家粮食储备造成影响。首先，城市建筑用地规划的不科学，大量面子工程掺杂其中，只注意外在形象，没做到对城镇化深层次的了解，部分地方政府将土地城市化、工业化标榜为城镇化，致使大量土地空闲和浪费，致使土地处于超负荷运作，致使人口与土地不相匹配。尤其近两年，打着加大城镇化建设的旗帜而疯狂建设所谓的城市标志性建筑，尤其是办公大楼、人造景观随处可见，一些地方政府只在意“面子”而忽视内涵，大片的农耕地被浪费。其次，在城镇化发展中，因为土地没有被合理地科学布置，而导致城市布局不合理不科学。一部分是因为一些地方政府在城市功能区域划分时，没有考虑自身的情况，随意地兴建工业与商业用地，致使很多土地资源没有得到合理的利用与规划。另一部分是因为旧城区转换到新城区的过程中，没有处理好两者之间存在的矛盾，没能考虑和吸收两者的优点，导致新城区与旧城区发展不协调，土地资源没有达到最高使用率。此外，土地不合理建设，农业用地和林地被建设取而代之，使优质农业用地逐渐减少。大量农业用地在城市扩大发展过程中，变为建筑用地或工业用地，给农民造成了直接的影响，这种没有统筹规划的土地征用现象，既破坏了农业土地的使用率，也没有合理规划城乡统筹发展，给人们的生活带来了严重影响。

5.2　黑龙江省城镇化进程中生态环境建设存在问题

5.2.1　人口素质偏低

黑龙江省经济发展落后，虽然文化教育资金所占 GDP 比重逐年提高，但由于黑龙江省 GDP 总量较低，对于黑龙江省的人口基数而言，投入的资金量是远远不够的，导致黑龙江省居民文化素质不够高，人口素质的高与低对黑龙江省的城镇化健康发展有着深远的影响。生态的城镇化发展不只是简单的城镇数量及规模的增加和城镇人口的增加，而是城镇人口素质的不断提高、城镇居民生活环境的不断改善、城镇居民生活水平的不断提高。黑龙江省的人口素质与发达省份的人口素质还有一定的距离，人们为了眼前的蝇头小利，以牺牲生态环境为代价来换取经济的发展，然而环境和资源的总量是有限的，人们却不去考虑子孙后代。黑龙江省城镇化进程中，大批农民进入了城镇生活，多数居民的生活习惯、思想方式未能及时改变，导致他们在生产和生活过程中乱丢垃圾、随地吐痰、缺乏节约意识和环保意识的现象非常普遍，这些现象的存在可能会在未来导致更严重的环境问题，以及城镇化进程中的生态安全问题，比如能源的浪费、工业废水的随意排放、森林资源的破坏等。为了黑龙江省城镇化的健康发展，我们必须加强人口素质建设，尊重自然、保护自然环境，约束自己的行为，使城镇化发展遵循科学、有序、生态的模式。

5.2.2　产业结构不合理

2020 年黑龙江省 GDP 总值为 13 612.7 亿元，其中，第一产业为 3 182.5 亿元，第二产业为 3 615.2 亿元，第三产业为 6 815.0 亿元，三次产业结构为 23.4∶26.6∶50.0，第一、第二产业比重较高，造成黑龙江省的产业结构比例失调，属于高碳的粗放型的经济发展模式。黑龙江省是资源大省，一直以来都以煤炭和石油作为发展动力，以资源消耗获得经济发展，导致重工业为主的产业在产业结构中占主导地位，轻工业与重工业比例极不合理。同时，乡镇工业企业的发展还停留在高投入、低产出、低质量、低效益、高污染的水平，这些都严重制约了黑龙江省城镇经济的提升，并且也带来了一系列的生态环境问题。当前黑龙江省的乡镇企业多数都是单一的产业结构，只发展一种企业会导致产业链条比较短，缺乏附加产业，不仅造成了大量的资源浪费，同时生产废弃物也对生态环境造成了难以恢复的后果。因此，乡镇企业必须坚持可持续发展路线，优化产业结构实现经济效益、投入产出、生态环境三者的平衡发展。

5.2.3 环境管理体系不健全

当前，黑龙江省的城镇环境管理仍然存在很多问题，比如执法人员素质不高、执法力度不强、执法人员缺乏专业知识、资金投入不足导致检测、检查的设备技术落后等。黑龙江省的生态环境管理起步较晚，经验不足，管理体制不健全、制度机制不够完善、管理水平相比发达省市比较落后，而且环境保护工作涉及的部门比较多，比如水利部门、环境保护部门等，部门之间出现交叉管理的现象，当有生态环境问题出现时，相关部门经常会互相推卸责任。这种普遍现象严重地影响了环境保护工作的有效进行，更有可能错失生态环境治理的最佳时机，政府应当对各环保部门的权利、义务、职责做出明确的规定。生态环境治理与经济利益从短期来看是相互矛盾的，政府部门需要经济效益来提高政绩，往往会因短期利益忽略生态环境的治理和保护工作，甚至会为了经济的快速发展而阻碍环保部门的正常工作。同时，黑龙江省在城镇化进程中的生态治理工作主要依靠政府的行政手段，治理手段比较单一，缺乏公众参与，生态环境管理体系不够健全。

5.2.4 不合理的城镇建设规划

当前，黑龙江省的城镇规划建设方面存在很多问题，政府主要追求城镇化率的提高，把开发当作城镇化的重点工作，未能意识到城镇规划对于城镇化有效进行的重要作用，在城镇化建设前期没有一个科学合理的规划方案，往往达不到预期效果。不能根据地理环境、气候、历史因素等特征合理地建设城镇，这种现象可能会导致城镇化进程中遇到困境从而导致小城镇规划布局不合理。黑龙江省城镇规划布局不合理主要体现在以下三个方面：第一，在城镇化初期只作简单的规划，走一步看一步，未能对城镇建设做到细化，在生态环境的利用上没有可遵循的标准，使得城镇化建设的成果不理想，对生态环境造成了一定的破坏，达不到预期水平。第二，城镇规划缺乏科学合理性，在生态建设方面没有经过专家、学者的论证，在规划过程中严重缺乏生态建设、生态安全方面的规划。第三，在城镇规划中没有对土地资源、水资源等自然资源的利用做出明确的规划，使得城镇化过程中对土地资源、森林资源等造成了巨大的浪费。

5.2.5　环境保护资金投入不足

黑龙江省经济发展落后，虽然逐年增加环保资金占 GDP 的比重，但与发达省市相比，投入还是明显不足。首先，政府在城镇环境保护方面投入的资金相对较少，政府每年在环境治理工作上投入大量资金，但生态建设的源头是生态环境保护，应该从源头抓起，政府应该在污水处理系统、垃圾处理系统、绿化建设等环境保护方面增加资金投入，通过科技的力量减少污染源的产生。其次，黑龙江省的经济发展比较落后，乡镇企业的发展更为落后，多为粗放型的经济发展模式，特点是高投入、低产出，高消耗、高污染，在环境保护和技术改造上资金投入得很少，对生态环境造成了严重的破坏。如果乡镇企业能够在技术上加大资金投入，不仅可以减少污染，同时能够增加企业的经济效益，实现可持续发展。最后，在环境基础设施方面的资金投入不够。没有先进的垃圾处理场、污水处理设备以及相应的环境卫生基础设施，使得环境污染问题不能及时有效地解决。当前政府的责任比较重大，在经济落后时期政府倡导经济发展，一味地追求经济利益，不惜牺牲环境来换取经济效益，当环境污染达到一定程度时，政府开始大量投入资金进行环境治理。当前政府应当兼顾经济发展与环境保护并重，制定科学合理的环境保护政策，使得经济增长与环境良性发展共同实现。

5.2.6　法律法规不够完善

黑龙江省城镇化进程中，政府颁布了多条法律法规用以保护生态环境，但由于黑龙江省面积比较大，各地区地理条件、资源储备、经济发展状况及人口素质等多方面都存在差异性，导致法律法规不能完全适应执法环境，法律法规无法充分发挥保护环境的效果。而且黑龙江省的生态建设起步较晚，各项法律法规本身就不够完善，黑龙江省近年来城镇化迅速发展，已颁布的多项法律法规具有时滞性，对于当前城镇化进程中出现的环境问题无法完全解决。根据当前城镇化进程中严峻的生态问题，政府应该颁布针对性比较强的法律法规，而且法律法规要因地制宜，适应当地的发展状况，使得法律法规可以针对黑龙江省不同区域的城镇化导致的生态环境问题，发挥最大的约束力。制定了法律法规还不能根本解决环境问题，法律法规的实施才是关键，当前黑龙江省的环境监管部门未能严格履行职责，并未做到违法必究、执法必严，惩罚措施不够严格，没有威慑力，政府必须加强法律法规的威慑力，严厉处罚违法行为，同时，还要加强对执法人员的教育培训工作。

5.3 导致问题的原因

目前黑龙江省新型城镇化进程中生态环境建设存在的问题依然严峻，因而需要多角度、深层次地研究导致问题出现的原因，以便为未来生态城镇化的发展提供指导建议。

5.3.1 生态文化薄弱

(1) 公民生态环境保护意识不够强

通过政府对生态环保知识的大力宣传和教育，近几年黑龙江省公民生态环境保护意识普遍得到了提升，有了一定的知晓度和认可度，但对于生态危机的日益严重性和生态环境建设的紧迫性需要来说，差距依然很大。基于CUSS2019年的数据指出环保行为分为私人领域和公共领域，私人环保行为参与度远高于公共环保行为的参与度，即环保行为多集中在日常生活。由此说明，黑龙江省公民生态环境保护意识呈现两种不同的状态：浅层环境意识和深层环境意识。正因为公民对众多的环保知识了解不够全面、透彻，所以往往会有意或者无意地做出污染和破坏生态环境的事情。公民对有关保护生态环境的法律法规不够熟悉，缺乏基本的生态维权意识。当快速城镇化的浪潮将一大批农村人大量市民化后，由于农民一般缺乏正规的生态教育，因此，大多数农民十分缺乏生态环境保护意识，特别是对生态环境建设的知晓度、认可度和践行度都处于一个相对贫穷的状况，因此他们的生活方式和消费模式有意无意地会造成环境污染的情况，影响生态文明的建设。

近年来，随着科技的发展和科学文化知识的普及，大众逐渐有了初步的环保概念，但总体而言，相较其他西方发达国家中国国民的环境保护意识远远不够。而黑龙江省作为中国经济发展比较落后省份，居民的环保意识更有待加强，普及公众环保知识以及培训公众环保意识非常重要。同样地方政府对环境保护的重视程度并未到位，某些地方政府和环保部门的处理显得敷衍塞责，此举不但助长了企业违法气焰，更重要的是极大地伤害了政府的公信力。甚至某些地方政府漠视中央政府提出的科学发展观要求，片面追求经济增长速度，忽视资源保护和环境改善，对企业在环境保护责任上的约束力度不够。政府作为管理者，在环境保护中有义务约束好企业的行为，而现今政府在企业违法过程中更多的是扮演纵容、默许的角色。由于黑龙江省内各地方的差异，人们的环保意识相对较弱，为了城市的GDP发展，往往人们忽视了环境的建设，很多不协调的城镇化发展问题表现了出来。在新型城镇化进程中，有些城镇的建设只是为了单单能达到规定的一定的数字指标，并没有通过长远的发展统筹规范，为长足的新型城镇化建设打下环保意识的基础，这使得在今后的发展过程中，我们要不断提高人们的环保意识，从小的宣传工作做起到举办大的环保活动，使人们逐步认识到环境是与人们生活息息相关的内容，为自己的健康和下一代的健康而努力奋斗。

（2）生态城镇化发展理念落后

生态城镇化理念是结合当前黑龙江省城镇化发展的现实需求，把生态环境保护意识融入其中而形成的一种价值观念，为新型城镇生态化建设提供科学的理论指导。生态城镇化理念是城镇建设的指导思想，其发挥的作用相当重要。目前，现状是城镇生态环境建设顶层设计理念很先进，但地方各级政府误解了其中的含义，错误地理解了“新型城镇化”的内涵，简单地把新型城镇化建设理解为土地非农化或者“农转非”，乱圈耕地建设形形色色的产业园、新区等。加之城镇居民生态环保意识淡薄，导致生态城镇发展理念落后。另外，在过去传统城镇化建设过程中缺乏清晰明了的生态考核评价机制，加之固有的传统发展思维模式致使多数政府部门以“经济建设和GDP增长”作为首要的目标理念，把人与自然的协调发展问题置于次要位置。同时，政府部门对城镇生态环境建设的科学内涵认知程度也非常肤浅，导致对环境问题的治理与监管仅仅停留在表面。试想如果地方政府在这样认知不全面的情况下，想把生态环境保护意识和生态城镇理念转化为决策，并进而传授给居民、企业，那么成效只会不尽人意，也是难以奏效的，影响了公民对生态城镇理念产生正确的认知。

(3) 公众参与环保机制不成熟

在生态环境保护工作中，公民参与的主动性不高，政府仍处于主导地位。政府在从政策的制定到推行，再到有组织、有计划地向公民开展生态教育，都起着强大的推动作用。首先，公众参与生态环境建设的深度不足。所谓公众的深度参与，是指在政府的生态决策和执行过程中，公众能够深层次地介入和影响。显然，当前黑龙江省在生态环境建设过程中参与的深度仍显不足。一般生态治理的全过程包括预案阶段、过程阶段和末端阶段，目前居民在生态治理中只集中于末端阶段的参与环节。这与黑龙江省环境信息开放程度有极大的关系，政府常常在民众不完全了解情况或者不知情的背景下，做出了重大生态决策，导致公众无法及时参与进去。其次，在生态环境建设的机制方面公众参与度很低。在生态环境保护工作中，有关参与程序、参与途径和参与方式等内容不明确，公众参与机制不完善导致公民参与生态建设在根本上就缺乏相应的制度保障。参与机制的不完善，导致公民对政府制定生态环境决策的认知度和参与度更少。最后，由于制度建构和制度设计存在着许多不足和缺陷，一些民间环保组织也不能充分发挥作用，如非政府环保组织 NGO 就存在这样的制约，环保组织 NGO 经常受制于规模小、资金短缺、高层次参与不足等许多因素的影响，致使在环境保护和治理方面没有完全独立的地位和权力，甚至在环保 NGO 表达意见和利益诉求过程中都没有主动权和话语权，使一些非政府环保组织不能成为环境保护的有生力量，不能充分发挥其应有的作用，严重削弱了对政府在生态环境保护方面的制约作用。

(4) 生态环境教育发展滞后

人口数量和人口素质作为城镇化的主体，人口数量决定了城镇化的建设，在大量新生人口指数增加，可利用资源也随之不断减少的前提下，生态环境的特性也随着人们日益增长的物质需求难以有序进行，伴随着环境问题接踵而来；而且，伴随大量农村人口涌入到城市，生态系统已经不能实现自我调节，生态问题刻不容缓。再有，人们自身的受教育程度、文化素质往往对城镇化的发展起着关键作用。研究表明，人口受教育程度越高，对新鲜事物接受能力越快，对生态环境的认识和保护也就越重视。相对而言，人们对法律法规解读不透彻，文化水平越低，环境保护意识就越差，法制法规思想越薄弱。由于人的劣根性和私欲，对自然资源进行过度利用和开采，导致生态环境破坏。黑龙江省存在带动产业革命、具有发展眼光的先进技术带头人物、管理能力强的领导人等高端人才缺乏，高端技能型和应用型人才短缺，有能力的人才稀缺，很多人属于在其位不谋其政，加之有能力的人才地区划分严重，人才呈现分布不均的现象。就黑龙江省而言，大部分人才集中分布在省会城市哈尔滨，东、西部人才相对缺少；一线城市大多数人才疯狂涌入，县城领域则门可罗雀；大量农村剩余劳动力向城市转移，耕地被大量地搁置，虽加快了城镇化的建设，不过问题也接踵而来。如农村剩余劳动力向城市迁移，城乡结构不统一，在落户、工作、医疗、子女就学、社会保障制度等很多方面都出现了差别对待，农民向城市居民的转变并不完整，出现了找工作难、土地没有所有权、生活没有着落的问题，推着城镇化向前发展；加之农民受教育程度不高也成为他们在城市中难以站稳脚跟的原因。

要想实现环境治理，提高公众的普遍参与度是重要条件之一。随着环保运动的不断深入和人们对生活质量要求的不断提升，政府在治理环境方面的能力不足也逐渐暴露出来，同时由于市场在环境这种准公共物品面前存在缺失，这时就必须依靠更广泛的群体——公民来协同治理。1973年中国第一次全国环保会议首次提出环境教育的理念，随后全国环境教育工作会议召开，初步建立了中国特色环境教育体系。但是黑龙江省环境教育起步晚、存在普及不平衡、投入少等一系列问题，在农村体现更为明显。主要表现在三个方面，第一，对环境教育的投入不够，目前农村地区缺少懂环境教育的高素质专业人才和优秀课本，导致环境保护知识传授得不到位，无法适应现今新形势下可持续发展的需要。第二，由于黑龙江省和其他省份之间经济发展存在差异，导致文化教育也存在千差万别。整体科学文化教育水平低，环境教育的推广往往十分困难。第三，针对成年人的环境教育缺失，居民要获得环保知识只能靠媒体环保知识的宣传，缺少正规、免费的环境教育，这无疑给黑龙江省城镇化进程中未来环境资源的保护蒙上了一层阴影。

5.3.2 经济发展和产业结构粗放

经济发展方式和产业结构是新型城镇化建设发展的驱动力。新型城镇化建设进程中，必须将生态环境保护理念全面渗透到城镇的经济建设中去。但是目前城镇经济发展与生态环境建设理念融合得不够全面，导致城镇化过程中浪费资源和能源。

(1) 城镇企业粗放型的经济发展方式

改革开放以来，中国经济有了长足发展，黑龙江省经济也随之发展飞快，但也为此付出了沉重的代价，导致了生态环境形势严峻，主要是由于粗放型的经济发展模式导致的。现在我们既要面对由于过度消费产生的环境问题，又要面对发展不足和贫困产生的生态破坏问题。传统的经济发展模式是“以粗放型的方式占主导地位的单向流动的线性经济模式”。传统城镇化过程中，重经济发展轻环境保护的发展理念，导致经济发展上去了，而生态环境遭到严重破坏。这种经济增长方式，不仅导致资源能源的消耗速度远远超过了城镇经济增长速度，也成为城镇环境污染的来源。另外，许多人城镇生态环境保护意识缺乏，所以粗放型经济增长方式被长期沿用下来。不过令人欣慰的是，党中央及时提出走新型城镇化道路，坚持“五大发展理念”。但是，由于黑龙江省传统发展理念的惯性思维，由粗放型的经济发展方式带来的消极影响短期内很难消除。

(2) 城镇产业结构与布局不够合理

城镇化的经济发展中，城镇的产业结构不合理是造成城镇生态环境遭到破坏的一个重要因素。首先，产业科技含量低，产业发展方式整体呈粗放型，生产过程偏向粗加工，生产出来的产品质量也不高，导致资源能源的消耗量大。其次，城镇产业结构不合理甚至混乱，不符合科学生态化的要求。第一产业的比例占到了绝大多数，城镇基础型经济产业质量不高，且以高耗能、高污染的重工业为主，新型环保产业、现代农业以及第三产业比例严重不足，甚至发展缓慢。一些不适合地方经济发展的企业或高污染的重工业未能在政府的引导下实现转型，引起地方资源的严重浪费，造成生态系统紊乱。传统的资源开发利用方式缺乏科学技术的支撑，在资源开发过程中粗放型、科技含量低的利用方式同样造成了资源的大量浪费。另外，不合理的产业布局也影响着城镇工业的生态化发展。产业布局的不合理对生态经济发展不能形成有效的拉动作用，集聚和产业融合程度较低，不合理的产业布局不能形成产业的有效集聚和产业融合，从而影响着新型城镇化的发展。城镇由于缺乏集群化产业规划，对工业园区没有按照生态化标准进行设计，产业布局交叉凌乱，未形成良性循环，导致资源能源的综合利用率和循环利用率极低，造成水源和空气被严重污染。

（3）城镇环境基础设施建设投入不足

黑龙江省城镇化进程中，随着社会和经济的发展，各类产业增加，城镇人口的增长，导致城镇的环境基础性设施如污水处理、空气净化、垃圾处理、噪音防治设施等配套建设不足。首先，政府常常受到片面经济增长观和唯 GDP 论的影响，形成重经济效益轻环境保护的观念，许多地方政府在工业企业方面的财政投入比例较大，而忽视对污水处理、生活垃圾处理等基础设施的财政投入。其次，社会公众和企业对环保基础设施的资金投入较少，多年以来黑龙江省城镇环境保护基础设施主要来源于政府投资，投资主体相对单一。一些地区，在城市环境保护基础设施建设资金的筹集渠道十分有限，还经常按照计划经济体制的做法，向上级争取项目、资金，争到手就实施，争不到也无所谓，以致城镇环境保护基础设施建设滞后，污染治理达不到理想效果。最后，在环境管理和治理方面，地方环保部门未尽到应有的职责，由于有关环境保护和治理的法律条例不明确，造成环保部门执法职能交叉、执法主体分散等问题，不能及时对环境问题做出恰当的处理，城镇基础设施投入不足造成垃圾围城和交通拥堵的困境。随着新型城镇化的发展，大批中小城镇纷纷登陆，在改善黑龙江省农民生活方面发挥了关键作用。同时也正是由于如此庞大的城镇规模，对环保设备的需求不断增加，对政府的环保工作也造成了巨大的压力。一方面，社会经济发展水平无法与支付购买和运营支出成正比。另一方面，一些管理者缺乏保护环境的意识，保护自然环境的活动不够重视，环保设备无法配备到位。当然，有些城镇地处偏远地区，交通不便，生活不方便，设备无法运转，这也是环保设备缺乏的原因之一。

5.3.3　城镇生态环境的制度与监管不足

制度是生态环境建设得以实施的重要保障，监管是保障制度科学合理地使用。过去黑龙江省城镇化大力推行经济发展，以“经济理性”作为思维方式，在社会发展中追求经济利益的最大化。而当前的新型城镇化以“生态理性”作为出发点，要求经济社会发展同生态环境协同发展，而有待完善的制度、缺乏的执行力和不够严厉的监管成为影响“生态理性”实现的重要因素。

(1) 城镇生态环境建设的法律制度不完善

目前，生态环境法律法规体系在中国已经基本建立起来了，经过近5年的努力，生态环境建设的法律法规体制正在向全面落实阶段过渡，能够尽可能地保持与城镇化发展方向一致，取得了不错的成绩，但由于有关生态改革举措和制度建设存在着“碎片化”“执行难”等问题。围绕系统完整、协调一致、顺畅有效的生态城镇建设的法律制度体系还远未建立。从内容上看，《中华人民共和国环境保护法（试行)》出台至今，中国已经制定超过30部关于环境保护、污染防治及自然资源保护方面的法律，除此之外，出台针对环境的行政法规和部门规章也超过百部，甚至地方性环境法规也不断增加。然而，中国环境污染和生态破坏的情况却越来越严重，并没有随着立法数量的增加而明显好转。究其原因，有两个方面：首先，体系缺乏科学合理性。法律规范存在体系凌乱，交错重复、立法冲突等突出问题。其次，生态立法质量有待提高。目前的《环境保护法》作为环境与资源保护法体系的基本法还不够全面，在指导生态文明建设上还不具有全面的指引性。虽然，具有“环境基本法”地位的《环境保护法》已经修改通过并已开始发挥重要作用，但以贯彻生态文明理念为中心的法治建设尚缺乏清晰明确的整体设计，相关法律法规的制（修）订往往具有政策化、碎片化、封闭化、应急化等局限。目前来看，有关生态城市建设的基础性法律尚不健全，如国土空间规划、自然保护、应对气候变化等基础性法律立法层次比较低。虽然已有生态红线、主体功能区划分、生态补偿、生态环境损害赔偿等一些原则性的规定，但仍然缺乏全面系统的法律规范和相应的配套规定，甚至一些既有概念的边界划分也并不清晰。另外，地方立法关于生态保护的数量很少，并且质量不高。由此可知，当前生态立法的制度体系明显不足以指引、规范和支撑城镇改革和制度建设，生态城镇法治体系的全面构建任重而道远。

从中国第一部环境保护法的颁布到现今环境保护法律体系的建立已经持

续41年，虽然环境法律体系在不断完善，但可以看到中国生态环境法律法规的制定缺乏一定的远见性及前瞻性。究其原因也无外乎以下几点：第一，立法技术水平有限。立法者缺乏规划性及对全局性的把握，致使法律的制定缺乏连贯性及远见性。第二，由于“先发展、后治理”思想在中国的大力推行，导致生态环境问题日益严峻，为了遏制当前生态环境恶化的速度，中国出台了一系列应急的制度来缓解人类与环境之间的矛盾。但这些法律法规制度的制定较为仓促，来不及深入研究，缺乏一定的前瞻性，预防和应急措施也不够多。第三，多年粗放型经济发展遗留下来的“老大难”问题与近年来城镇化发展所产生的新问题交织在一起，出现了许多法律法规无法裁定的新领域问题。很长时间以来，我国环境保护方面的法律、法规有着“重城市、轻乡镇”“重大中型企业，轻乡镇企业”的特点。出台的生态环境保护法律制度，政策性导向明显，缺少具体的实施细则，很难开展落实。黑龙江省近几年虽出台了一些生态环境保护的法律、法规，但仍存在不少问题。比如政策法规还存在着少数领域空白现象、法规草案论证不够充分、与政策配套的法规进程缓慢、立法质量不高、政策法规可操作性不强等问题。

（2）政府对生态环境建设的执行力度不够

改革开放几十年，经济和社会发展是党和政府十分重视的主题，以经济建设为中心的原则，可持续的生态建设并没有被纳入政府的日常工作议程中，导致在保护区域环境、防治环境污染、治理污染地区、提高环境资源使用效率的执行方面，党和各级政府的表现还有待加强，这是典型的“重经济效益轻环境保护”行为。在黑龙江省各地的城镇化实践中，政府既是环境保护的主要监督者，也是经济发展的主要推动者，一些干部为了政绩考核，过分重视城镇的经济建设，而忽视了对环境的保护和监管。加之法律条文对政府环境责任规定的不够全面，造成对企业污染的违法违规行为采取睁一只眼闭一只眼的做法，甚至于挂牌保护。部分地方政府这种消极不作为，严重影响了环保执法部门对企业的监督执法力度。

（3）环保监督部门对环境污染监督不力

无论是新型城镇化建设，还是生态环境建设，都离不开政府和环保部门强有力的监督，监督是一种无形的法律保障，时刻关注着生态文明建设的各个环节。中国现行的环境管理体制体现为“以地方监管为主，国家监察为辅”，多层次、多部门交互组成的环境执法管理体制。目前，中国城镇生态环境建设的监管不足主要表现在以下几个方面。

首先，政府环保部门的疏于监督。过去，政府经常因片面追求经济业绩指标，而忽视对生态环境的关注，错误地认为只要经济上去了，环境治理自然就解决了。这种错误观念导致了政府对环保部门的疏于监督，执法部门的执法不严，更进一步加剧了环境的破坏速度。其次，负有生态环境保护责任的监督部门之间存在职能、职责权限分工不合理、职能不清的现象，不完善的职责分配造成监管体制的混乱。目前有关环保的部门包括国土、住建、水务、城管、气象、海关等部门，黑龙江省生态环境保护责任大、任务重，需要各个职能部门协调有序地开展工作。然而实际工作中各分管部门之间疏于交流和协调，深度的合作较难，造成环保职责的分散管理，监管体制的混乱加剧了生态环境的恶化。

（4）新型城镇化建设中的生态规划缺失

生态规划是从长期发展的角度，使人—社会—环境能长期协调稳固发展，在经济和生态之间协调转化，从而达到标准要求，使社会经济与生态化城镇建设二者相辅相成，共同以可持续性发展为目标。黑龙江省在实施新型城镇化过程中，一些地方只为完成省里社会经济任务而被动建设，不能合理规划城镇化生态，而是以加快社会经济发展为唯一目标。城镇化建设，不仅关系到城镇的社会经济发展，也对居民的生活质量的提高和健康有着重要的影响。因此，单一的经济发展不仅可以促进城镇化发展，而且会导致人与社会的矛盾。我们不仅要把握社会经济的发展，更要处理好人与社会、人与自然的关系。单纯地只为经济目标的发展和实现，已经无法满足现有阶段人们的实际需求，现有的新型城镇化生态规划没有科学全面地解决现有的问题，致使一些新城镇在实际使用中出现功能障碍现象。例如，一些城镇的工业区、生活区、商业区划分并不明显，工业区和生活区毗邻现象也众多。另一方面，在土地规划及划分上，没有很好地结合生态自然环境，使一些农业用地变成了工业用地或建造了违规建筑，使生态环境和社会秩序遭到了一定程度的影响。还有在规划过程中，上层的总体布局和底层的实际情况不能很好地吻合，一些方面调查得不够细致，如对城市人口规模、城市排污系统、功能区的设置和使用等进行总体规划时，由于了解得不够细致，并没有在新型城镇化建设中起到应有的作用。

5.3.4 生态环境建设不足

（1）生态环境治理主体的单一化

现今全球大部分学者主张，环境治理的主体除政府外，还应包括公司企业、市民或公民、非政府组织等。应该实现治理主体多元化，应该充分发挥他们各自的作用。但黑龙江省环境治理模式以政府直控为主，这种模式是指政府部门及其机构作为管理部门，对企业、农户、社会团体和个人等被管理主体进行开发、利用环境资源的活动及其相应后果，采取经济、行政、法律和工程技术等措施及手段干预制度制定和行动的总称。在当前国情下，黑龙江省生态环境的治理受到经济等条件的制约，手段较落后，且带有很明显的行政色彩。其主要体现在两个方面：一方面生态环境的治理较落后；另一方面，当前环境治理手段较为单一。总体来说政府直控型模式有一定的行政优势。由于政府需要在环境治理中起主导作用，但由于环境的保护需要政府财政大力投入，更因为环境治理的长期投入性质，势必会给政府带来沉重的财政负担。并且，还存在环境治理过分依赖单一行政手段的问题。行政手段虽然有强制性、权威性、无偿性、快速性的特点，但是政府的关注点往往主要是行政手段快速的特点。有些官员经常为了达到政绩目标，依靠行政手段取得短期的环境治理效果，此种做法主观忽略了环境污染的长期治理性特点，虽然短期内达到了一定的效果，但是并没有根治污染。

（2）生态环境保护技术水平落后

目前，中国城镇化的发展存在一个普遍的问题，那就是规划不足，黑龙江省也不例外。许多城镇在规划上与经济发展和环境保护并不同步，远远滞后于二者，加之近几年城镇发展加速，人口数量剧增，产生了一系列的环境问题。由于乡镇市政建设存在技术水平落后、资金不足等问题，很多乡镇并没有实行起一套完整的污水处理体系，垃圾集中分类处理办法，乡镇生活污水、垃圾整体仍存在直接排放的情况。除此之外，乡镇企业经营规模小没有足够的资金引进污染处理设备，粗放式的生产产生了大量污染物，严重地危害着农村的生态环境。同时由于生产设备和技术的落后，很多资源和能源还没有得到充分利用就被当作“三废”排放到大气、土壤和水域中去，严重地污染了环境，破坏了生态平衡。

(3) 环保部门建设不足，生态环境监管不严

中国直到1998年才正式成立环境保护局，环境治理管理经验不足，管理机构较庞杂，管理模式也比较落后。而黑龙江省随着经济社会的发展出现的环境问题也越来越多，再加上环境问题本身具有复杂性、长期性，单个环境问题的处理同时牵涉多个不同部门，而各部门之间缺乏强有力的综合协调领导部门，存在“条块分割、部门分割”的现象，造成各部门之间意见的不统一，行政效率低下。环境保护机构要同时受到地方政府及上级环保部门的双重领导，环保部门缺乏一定的独立性，这间接影响到环境整治工作的开展。在环境管理权限上，没有从管理的层次、范围、性质和手段上对环境保护行政主管部门和各分工负责监督管理部门的职责权限进行清晰的划分。所以导致环境问题出现时，各级主管部门互相推诿责任，最后问题得不到根本解决。

5.4 本章小结

黑龙江省城镇化过程中，很多地方政府为了追求短期经济效益，而忽视了城镇生态环境的保护，也忽略了城镇整体容载率，造成城镇生态环境的破坏。本章主要研究城镇化进程中生态环境建设存在的问题及原因为后续章节研究进行铺垫。黑龙江省在发展城镇化过程中最为主要的问题就在于城镇功能不明显，缺少专属黑龙江省的城镇特征；城镇化发展的主体动力不足，黑龙江省城镇化动力缺乏问题凸显，农业为黑龙江省主要产业地位特殊，主要原因还是第二、三产业发展落后；城镇化发展中体制和机制建设不足，由于各个城镇资源优势、区位优势存在差异，导致黑龙江省主要城镇地区差异现象突出等问题。进而总结出黑龙江省城镇化进程中生态环境存在的问题包括：人口素质偏低，由于教育资金投入不足，加之城镇化进程中，大批农民进入了城镇生活，多数居民的生活习惯、思想方式未能及时改变；产业结构不合理，第一、第二产业比重较高，造成产业结构比例失调，属于高碳的粗放型的经济发展模式；环境管理体系不健全，执法人员素质不高、执法力度不强、执法人员缺乏专业知识、资金投入不足导致监测、检查的设备技术落后；不合理的城镇建设规划，不能根据地理环境、气候、历史因素等特征合理地建设城镇；环境保护资金投入不足，政府在城镇环境保护方面投入的资金相对较少，在环境基础设施方面的资金投入不够；法律法规不够完善，由于黑龙江省各地区地理条件、资源储备、经济发展状况及人口素质等多方面都存在差异性，导致法律法规不能完全适应执法环境，法律法规无法充分发挥保护环境等问题。找出了导致问题的原因包括：生态文化薄弱，体现在公民生态环境保护意识不够强，生态城镇化发展理念落后，公众参与环保机制不成熟；经济发展和产业结构粗放，体现在城镇企业粗放型的经济发展模式，城镇产业结构与产业布局不够合理，城镇环境基础设施建设投入少；城镇生态环境的制度与监督不足，主要体现在城镇生态环境建设的法律制度不完善，政府对生态环境建设的执行力度不够，环保监督部门对环境污染监督不力，新型城镇化建设中的生态规划缺失；生态环境建设不足，主要体现在生态环境治理主体的单一化，生态环境保护技术水平落后，环保部门建设不足，生态环境监管不严等。基于这些问题和原因，必须对现有的黑龙江城镇化制度进行改革，从而为黑龙江省城镇化和生态环境良性互动模式提供助力。

第6章　黑龙江省新型城镇化建设对生态环境影响分析

6.1　黑龙江省新型城镇化现状

黑龙江省，简称“黑”，省会是哈尔滨市，哈尔滨市在地理位置上是中国最东北部的一座城市，中国国土的北端与东端都处于黑龙江省境内，所以黑龙江省四季分明，又因为在省境北面有一条黑龙江，因而得名黑龙江省。黑龙江省也是中国重要的枢纽带，黑龙江省的东部以乌苏里江为界，北部以黑龙江为界与俄罗斯相望，与俄罗斯的水陆界限有3 045千米之长；西接内蒙古自治区，南与吉林省接壤，东西宽约930千米，南北长约1 120千米，面积为47.3万平方千米。2019年黑龙江省下辖12个地级市、1个地区，共54个市辖区、22个县级市、45个县、1个自治县。黑龙江省的西北部为东北—西南走向的大兴安岭山地，北部为西北—东南走向的小兴安岭山地，东南部为东北—西南走向的张广才岭、老爷岭、完达山脉。兴安山地与东部山地的山前为台地，东北部为三江平原（包括兴凯湖平原），西部是松嫩平原，黑龙江省山地海拔高度大多在300～1 000米之间，面积约占全省总面积的58%；台地海拔高度在200～350米之间，面积约占全省总面积的14%；平原海拔高度在50～200米之间，面积约占全省总面积的28%。黑龙江省的重工业在中国也占有一席之地，高端制造业、航空航天机械、石油、煤炭、木材和高效农牧业、食品工业等都有涉猎。很长时间以来，黑龙江省一直都是中国最重要的商品粮生产和加工基地，如玉米、大豆、甜菜、马铃薯、花生、茄子、水稻等。据计算，2018年，黑龙江省粮食作物播种面积增长，使粮食增产了6.3亿斤*。2018年黑龙江省粮食总产量达到1 501.4亿斤，比上年增加19.3亿斤，增长1.3%。总产量稳居全国各省（自治区、直辖市）首位，比第二位的河南省（1 329.8亿斤）高171.6亿斤。由于黑龙江省地理位置和自身资源的优势，所以中国开展城镇化建设初期，黑龙江省城镇化建设排名一直在其他省份之前。

黑龙江省农作物不但产量高，而且是中国重要的商品粮基地，例如：三江平原、松嫩平原都是黑龙江省高产量的商品粮基地代表。自1949年以后，黑龙江省得力于国家的重工业扶持政策，经济（机械、石油、煤炭）得到了快速发展，城镇化水平也在不断提升，在重工业资源上，矿产资源居多，煤、铁、石油都很丰富；在工业部门方面，石油、钢铁、机械、化学工业比重较大，还有著名的大庆油田，主要是石油化工和石油工程。

黑龙江省的资源和地理位置是其优势，城镇化建设早于其他省份，但是后劲不足，发展缓慢。面对科技的迅猛发展，显然以农业、重工业闻名的黑龙江省，城镇化发展速率明显落后其他省份，面对市场经济发展和体制深化改革，传统优势在转型时期并不具有优势地位。所以，黑龙江省应因地制宜，充分考虑自身发展优势，并结合国家有关法律法规，多措并举，共同发展、稳步发展。而且黑龙江省6座城市（齐齐哈尔、牡丹江、佳木斯、大庆、鸡西、伊春）已经被规划进《全国老工业基地调整改造规划（2013—2022年）》中，采用单一指标法来评测黑龙江省城镇化发展质量发现：其发展水平一直名列前茅，远远高出现有国家平均城镇化发展水平。截至2019年，在全国所有的省区城镇化发展水平的排名中，黑龙江省以60.90%的数据指标位居全国第17名，具体排名如表6-1所示：

表6-1　2019年各省份常住人口城镇化率

排名	地区	年末常住人口（万人）	年末城镇常住人口（万人）	常住人口城镇化率（%）
1	广东省	11 521	8 225.99	71.40
2	河南省	10 952	5 129	53.21
3	山东省	10 070.21	6 194.19	61.51

* 斤为非法定计量单位，1斤=500克。

（续）

排名	地区	年末常住人口（万人）	年末城镇常住人口（万人）	常住人口城镇化率（%）
4	四川省	8 375	4 504.9	53.79
5	江苏省	8 070	5 698.23	70.61
6	河北省	7 591.97	4 374.49	57.62
7	湖南省	6 918.38	3 958.7	57.22
8	安徽省	6 365.9	3 552.8	55.81
9	湖北省	5 917	3 567.95	60.30
10	浙江省	5 850	4 095	70.00
11	广西壮族自治区	4 960	2 534.3	51.10
12	云南省	4 741.8	2 679.1	48.91
13	江西省	4 666.1	2 963.9	68.11
14	辽宁省	4 351.7	2 968.7	68.1
15	福建省	3 941	2 642	67.04
16	陕西省	3 876.21	2 303.63	59.43
17	黑龙江	3 751.3	2 284.5	60.90
18	全国	140 005	84 843	60.60

注：截至 2019 年年底，全国人口城镇化率的平均水平为 60.60%。

立足于国家新型城镇化建设规划纲要，从整体内涵式发展和综合评价指标来看，黑龙江省相比其他排名靠前的省份来说，就显得整体质量不高、效果不好。图 6-1 为 2017 年中国各省市人口城镇化率排行榜。可知在 2017

2017年中国各省市人口城镇化率排行榜

排名	地区	城镇化率（%）
——	全国	58.52
1	上海	87.70
2	北京	86.50
3	天津	82.93
4	广东	69.85
5	江苏	68.76
6	浙江	68.00
7	辽宁	67.49
8	福建	64.80
9	重庆	64.08
10	内蒙古	62.02
11	山东	60.58
12	黑龙江	59.40

图 6-1　2017 年中国各省市人口城镇化率排行榜

资料来源：官方网站：http：//top.askci.com

年，黑龙江省人口城镇化率为59.40%，在中国省市排名第12位。因此，本书基于人口发展、产业结构、城镇化发展、基础设施建设、资源环境保护五方面来论述当前黑龙江省的城镇化发展水平。

6.1.1 人口发展现状

黑龙江省地域广袤，占地面积47.3万平方千米。黑龙江省因其特殊的地理位置，形成了明显的温带大陆性季风气候，但也因气候、经济发展等原因导致人口流失严重，致使黑龙江省相对人口密度较低。截至2019年最新的人口普查显示：全省总人口数量为3 751.3万人，其中城镇人口数为2 284.5万人，农村人口数为1 466.8万人，城镇人口占总人口的60.90%。从绝对数量上看，黑龙江省总人口数量相对较少，而且结合黑龙江省近10年人口流动变化趋势，流出人口数量远远高过流入人口数量。总体人口呈现出负增长的发展趋势，这不得不引起相关单位和政府的重视，如表6-2所示。

表6-2 黑龙江省人口数目变化情况（参考六次人口普查数据）

单位：万人

年份	1953（一普）	1964（二普）	1982（三普）	1990（四普）	2000（五普）	2010（六普）
人口数	1 189.73	2 011.83	3 266.55	3 521.49	3 623.76	3 831.4

自改革开放以来，中国人口自由流动迁移现象频繁，自由人口所占数量相对较多，人口迁移规模呈增加趋势发展。人口迁移导致的人口流动对黑龙江省省域人口的年龄结构、人口性别结构、人力资本构成，甚至是投资消费结构、社会资源配置均会产生不同程度的影响，并对黑龙江省部分区域经济社会发展产生重要的影响作用。

黑龙江省地处祖国的最东北部。黑龙江省作为边境省份，不但人口流动性强，且流出率远大于流入率，而且人口增长缓慢，出生率相对较小。因此黑龙江省长期保持超低生育状态。根据2010年第六次人口全面普查调查数据显示，黑龙江省总生育率低于1。到了2019年情况更加恶劣。黑龙江省2019年人口自然增长率已经连续6年负增长。这意味着黑龙江省总人口数量在逐年减少。另外，在近些年全国卫健委组织的三次生育意愿调查中，黑龙江省的平均理想子女数在全国均为最低。所以在生育率和死亡率相对平稳的状态下，区域发展情况与人口流失量有着重要的关系。所以人口的流失严重影响着黑龙江省的经济发展。从第六次人口普查数据中看到，黑龙江省省级迁出人口数与省际迁入人口数分别为255.4万人和50.6万人。迁出率和迁入率分别为66.7‰和13.2‰，所以黑龙江省现在为典型的人口净迁出省份。从区域可持续发展的眼光来看，大规模、持续的人口外流必然会让黑龙江省人口和人力资本流失，从而给人口流出地带来一系列的负面影响及问题。这样更加不利于人口流出地的经济社会协调发展和可持续发展。

2000年黑龙江省净流出33万人，2001年黑龙江省净迁出人口27万人，2002年、2003年、2004年五年间人口流出呈现上涨态势，2004年黑龙江省人口净流出上升至44万人，2005年有所下降，黑龙江省净迁出人口为28万人，2006年黑龙江省净迁出人口为29万人，2007年黑龙江省净迁出人口为23万人，2008年黑龙江省净迁出人数上涨为28万人，2009年黑龙江省净迁出人口有所下降为19万人，2010年黑龙江省净迁出人口急剧下降为8万人。2000—2010年，黑龙江省人口净迁出126万人，年均迁出12.6万人；2011—2015年，黑龙江省平均每年迁出人口为6.92万人，2017年黑龙江省人口迁出12.18万人，2018年黑龙江省人口迁出15.6万人，这十几年当中黑龙江省人口流动活跃度较高。调查数据显示，从黑龙江省迁出的人口，80%以上都是劳动人口，大规模的流出年轻人口，这也导致了黑龙江省人口老龄化加剧。1982年至今，黑龙江省持续下降的生育率与这一时期的人口迁出有着紧密的联系。在此期间，中国实行改革开放，其他各省借这个机遇发展自身经济，黑龙江省的经济发展迟缓，致使黑龙江省劳动力人口不断涌入到其他省份，进而使人口出生率持续走低。黑龙江省人口老龄化是多方面因素导致的，而黑龙江省的自然增长率和劳动人口迁出等人口因素是当前黑龙江省人口老龄化的直接原因。研究指出人口职业构成问题有助于了解流出劳动力人口的职业情况也有助于反映流出人口的层次，2010年第六次人口普查黑龙江省流出人口数据进行10%抽样调查资料显示，接受调查的人口共22 898人，其中男性流出人口14 845人，女性流出人口为8 053人。首先从事生产运输设备操作人员及相关人员最多，一共为7 861人，其次为从事商业服务业的人员人数为7 650人，仅从事生产运输设备操作行业和从事商业服务业人数总数为 15 511 人，占调查总人数的 67.7%，其余 4 类行业以及不便于分类的其他人员仅占接受调查总人数的 32.3%。根据 2015 年全国 1%人口抽样调查资料显示，8 551 名流出的劳动力人口中，由于工作就业的 2 661 人，学习培训的 3 111 人，随同迁移的 1 114 人，房屋拆迁的 7 人，改善住房的 160 人，寄挂户口的 29 人，婚姻嫁娶的 636 人，为子女就学的 101 人，其他原因的 65 人。可以看出学习培训和工作就业是黑龙江省劳动人口外流的主要原因。根据全国第六次人口普查数据，2000 年至 2010 年 11 年之间，黑龙江省迁入人口为 118.1 万人，黑龙江省户籍总迁出人口为 440.62 万人，净迁出人口为 322.53 万人，其中 2003 年和 2004 年是净迁出人口最多的年份，2003 年外迁入 8.89 万人，迁往省外 55 万人，净迁出 46.13 万人。2004 年省外迁入增多 11.92 万人，迁往省外 55.42 万人，净迁出 43.5 万人。黑龙江省的人口流出远远超过黑龙江省的人口流入，这种大规模的人口迁移，是社会发展和改革开放的产物。黑龙江省统计局的报告分析显示，黑龙江省人口在改革开放之前净流入大于净流出。中华人民共和国成立之初，国家将大规模的重点项目落在了黑龙江省，有计划地迁入移民，使大量中青壮年人口迁移进来，从 1949 年到 1979 年累计净迁入移民 700 余万，全国当时共 3 400 万迁移人口，迁入黑龙江省的就占约 20%。所以，黑龙江省青少年人口比例在改革开放前增加，人口总数的增速远大于老年人口的增速，和其他各省比较，黑龙江省人口结构处于年轻化。然而，现在看来，20 世纪 60 年代迁入的劳动人口已经进入老龄化，“闯二代”及生育高峰时期的那部分庞大人群逐渐开始步入老年。1980—1989 年，黑龙江省有了移民迁回原籍的现象，10 年从黑龙江迁出人口 72 万人，平均每年迁出 7.2 万人。1990—1999 年，净迁出人口 23 万人，平均每年迁出 2.3 万人，这段时期黑龙江省人口迁出相对放缓。2000—2010 年，迁出人口 126 万人，平均每年迁出 12.6 万人。有数据显示，2018 年年末黑龙江省人口减少了 15.6 万，流出人口远大于流入人口。

历史上黑龙江省是中国重要的重工业和粮食生产基地，因其受地理位置和自然状况的影响，以及黑龙江省从计划经济向社会经济转型等原因导致资源型城市走向衰竭，如大庆市，发展理念与制度设计等诸多因素的影响，近几年黑龙江省经济发展放缓，2017 年、2018 年经济增长率仅为 6.4%和

4.7%，位于全国倒数。因此，黑龙江省人口流出量对黑龙江省的发展影响非常重大。

从收入水平方面来看：黑龙江省城镇收入水平差异明显高于全国总体水平。2019年全国城镇居民人均可支配收入42 359元，农村居民人均可支配收入16 021元；相比之下，黑龙江全省数据相差较大。黑龙江城镇居民可支配收入为30 945元，而农村居民可支配收入仅为14 982元。结果已经非常明显：黑龙江省的城镇可支配收入与农村可支配收入相差悬殊。基于恩格尔消费指数来看：在2016年，二者相对较稳定，城镇居民为34.5%，农村居民为36.8%，黑龙江省居民与全国平均居民收入对比情况如图6-2所示：

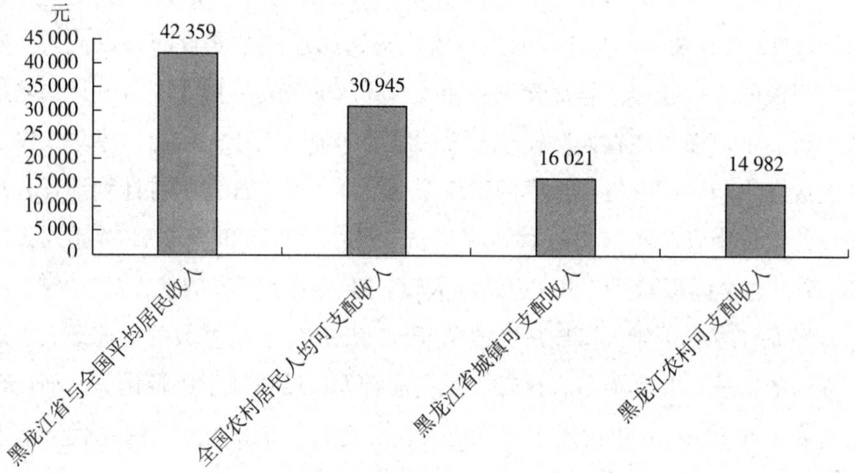

图6-2 黑龙江省与全国平均居民收入对比图

从教育水平来看：无论是教育的硬件设施，还是师资水平，黑龙江省的教育质量都要远远高于全国整体水平。通过具体数据来说明：截至2016年年底，黑龙江省高等教育、初级教育和小学教育学校数量为：79所、2 335所、5 650所；师资规模分别为4.7万人、20.1万人、16.8万人，师资配备比较完善，平均比率较为均衡。

从医疗服务、公共保障来说：由于实现全面养老体系和社会保险制度，黑龙江省内城镇居民参与率和投保率较高，分别为89.26%、52.87%，相对于全国水平来看，效果显著。除此之外，省内的医疗建设和设备更新，注重培养医护人员。但是相比之下，黑龙江省仍然落后于全国整体平均水平，城镇化建设属于“高度集中、整体分散”，相当一部分群众享受不到同等的医疗水平的服务和社会福利待遇。在群众医疗服务、公共保障得以保障的情况下，黑龙江省为提高医疗服务管理质量加快建立高质量的医疗卫生服务体系、全面开展医疗便民惠民服务、努力构建和谐医患关系、专项整治不正之风等问题，为满足人民群众健康需求，全面实施“看病不求人”的严格的医疗服务管理。

6.1.2　产业结构现状

随着东北老工业基地再度振兴计划的实施和供给侧改革的不断深化发展，黑龙江省一改往日偏重于重工业发展，开始实施多种产业结构协同发展，社会扩大再生产是以重工业产品为物质基础。如振兴东北老工业基地、大庆石油发展等，像这些形式都取得了丰硕的成果。虽然在这一时期产业结构的协同发展取得了不错的效果。但是，黑龙江省还是没有能够抓牢改革开放的要旨，相对于其他省份而言，黑龙江省产业结构的发展仍然有待进一步的优化与调整。在这种经济新常态的背景下，清楚地认识自己本身的产业结构比重及其从业人员比重的缺点与不足，对于优化产业结构，促进自身结构的优化升级具有重要的现实意义。

从整体看：黑龙江省经济增长率稳定在4%～6%，对于三大产业来说也都处于相对稳定的局面。2016年，黑龙江省GDP总量达到15 386.09亿元，相比2015年基期数据，增加幅度为6.1%。其中，三大产业结构比重为17.5∶29.8∶52.7；农业、重工业、金融服务型行业相比2015年分别增加了2 051亿元、5 846亿元、6 213亿元；增加幅度高达6.2%、9.6%、15.1%；整体区域内的国内生产总值的贡献增长率为67.2%、41.6%和56.8%。

黑龙江省拥有我国最大的商品粮加工基地，广袤的沃土、先进的生产技术，使农业成为整个地区重要的支柱型产业之一。与此同时，伴随着农业发展，从事农业方面的人数也占城镇化人数的相当比例。2016年，黑龙江省实现了粮食的“十二年连增”，商品粮交易量占全国粮食总量的1/3以上。黑龙江省2016年12个城市的就业人口结构如表6-3所示。

表 6-3 黑龙江省 2016 年 12 个城市的就业人口结构（%）

省/市	第一产业比重	第二产业比重	第三产业比重
黑龙江	16.86	34.83	48.31
哈尔滨	5.54	34.27	60.19
齐齐哈尔	18.18	31.35	50.47
鸡西	23.84	41.05	35.12
鹤岗	33.38	39.65	26.97
双鸭山	6.02	46.96	47.02
大庆	0.58	53.48	45.95
伊春	55.39	22.02	22.60
佳木斯	34.62	15.71	49.68
七台河	3.55	69.79	26.65
牡丹江	20.35	28.96	50.69
黑河	52.78	11.10	36.12
绥化	4.49	29.28	66.22

从表 6-3 中：我们可以看出：不同区域的城镇化发展，存在着不同的特点。从农业方面看仍是黑龙江省 GDP 的重要构成部分；区域工业化分布非常明显，以矿产资源化为主的城市发展区域分布分明。但是从整体区域综合竞争力来说：农业构成的 GDP 的价值并未高过二、三产业的发展。黑龙江省 2016 年主要城市地区生产总值构成和产业结构比重如表 6-4 和图 6-2 所示：

表 6-4 黑龙江省 2016 年各主要城市地区生产总值构成（%）

省/市	第一产业占 GDP 比重	第二产业占 GDP 比重	第三产业占 GDP 比重
哈尔滨	10.54	38.83	50.63
齐齐哈尔	22.29	41.79	35.92
鸡西	26.48	41.95	31.57
鹤岗	28.14	47.73	24.12
双鸭山	31.83	46.34	21.83
大庆	3.59	82.05	14.36
伊春	31.74	37.83	30.43
佳木斯	30.26	26.58	43.16
七台河	8.62	63.32	28.06
牡丹江	16.23	41.10	42.67
黑河	48.64	17.02	34.34
绥化	39.22	25.45	35.33

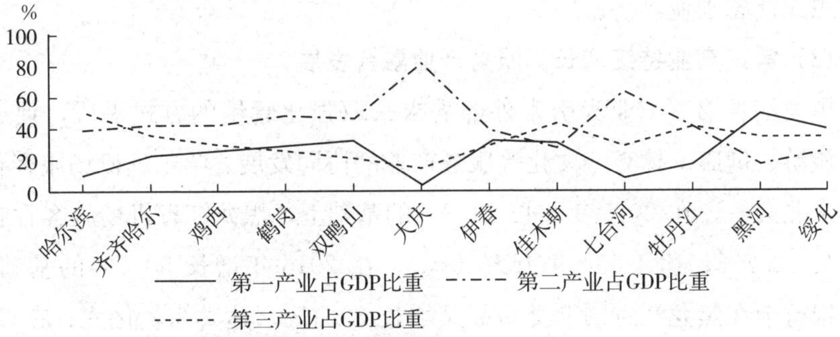

图6-3　黑龙江省各主要城市地区产业结构比重

(1) 粮食产量全国领先，农业改革成果显著

黑龙江省粮食产量继续保持全国领先，为国家粮食安全提供了重要保障。与此同时，黑龙江省大力推动发展农业现代化，积极探索拓展农民增收路径，深入推进“两大平原”现代农业综合配套改革，提升农业综合生产能力。黑龙江省落实玉米收储制度改革和大豆目标价格改革，把“卖得好”摆到首要位置，通过“卖得好”倒逼“种得更好”，通过强化营销使农民在价值链上获得更多收入，又通过延伸产业链推动农业产业化。综合来看，黑龙江省以市场为导向，削减了过剩的农产品产量，培育了新的农业增长点。黑龙江省第一产业的发展目标就是继续推进农业供给侧改革、解决结构性难题，进一步推进农业转型升级，优化产业产品结构，推行绿色生产方式，增强农业可持续发展水平，推进农业高质量高效率发展；根据黑龙江省第一产业发展现实情况，提升新产业新业态，延长农业产业链和价值链；加大农村改革力度，夯实农村发展基础，补齐农村农业短板，激活农业农村内生发展动力；加强科技创新驱动作用，引领农业现代化快速发展；从农业的各个方面展开，推进农业供给侧改革，促进黑龙江省农业现代化的实现。

(2) 工业经济持续回暖，支柱产业表现良好

经过工业供给侧改革和结构性的调整，黑龙江省已经削减了一部分落后的产能，在经济下行的压力下，四大支柱产业仍然保持稳步增长，对拉动黑龙江省工业经济恢复增长起到了重要带动作用。面对新动能不足的情况，黑龙江省持续推动产业项目建设，深化创新驱动，振兴实体经济。从多角度发力，通过推动专业化系统化引资，现有企业转变观念、推动创新、吸引人才、强化管理，高新技术成果产业化，新业态、新商业模式充分应用等措施重振黑龙江省工业经济。

(3) 第三产业持续增长，服务产业融合发展

黑龙江省第三产业为引入外部需求采取强化营销的方式手段，促进养老、旅游、健康、体育、文化等服务产业的协同发展。哈尔滨机场旅客吞吐量排东北第一，在 2015 年增长 14.3%的基础上，黑龙江省机场旅客吞吐量又增长 12.7%，达 1 894.9 万人（次）；在 2015 年增长 50.1%的基础上，省外银行卡在黑龙江省刷卡交易额又增长 39.4%，达 2 302 亿元；在 2015 年增长 31.2%的基础上，省外手机漫游入省的用户增长 14.2%，达 8 211.3 万户；来黑龙江省夏季休闲度假的外地老年人增长 90%，达到 124 万人。新商业模式、新业态发展呈现良好势头，2016 年黑龙江省推动并动态调整各领域“互联网＋”战略，建成各类电子商务产业园 32 个，入驻电子商务及配套企业 1 368 家，在 2015 年增长 80.2%的基础上，全省快递业务量（售出部分）又增长 72.3%，达 2.2 亿件，全省电子商务交易额增长 13.7%，达 1 945.8 亿元。

综上所述，近年来，黑龙江省第一、三产业发展势头良好，产业结构不断优化，对俄合作取得重要突破，新增长、新动能领域培育取得成效，水利、铁路、棚改建设取得重大进展，经济总量不断扩大，在经济下行的压力中维持民生的持续改善。目前，黑龙江省经济仍处于培育新动能、新增长领域与传统产业集中负向拉动相互叠加、相互交织的转型关键期。这些良好趋势有力地支撑了黑龙江省老工业基地产业结构调整工作的推进。

6.1.3 城镇化发展现状

1949 年以来，黑龙江省城镇化的进程，与中国经济发展及政策调整的方向相一致，相继经过了起步阶段、动荡阶段、下降阶段、恢复发展阶段等四个阶段之后现在正处于高速发展阶段。在经过 1949—1957 年发展较快的城镇化起步阶段之后，黑龙江省的城镇化率达到 36.9%，年均增长 1.4%，与工业化初期的经济迅速发展相协调。而后黑龙江省的城镇化进程进入动荡时期，1958—1965 年间，随着“大跃进”的开展，黑龙江省城镇化和工业化脱离了农业，并且发展迅猛，在 1960 年“调整、巩固、充实、提高”的八字方针提出之后，黑龙江省城镇化率又由 1960 年的 48.6%迅速下降到

1965 年的 37.8%。在 1966—1977 年期间，受知识青年上山下乡和干部下放的显著影响，黑龙江省的城镇化进程不进反退，城镇化率由 37.6%下降到 36.4%。随后，在经过了 1978—1999 较为缓慢的恢复发展时期之后，受建制镇标准调整的影响，截至 1999 年，黑龙江省的城镇化率达到 54.3%。自 2000 年开始，黑龙江省的城镇化进程已经进入高速发展时期，这也与我国 20 世纪 90 年代末一直延续到现在的高速增长相适应。2000 年 6 月，《中共中央、国务院关于促进小城镇健康发展的若干意见》明确提出将推进城镇化建设作为农村发展的战略。这是自改革开放以来，第一次超越农村的范围，将城乡社会经济作为一个整体来考虑，探索农村生产要素组合方式进而提出的新型的城乡关系模式。政策中明确提出改革城乡分割的户籍管理制度、完善小城镇的政府管理体制、加快小城镇多元化的投融资等多项措施，这些措施从政策的高度打破了城乡差异的天然屏障，为城镇化进程的高速发展打下了坚实的基础，也为中国城镇化发展指明了方向。黑龙江省深入贯彻落实该发展战略，在省委第九次党代会上明确提出了要加快小城镇建设，促进城镇化进程。解决农民问题的根本出路在于农业产业化、农村工业化和现代化以及农民的非农化转化三者的发展以及相互协调的程度，而关键在于加快小城镇建设，推进城镇化进程。城镇化进程是城市和农村居民生产、生活的全面整合，只有加快其发展，才能打破城市和农村的壁垒，从根本上消除城乡差异，实现区域经济的协调发展，完成全面建设小康社会的目标。

黑龙江省经过几十年快速发展，城镇化率已经由 55.8%上升至 60.9%，同比“十一五”期间增加 5.1 个百分点。从整个国家发展层面看：黑龙江省城镇化建设水平较高，城镇化率名列前茅；从中西部地区城镇化排名来看：黑龙江省位于第二名，成绩喜人；从历史发展进程看：黑龙江省城镇化建设主要得益于 1949 年以后国有农场及其林场的大发展。因极其丰富的自然资源，森林、矿产资源，农垦系统的土地资源，并结合辐射整个东北地区的公路铁路交通网，黑龙江省的城镇化建设在此基础上繁荣发展起来。

截至 2019 年年底，黑龙江省城镇化率已经超过 60%，城镇化建设水平紧随几个发达省份和直辖市。目前黑龙江省拥有特大城市 3 个，大城市 7 个，中等城市若干，又建设了“哈大齐”工业长廊经济带和建成了哈大高铁，工业带和交通网的辐射带动作用对黑龙江城镇化建设起到了很好的推动作用。黑龙江省城镇化发展有自身独特的地理优势。综合体现在以下方面：一是各地方城镇特色优势相互融合。二是体现在城镇人口总量增加。三是区域城镇人口增速放缓。四是依靠自身区域优势进行城镇化推进。

6.1.4 基础建设现状

基础设施建设是一个城镇建设质量的条件保证。基础设施是否健全不仅反映了整体城镇化建设水平，而且也是区域环境生态能力的展现。基础设施建设事关城镇居民的生活生存质量，良好健全的基础设施能够提升城镇居民的幸福指数和归属感。黑龙江省因早期重工业的发展，建成了相对完善的基础建设。但是，随着时间推移，设备老化、基础建设面临着严重的更新换代。但是因经济原因，未能达到令人满意的要求。从整体看，黑龙江省的基础建设远远落后于东南沿海地区的基础建设。但是随着东北经济的再度振兴，“哈大齐”工业长廊的建成、高铁运营和公共地铁的建成通车，将进一步提升黑龙江省自身的基础建设水平，吸引更多的人向城市集聚。除此之外，为了提升整体的竞争力，省政府投入巨资加强城市洲际公路与环城高速的建设，取得了很大的成绩。截至2016年年底，黑龙江省城镇人均道路面积为15.6平方米，比2010年增加6.1平方米。在公共交通方面，几乎每个城镇街道都通有公交车与客车，大大方便了人们的出行，给城镇居民的生活带来了便利。

(1) 交通运输基础设施

黑龙江省位于东北亚中心地带，拥有10个边境互市贸易区以及25个国家一类口岸。“十二五”期间，机场总数量达到14个，居东北地区首位；投资324亿元的哈齐高铁及哈尔滨到大连的高铁建成运营；投资建设2 990千米高速公路、17 604千米农村公路、4 420千米一级和二级公路，共花费836亿元并建成运营。但是黑龙江省的交通基础设施仍存在着交通不畅的问题，物流、信息流、人流的流通不畅减缓了黑龙江省的经济社会的发展。加快交通基础设施的建设，成为摆在省委、省政府面前一项刻不容缓、十分紧迫的重大战略任务。从2005年到2019年，黑龙江省交通基础设施中民航航线里程最大，且呈逐年上升趋势，且民航和公路在整个交通系统中的营业里程占有较大的比重。其次是公路基础设施，每年的线路里程相对比较稳定。

而铁路、内河通航以及输油气管道里程相对较小。对于货运密度及客运密度，铁路基础设施都占有相当大的比重，而公路、水运、民用航空及输油、气管货运密度及客运密度都占有较小的比重，且密度值相差不大。所以，铁路是黑龙江省货物运输和旅客运输的重要工具。黑龙江省的交通运输各项里程都高于全国平均水平，其中铁路营业里程、民航航线里程以及输油气管道里程都高于全国平均水平 1 倍多；黑龙江省的铁路、公路、民用航空货运密度均低于全国平均水平，特别是民用航空货运密度，大大低于全国平均水平，水运及输油气管道货运密度均远远高于全国平均水平，可以看出，虽然黑龙江省铁路、公路及民用航空里程高于全国平均水平，但是由于货运量很少导致货运密度较低；黑龙江省交通客运密度均低于全国平均水平，这说明黑龙江省的运输线路能力利用程度和运输工作强度都低于全国平均水平，交通运输利用率较低。

(2) 水利基础设施

黑龙江省平均每年的水资源量 810 亿立方米，地表水资源约占 85%，地下水资源约占 15%；境内流域面积广，省内有四大水系：黑龙江、绥芬河、松花江、乌苏里江，目前流域面积 50 平方千米及以上河流 2 881 条，总长度为 9.21 万千米；常年水面面积达到 1 平方千米及以上湖泊有 253 个。已有江河堤防 12 285 千米，其中松花江、嫩江堤防 2 040 千米；建成水库 679 座，总库容积 95.9 亿立方米。兴建各类灌区 8 312 处，包括大中型灌区 325 处，总灌溉面积有 293 万公顷，包括水田 233 万公顷。全省累计完成除涝面积 329 万公顷，占易涝面积的 74%。黑龙江省的水利基础设施在供水方面，不论是地表水资源供给量还是地下水资源供给量都呈逐年上升的趋势；在水利设施保护面积方面，有效灌溉面积及堤防保护面积大致呈逐年上升的趋势，除涝面积虽然有上升的趋势，但更趋于平缓，而治理水土流失面积 2005 年到 2011 年呈逐渐上升的趋势，在 2011 年有下降的趋势，此后到 2019 年又有逐年上升的趋势。黑龙江省地表水和地下水供给量都高于全国平均水平，特别是地下水供给量是全国均值的近 5 倍，说明黑龙江省拥有丰富的水资源；黑龙江省的有效灌溉面积、除涝面积、治理水土流失面积以及堤防保护面积都高于全国均值，特别是有效灌溉面积是全国均值的 5 倍，除涝面积是全国均值的 4.8 倍，堤防保护面积高于全国均值近 1 倍。

(3) 能源基础设施

黑龙江省是国家重要的能源工业基地。全国已发现234种矿产类别，黑龙江省发现矿产种类就可达132种，占全国矿产种类的56.4%。已查明储量的矿产有81种，占全国已查明矿产资源储量总数的36.3%。省内有目前中国最大的大庆油田。新中国成立前，黑龙江仅有一座镜泊湖水电站，几十年来，水火电站有了同步发展。在黑龙江省的能源生产中，煤炭和石油占总产量的93%，其中煤炭产量占总产量的42%，石油产量占总产量的51%，而天然气和电力产量仅占总产量的7%。表明黑龙江省能源生产以煤炭和石油为主。在能源消费中，煤炭生产消费量整体呈上升趋势，在2008年及2013年有所下降，煤炭生活消费量呈平稳逐年上升趋势；石油生产和生活消费量在2007年都有下降的趋势，直到2009年才有所回升，到2010年时石油生活消费量呈逐年下降的趋势，而石油生产消费量到2012年时呈逐年下降的趋势；天然气生产消费量呈逐年上升的趋势，但在2008年有所下降，2010年开始回升，天然气生活消费量2005年到2008年有所下降，此后呈逐年上升的趋势，仅在2010年有所下降；黑龙江省电力生产消费量呈逐年上升的趋势，仅在2011年及2013年有小幅度下降，电力生活消费量呈逐年上升的趋势，仅在2008年有小幅度下降的趋势。黑龙江省煤炭、天然气、电力的产量比率都低于全国平均水平，特别是电力产量大大低于全国水平，而石油产量比率却远远高于全国平均水平；黑龙江省煤炭的生活及生产消费量均高于全国平均水平；对于石油消费来说，黑龙江省的生活消费量低于全国平均水平，生产消费量高于全国平均水平；黑龙江省的天然气的生活及生产消费量均低于全国平均水平；对于电力消费来说，黑龙江省的生活消费量大大低于全国水平，生产消费量高于全国平均水平2倍多。

(4) 邮电通信基础设施

截至2014年，黑龙江省无线宽带用户达到1 309.3万户，互联网宽带接入端口达到999.5万个，增速连续三年保持在15%以上。黑龙江省新建光缆线路6.7万千米，光缆线路总长度可达50.1万千米，同比增长15.4%，比2013年提高7.2%的增速。新建的光缆还是以接入网光缆和本地中继光缆为主。2014年，本地中继光缆线路长度达到30.4万千米，比2013年增加4.0万千米，接入网光缆线路长度达到15.2万千米，比2013

年增加2.7万千米。黑龙江省的城镇和农村的电话用户数量呈逐年递减的趋势；拨号用户普及率呈逐年上升的趋势，而宽带接入用户普及率除在2012年有所上升之外，都呈逐年递减的趋势；城镇邮局的数量在2005年、2006年以及2011年有所增加，其余各年都有所减少，农村邮局数量在2010年、2013年有所增加外，其余年都有所减少；邮路网分布密度在2009年至2010年有所下降，其余各年都呈上升趋势，而长途光缆线网密度则相对比较平稳。黑龙江省拨号用户普及率及宽带接入用户普及率均低于全国平均水平；黑龙江省城镇及农村邮政局分布密度都低于全国平均水平，特别是城镇邮政局分布密度大大低于全国平均水平；黑龙江省邮路及长途光缆线网密度均低于全国平均水平，特别是长途光缆线网密度大大低于全国平均水平。

(5) 生态环保基础设施

黑龙江省自然资源优势显著，给生态文明建设提供了有力保障。2001年，省委省政府为生态省建设做出了重大战略决策。省政府成立了“黑龙江省生态省建设领导小组”，从推进生态环境建设与保护工程、发展循环经济、促进节能减排、强化污染防治等多个方面，制定实施一系列重大举措，全省生态环境保护和建设取得重大效果。自生态省实施以来，重点实施了绿化平原、保护湿地、治理水土流失、恢复草原、治理矿山环境和防治松花江水污染等重点工程。黑龙江省清扫保洁覆盖率2005年至2007年逐年下降，自2007年起覆盖率逐年上升，建成区绿化覆盖率2009年至2011年有所上升，其余年份均呈下降趋势，但下降幅度不大，区域平稳；治理废水投资率除了在2005年和2009年有所上升外，其余各年都呈下降趋势，治理废弃投资率除在2009年和2011年有所下降外，其余各年都呈上升趋势，治理固体废物投资率在2006年、2009年以及2011年有所上升外，其余各年均呈下降趋势，但下降幅度不明显，更加趋于平缓。黑龙江省环保系统中，清扫保洁覆盖率以及建成区绿化覆盖率都比全国平均水平低，特别是清扫保洁覆盖率比全国平均水平低；对治理废水投资率与治理固体废物投资率低于全国平均水平，治理废水投资率低于全国平均水平，治理固体废物投资率低于全国平均水平，而治理废气投资率却比全国平均水平高。

(6) 防灾减灾基础设施

黑龙江省共有11个防洪蓄洪功能的生态功能区。其中有6个洪泛功能区，分别位于三江平原的北部地区和松嫩平原的西部地区，面积共约 5.61 万平方千米；1 个蓄滞洪功能区，在松嫩平原西南部沙化与盐渍化控制生态区，面积 1.42 万平方千米；6 个防洪保护功能区，位于黑龙江省的各大城市及其周围地区，面积共约 3.94 万平方千米。黑龙江省的广播节目覆盖率及电视节目覆盖率较大，均能达到 98%以上，且相对较为平稳；卫生技术人员、医疗卫生机构床位数均呈逐年上升的趋势，卫生机构数呈稳定上升趋势。说明黑龙江省防灾减灾基础设施正在逐年完善。黑龙江省广播节目及电视节目覆盖率均略高于全国平均水平；在卫生系统中，卫生技术人员以及医疗卫生机构床位数相比全国平均水平略低，卫生机构数比全国平均水平低很多。

6.1.5 资源环境保护现状

黑龙江省位于我国东部边疆地区，拥有多种地形、地势和地貌。气候多样，植被丰富，无论是土地资源、森林资源和其他的矿产资源，在全国都是名列前茅。但是在环境资源保护方面却做得不尽人意。作为一个以重工业为中心发展起来的省份，由于粗放式发展、重效率轻环保，通常采用较为初级的技术加以开采利用。除此之外，传统固化的观念禁锢了人们的改革思想，经常会为了短期的利益而忽视了人与自然的和谐相处。这种只重视眼前利益而忽视环境保护、资源的合理利用，严重地影响了本区域内的生态承载能力，给后期环境的保护和修复工作加大了难度。

从城镇绿化投入来说，2016 年，全省人均占有绿化植被面积的比重约为 15.31%，这个比重远远低于全国整体的平均水平（21.68%）；省区内城镇化建设区域内部植被及其绿色化处理为 40.28%，仅仅能够达到国家基本的城镇化建设区域的平均水平。相比之下，黑龙江省还有很长远的路要走，尤其是在区域城镇的绿化建设方面；从环境方面，资金投入与生态修复方面来说，最近几年，在习近平总书记“绿水青山就是金山银山”的思想指导下，人们逐渐意识到环境污染和资源不合理开采的严重性。黑龙江省林业局和垦区管理局明确下发文件，严禁乱砍乱伐，取得了不错的成效。截至目前，黑龙江省的林区面积在稳步恢复，动植物种类不断丰富，生态破坏得到了有效的遏制。城镇生活垃圾排放与处理水平也在不断地提升，虽然未能达到国家平均的处理水平，但是不断的改进举措也使城镇居民得以受益。在循环资源利用效率上，黑龙江省的单位能耗量均超过了全国的平均水平，无论是在耗水量、单位 GDP 的标准能耗方面，都有很大的提升空间。

6.2　黑龙江省生态环境现状

随着黑龙江省城镇化不断深入发展，经济水平、生产力以及整体的生活环境得到了质的飞跃与改善。但是由于人们对经济发展十分重视，想以最快的速度提高经济效益，开始进行一些不合理的开发，忽略了生态环境保护，导致生态环境的问题日复一日的加剧。尤其是农村，曾经的青山绿水在一点点地消失；对地下水的开采量不断上升，导致了干旱现象，应用农业的水资源短缺；在农业生产的过程中使用化肥等破坏了土壤环境，使得土壤的肥力在一点点地被削弱，导致了土地沙化，水土流失加速，肥力流失加快。这种种问题都在使黑龙江省生态环境问题日益恶化，这些问题正在制约着我国的城镇化发展以及经济水平的发展和提高。经济的发展，城乡的建设固然重要，但在城镇化快速的发展过程中，重视生态环境的保护也是必不可少的。所以基于当前环境污染的背景下，只有正确认识到区域的生态环境现状及其存在的生态问题，才可以采取适当的方式加以改善。下面将从黑龙江省水资源、土地资源、生物资源及气候资源等几个方面展开介绍，了解当前黑龙江省内的生态环境现状，为新型城镇化建设提供一定的参考依据。

6.2.1　水资源现状

黑龙江省著名的河流主要有黑龙江、松花江、乌苏里江、嫩江、绥芬河和牡丹江；主要湖泊有镜泊湖、五大连池、连环湖和兴凯湖。黑龙江省内的绥芬河与黑龙江出境入海，黑龙江水系主要包括松花江和乌苏里江等河流，一般可以把它们划分为四大水系：①黑龙江水系，黑龙江是世界上重要的国界河流之一，大部分流域位于中国的东北边境，总流域面积约为 184.3 万平方千米，主要流经俄罗斯和中国境内，大小支流共 91 条。黑龙江流经黑龙江省漠河、塔河、黑河、孙吴、逊克、嘉荫、同江、抚远等地区，同乌苏里江在抚远三角洲的东北角汇合，流入俄罗斯境内，最终会流入鄂霍次克海的鞑靼海峡，在我国境内有松花江、乌苏里江、逊别拉河、呼玛河和额木尔河等主要支流。黑龙江有南、北两源：北源为发源于蒙古国北部肯特山东麓的石勒喀河；南源为发源于中国大兴安岭西部的额尔古纳河；两源在漠河县洛古河村汇合，成为黑龙江干流。黑龙江干流全长 2 821 千米，在黑龙江省境内约 1 887 千米。上游长约 905 千米，从洛古河村到黑河市；中游长约 982 千米，从黑河到乌苏里江交汇处；下游长约 934 千米，从乌苏里江江口到入海口。②松花江水系，北源位于黑龙江省境内的嫩江，发源于大兴安岭；南源位于吉林境内的第二松花江，发源于吉林长白山天池。松花江整体流向大致为西南—东北走向，南北两源在三岔河交汇后到注入黑龙江之间江段称为松花江干流，总长度为 2 309 千米。自三岔河口流经肇源、双城、肇东到哈尔滨段为上游，从哈尔滨流经呼兰、阿城、宾县、巴彦、木兰、通河、方正、依兰、汤原到佳木斯段为中游，从佳木斯途径桦川、萝北、绥滨、富锦、同江自右岸注入黑龙江段为下游。松花江在黑龙江省的总流域面积有 26.9 万平方千米，约占黑龙江省总土地面积的 59.3%。松花江干流平均比降 0.082‰，年平均总径流量 733 亿立方米。③乌苏里江水系，乌苏里江位于黑龙江省东部，是中国和俄罗斯边境界河，有东西两个源头，东源乌拉河发源于俄罗斯的锡霍特山西侧，其中 398 千米在俄罗斯境内；西源松阿察河发源于兴凯湖。两源交汇后，由南向北流经密山、虎林、饶河、抚远等县，最终到抚远三角洲东北角后从右岸注入黑龙江。从松阿察河到抚远汇入黑龙江的乌苏里江干流全长约 492 千米，是中国与俄罗斯的边境界河。乌苏里江在中国境内主要有穆棱河、七虎林河、挠力河和阿布沁河等 4 条支流。乌苏里江流域面积共计 18.7 万平方千米，黑龙江省境内约 6.15 万平方千米的流域面积。④绥芬河水系，黑龙江省东南部的绥芬河，清代开始称为绥芬河，绥芬为“绥苏”的音转，满语“锥子”之意，河流蜿蜒于老爷岭的丛山之中，因有“锥子”之形而得名。绥芬河共有南北两源，南源大绥苏河发源于吉林省汪清县老爷岭，北源小绥苏河发源于黑龙江省的东宁县太平岭，两源在东宁县道河镇下游 3 千米处交汇，东流到东宁镇后进入平原地区，流入俄罗斯境内，最终向南流向日本海。绥芬河以大绥苏河为上源，全长约 443 千米，在中国境内长 258 千米；干流在中国境内约长 61 千米，中俄界河共长 2 千米。绥芬河流域内多年平均降水量约为 500 毫米，属于山区性河流。绥芬河总流域面积约 17 321 平方千米，中国境内流域面积约 10 059 平方千米，黑龙江省境内流域面积约 7 541 平方千米。黑龙江省河流众多，山川密布，拥有丰富的水利资源，黑龙江省主要水资源如表 6－5 所示：

表 6－5 黑龙江省主要水资源

水资源	全长（千米）	流域面积（平方千米）	年径流量（立方米）
黑龙江	5 498	185.6 万	3 465 亿
松花江	1 927	55.72 万	762 亿
乌苏里江	909	18.7 万	623.5 亿
兴凯湖	150	4 380	260 亿
镜泊湖	45	1 726	16 亿
五大连池	12	720	1.57 亿
连环湖	60	840	1.2 亿

其中，流经黑龙江省的水资源在近 10 年的数据统计中，其流域区域的年平均地表径流量为 750 亿立方米，结合地下径流大约在 300 亿立方米左右，除去地表蒸发量大约为 100 亿立方米，黑龙江省内的平均水资源年径流量在 1 000 亿立方米左右。人均水量 3 500 立方米，远远高出全国整体的人均水平。从省内区域径流量来说：平原地区的地表径流量几乎与山区地区持平。重要原因是平原地区的农田灌溉影响其地表径流总量的提升。但是相对于全国的平均水平，黑龙江省的水资源储量依然非常丰富。从年降水量来说：黑龙江省属于温带大陆性季风气候。全年降水量约在 350～650 毫米，四季分明，夏秋集中，大约是全年降水量的八成；冬春较少，大约占二成左右。从空间分布来说，山区林区较多；平原地区次之，在偏北地区相对较少。2016 年黑龙江省降雨量为 680 毫米左右，相比 2015 年多了 10％到 20％，春季气温偏低，冬春季降水量偏多，夏秋季节正常。

与此同时，黑龙江省还在大力推进中回水系统，完善各个城市的雨污分流系统，采用分流制的排水系统，以保证各个区域的污水处理厂的来水量和来水水质的稳定。通过这样的方式，也使得黑龙江省的水质逐渐开始改善。黑龙江省的三江平原里面包括的湿地面积高达 3.4 万平方千米，水深平均

0.3米，这样的湿地可以储存一百亿立方米以上的地表水。湿地自身就是一个巨大的储水基地，但是如今，三江平原的湿地面积仅剩下了4 489平方千米。其中减少的湿地面积，相当于87亿立方米的地表水。曾经的三江平原内流淌着200多条大小河流，而且这里面包括的许多小河流都与这里的湿地息息相关。但是随着排水管道的日夜流淌，导致了湿地里面的存水量大量缩减。干枯的湿地被一点点地开垦，湿地的面积在一点点地减少，同时由于湿地被开垦，导致了流淌在湿地之间的大小河流被斩断，进而湖泡干枯，枯水期延长。根据有关数据显示，原来三江平原的大小泡沼不少于4 000个，有50多万亩的水面积。在这些水泡当中，单个面积超过50亩的泡沼大约有300个。而且因为水位的下降，导致了一些泡沼的枯竭，一些大型的地表水面积日益萎缩。所以为了解决三江平原的这些问题，黑龙江省应将水利资源和水利环境的指导思想相结合，兴修水利工程，拦蓄地表水资源；同时，利用合理科学的方法保证防洪的安全，来规划黑龙江省的水利工程，发挥出所具有的水资源最大优势，比如洪水资源，将水害变成水利，充分发挥土壤的作用，调节土壤与水资源的关系。同时应用先进的技术，比如建立节水灌溉工程，采用低压管道运输水，采用喷灌技术；也可以根据地区的实际情况，推广田间工程条田化、稻草旱肥旱平，浅湿灌溉技术等，由此形成一种科学的资源利用与有利于环境生态的一种水利体系。

黑龙江省在生态恢复，水利建设等方面，以环境生态学的相关理论为基础，保证了各个地区生态阀限的满足。通过退耕还林，刹住毁湿（草、林）开荒、划分区域来组建保护区（地）、新建一批蓄水坝和平沟等措施，以保持现有的生态水利环境，恢复和重建湿地、保护区等。并且努力探索适合某个区域的生态水利发展模式，寻求对水资源保护和可持续利用的有效途径。也要配置水利工程设施，在保证满足农田用水的同时，也可以保证各个地区生态用水的安全。

从年降水量来说：黑龙江省位于中国的东北部地区，在中国，东北部地区属于高纬度的地区，同时也是中国气候变化最分明的地方之一，是温带大陆性季风气候。在黑龙江省的小兴安岭，张广才岭的迎风坡有地形抬升的作用，再加之有各种天气在这里爬升，所以频繁有暴雨，这里就形成了降水量的高峰区。三江平原的水汽条件比较优越，但是受西南气流频繁影响，西南气流会通过张广才岭，小兴安岭进而涌入三江平原，生成下沉气流，所以降水量相比小兴安岭和张广才岭在渐渐减少。相较小兴安岭、张广才岭、三江平原、松嫩平原的降水量不大，因为松嫩平原距离副热带高压较远，并且无地形抬升的趋势，所以这里不易形成较大的降水量。综合以上各个区域的降水量数据，黑龙江省的全年降水量大约在350～650毫米左右并且四季分明。夏秋季节集中，在东南季风的影响下，降水量偏多，总降水量大约是全年降水量的80%左右；冬春季节降水较少，主要受西北风的控制，冬季降雪少，春季干燥，总降水量大约只有全年降水量的20%左右。所以总的来说，一年中，一月份的降水量是最少的，七月份的降水量是最多的。而且年平均降水量等值线大致平行于经线，表明南北降水量差异不明显，东西差异显著。从空间分布来说，山区林区较多；平原地区次之，在偏北地区相对较少。在2016年，黑龙江省降雨量为680毫米左右，相比于2015年大约增加了10%到20%，春季气温偏低，冬春季降水量偏小，夏秋季节水量正常。而且降水量呈从西向东逐渐增加的趋势，西部平原地区年降水量只有400～450毫米，东部山前台地降水量约500毫米左右，东部山地年降水量约500～600毫米。由数据可见，山地的降水量比平原降水量多，迎风坡降水量比背风坡降水量多，所以，降水量区域分布很不均衡。不仅仅是空间分布不均衡，而且降水的时间分布差异也很大。在黑龙江省的松嫩平原，降水量在100天以下，其中大部分的区域降水量在80到90天之间。杜蒙、泰来、龙江是黑龙江省降水日数最少的几个地区。兴安山地与东部山地年降水量大多在110天以上。黑龙江省降水日数最多的两个区域是五营和伊春。对于年降水量而言，它是水资源的收入项的其中一个小分支，它决定着不同空间和时间下的地表水资源的干枯程度和空间分布形态，同时也在不断地制约着水资源的数量和可开发利用的条件。但在近几年，全球气候变暖，黑龙江省地区的温度有明显升高趋势，与此同时降水量也在明显地减少，气候的暖干化明显。

2019年，黑龙江省的春季降水量略多，其中黑河、伊春、齐齐哈尔等一些城市降水量相较2018年减少0～1成，而其他地区则相较2018年增加1～2成。夏季全省的平均降水量都是正常偏少的，呈现分布不平衡的现象，而且降水量比以往年份减少0～1成，佳木斯、双鸭山、七台河、鸡西、牡丹江都比上年增加了 0～1 成。所以，在黑龙江省的大部分地区春、冬季节降水量呈增加趋势，夏、秋季节降水量是减少的趋势。从 7 月 15 日以来，黑龙江省天气一直是以晴热为主，8 月上旬平均气温 23.5℃，比往年同期偏高 2℃，比上年偏高 1℃。由于持续性高温少雨，蒸发量增加，泥土含水量变少，导致西部地区出现干旱，干旱影响作物发育和将来作物的产量。所以降水量是影响着农作物生长的主要因素，黑龙江省作为全国的农业大省之一，更是对农作物的产量有着极高的要求。而 2019 年由于降水地区的分布不均，春季后期至初夏出现了旱重于涝的现象，在 2019 年夏季出现了阶段性的干旱和局部地区因暴雨引发的短期洪涝。尤其是松花江、蚂蚁河等，都出现了较大的水位的涨幅。而且黑龙江省的暴雨主要集中在 8 月份，其次是 7 月份。2019 年，由于暴雨不断，水位上涨，松花江、蚂蚁河两岸的庄稼都受到了巨大的影响，直接影响了庄稼的质量以及产量。并且在 2019 年年初的气温温度也大不如前，生长季热量也少于以往，春播期和农作物的生长期都处于一个低温的时期，所以前期没有生长好的粮食，后期又经历了洪涝，最后又因为缺水而干枯。这样一来，农作物的收成势必大不如前。虽然前期适宜的阳光、温度对农作物生长有促进作用，对 6 月以来的温度低、雨水多、阳光少等不利条件给予了显著的补偿，但同时也导致了西部有干旱现象发生。所以我们在降水多变的情况下，一定要保证作物灌浆时对水分的要求，充分利用现有资源，保障好人民的经济利益。

6.2.2 土地资源现状

黑龙江省整体拥有的土地资源面积大约为 47.3 万平方千米，自身拥有的土地资源大约是全国土地总面积的 4.9%。其中，黑龙江省所占有的平原面积大约在 1 679.8 万公顷左右。黑龙江省的地理位置十分的独特，它三面环山，东部、西部、北部都有着大大小小的山地，这些山地的总面积高达 1 121.38 万公顷。除此之外，黑龙江省还分布着林地约 2 026.50 万公顷，草原草山 400 万公顷，江河湖泊面积 200 万公顷，形成五山、一水、一草、三分田的基本地貌特征。在土地资源中，黑龙江省的耕地和林地面积在全国是第一位，牧草地面积位于第七位，待开发的土地位于第四位，可垦后备耕地位于第二位。虽然黑龙江省所占有的总的土地面积在全国排名不太靠前，但是黑龙江省用不到5%的土地养育了超过全国30%的人口。同时，黑龙江省的林地的占地面积在全国也是排在前面的，把黑龙江省土地利用比例与全国土地利用比例进行比较，可见黑龙江省的林业用地占总面积的2/5还多，在中国各省（区）中名列前茅，林地也是黑龙江省各类土地利用中比例最高的土地利用类型。除了具有较大面积林地以外，同时在黑龙江省，还有多达434万公顷的天然湿地和世界上面积最大的富饶的黑土带，共占全国面积的9%。俗话说，森林是地球之“肺”，湿地是地球之“肾”，从上面的有关数据可以看出黑龙江省有优越的生态资源来发展经济，尤其是有全国各省中绝无仅有的发展农业的巨大资源优势。在黑龙江省不仅仅具有独特的土地资源，而且，这里的气候也是十分适合作物的生长。从地势地形来看，全省山区、低山丘陵地区面积占全省土地总面积的60%，平原地区占37%；可以将东西划为两大平原，南北划为两大山地，由于地势的起伏高度、方位、坡度、坡向及微地形差异的原因。受地形地势的影响，各地的光、热、水、土等条件都有所不同，具有不同的土地利用条件和生态环境。但是正因如此的条件，黑龙江省的粮食产量及质量都是具有极高的知名度和好评度的。从地区来说，黑龙江省的粮食产量最大，占全国粮食总产量的11.4%，共计约7 507万吨。独特的气候条件，孕育了东北黑土。千里沃土，非常适合农业生产。所有的植物要想生存，土壤或土壤的产物是必不可少的条件之一，因为土壤中的微生物能够给予植物极高的营养，并且土壤中水的循环利用更有利于植物的成长。但因为有着独有的气候和千里肥沃的黑土地，而且耕地广阔，使得黑龙江省的农作物从质量到产量都是占据全国的领先地位，因此这片土地也成为中国极其重要的粮仓之一。正因为这样，也使得黑龙江省连续7次荣获全国粮食总产第一省的宝座。2018年，黑龙江省、河南省和山东省三个省份的粮食产量共计19 476万吨，占全国粮食总产量近30%。所以可以说，黑龙江省农业的生产，为全国经济的发展做出了巨大的贡献，是当之无愧的东北大粮仓。

优质的黑土资源是黑龙江省农业发展最重要的基础。但是，当前面临的严重威胁使得黑土质量严重退化，而且黑龙江省的人均土地面积也在逐渐地减少，早在2000年黑龙江省的人口总数为3 689万人，其中人均土地面积约为1.23公顷，但是就在短短几年之间，人均土地面积减少0.012 3公顷。

与此同时，黑龙江省的耕地面积也是在一点点地减少，曾经的耕地面积为926.5万公顷，之后的几年之间，黑龙江省的耕地面积虽增长到了1 183.81万公顷，但是人均耕地面积却在不断地减少，平均人均缩小了100平方米。虽然，这几年黑龙江省的土地面积降低比率不大，但是其中出现的问题绝对不容小觑。剖析它的原因，一方面是人口增长使人均土地面积和人均耕地面积不断减少，另一方面是非农业用地的盲目扩大和审批。黑龙江省土地资源的利用主要是农业用地，但在土地资源利用的过程中却忽略了保持和提升土壤肥力，造成了诸多耕地遗留问题。黑龙江省为了增加粮食的产量，追寻短期的经济利益，加快自身的经济发展，在对农业用地等方面采取了不科学、不合理的一些经营掠夺方式，使得可用的耕地面积在一点点地缩小。就以使用农药化学物品为例，最近几年来，农民对农药化肥的使用量不断地增多，为了提高自家的粮食产量，不惜多施肥料，这样的做法不仅仅对作物的自身质量有影响，而且也会对土壤造成极大的损伤，使土地出现板结，土壤水分流失等各种问题。此外，黑龙江省在草地和林地的管控和使用方面，草原超载过牧的问题长期存在，导致草场退化；在森林方面，由于长期砍伐过度，重采轻造，滥砍滥伐，出现了林木草场被毁、盲目开垦的现象，造成了土地环境的恶化、水土开始渐渐流失、风蚀沙化、水旱灾难的加剧等问题出现。不仅仅是土地耕地面积的减少，黑龙江垦区的土壤有机物质也在一点点减少。据统计，最近10年的黑龙江省垦区土壤有机质含量有逐年下降的态势，已从几十年前开拓时的8%至10%，下降至最近几年的3%至5%。有机质含量的大幅度下降，造成土壤板结，含水量下降，土越来越黏，抗旱保墒能力下降。一旦遇到降雨量较大的情况，极易造成水土流失。虽然没有具体的数据对此进行详细说明，但是海林农场相关负责人说道黑土地退化问题，无比痛心地表示：全市共有460万亩耕地，但有黑土流失现象的坡耕地就多达240万亩。土层变薄，黑土量流失和土地质量退化严重影响到垦区农业的生产发展。

这一切的问题都是因为土地的规划不够明确，土地的利用不够合理，再加上土地的生产力水平低下，进而出现了这些问题。在黑龙江省的农业用地中，中低产田的面积占全省农业用地面积的2/3，平均单位面积的产量较低，仅仅相当于全国平均值的70%。不仅仅是农业用地的生产水平低下，同时黑龙江省的林地生产力水平也较低。在黑龙江省的林地生产中，木材的储蓄量低于四川、西藏等地区；同时牧草的生产力水平也是十分低的，其中黑龙江省的牧草平均载畜量只相当于一些先进国家的1/3。虽然黑龙江省在土地资源方面是比较落后低下的，而且部分地区还存在着气候灾害、土地沙化、盐碱化等客观问题，但是从整体上来看，黑龙江省还是一个具有很大发展空间的地区。相较于一些同纬度的欧美地区，一些世界上较为著名的农、牧、林、畜产以及主产区而言，黑龙江省的土地生产力水平还是有着很大的差距的。

可用的土地资源减少除了有规划不合理等各种因素，还有土地污染现象在影响着土地资源的利用。据估算，黑龙江省有10万多公顷的土地被污染，现阶段的污染面积仍然在不断地增加。其中污染来源主要有以下几个方面的。第一就是工业污染，由于近些年来工厂生产量增多，导致工厂所排放的废渣、废气对大气和土壤都造成了十分严重的污染。而且黑龙江省又是矿产、石化的大省，又是国家重要的低端工业制造基地，所以在工业污染方面十分明显。第二就是农药残留物等化学物质的污染，由于过度施肥，导致了大量的农药残留物在土壤当中，造成了土壤的理化性质变坏，同时也影响了作物的正常生长以及作物的品质。第三就是日常的生活污染，近几年随着城乡一体化建设，经济发展的迅速，人们的物质生活水平不断地提高，同时，人们日常生活所产生的生活垃圾、生活污水也在不断地增多。黑龙江省作为一个内陆的省份，对于生活所产生的污染物的处理能力十分弱，因此，长时间就导致了土地资源受到了严重的污染。

为了解决这一系列的问题，应该采取控制、合理规划、节约等方法，以达到充分利用土地资源的目的。强烈制止对土地掠夺性的侵占，努力开展有机化的农业模式，并且优化农业生态环境，采用多样化的种植，协调种植业内部的平衡，维持农业生态系统内部平衡。并且根据黑龙江省的地形地貌，采取因地制宜的手段，合理地调整黑龙江省的土地利用结构，从而提高土地的生产力水平，使黑龙江省的土地资源能最大化地发挥其潜能。对于土地资源的污染治理应采取一种标本兼治的方法，解决土壤污染的源头，使企业以及个人可以自觉地控制污染。通过种种合理的办法，使黑龙江省在土地资源方面可以拥有更好的发展前景。

6.2.3 生物资源现状

黑龙江省因地域广袤、地形多样、具有丰富的动植物资源。黑龙江省位于我国东北部，有寒温带和温带两个自然带，种子植物品种众多，资源丰富。北大荒也有丰富的水力资源，地表江河纵横，地下水量丰富，大气降水充足，特别适合农业的发展。从而增大了黑龙江省生物资源的多样化，使得整个黑龙江省的动植物资源的种类极其丰富。

从动物的种类及其分布来说：黑龙江省的动物种类仅次于四川省。特有的野生动物有东北虎、紫貂、梅花鹿、马鹿等，拥有较高的观赏价值。属于国家珍稀的野生动物不仅有大型的兽类，更多的是珍稀的飞禽类。此起彼伏的大兴安岭、小兴安岭和张广才岭、老爷岭构成了黑龙江省以山林为主的自然景观，形成比较复杂的山区地形。山区地形和林区垦区的比例约占全省面积的80%，也就孕育了多种多样的植被。黑龙江省有46.14%森林覆盖率，森林面积2 097.7万公顷，活立木总蓄积量18.29亿立方米。黑龙江省重点发展退耕还林和三北防护林等工程建设，黑龙江省河流众多，气候适宜，再加上国家对林业政策扶持，森林资源得到保护和重视，黑龙江省森林覆盖率也得到了显著提升，通过人工造林面积、封山育林面积等措施，扩大了森林面积。省内主要河流有黑龙江、松花江、嫩江及乌苏里江等，主要湖泊有兴凯湖、镜泊湖及五大连池。除此之外，相对辽阔的平原地貌更适应于植被多样性的发展。

从植物的种类及其分布来说：北大荒生长季较短，黑龙江省盛产水稻、大豆、小麦、玉米、马铃薯等粮食作物和甜菜、亚麻、烤烟等经济作物，要注意低温对作物造成的冻害。黑龙江省有丰富的生物质能源，生物质能源主要包括农村的传统能源，例如，农作物秸秆、薪柴、柴草和各种有机废物。2018年秸秆总产量400万吨左右，折合标准煤1 856万吨，薪柴40万吨，折合179万吨标准煤。各种有机废物是指可以生产沼泽气的畜禽粪便和工业有机废水资源以及城市垃圾，全省集约化养殖产生畜禽鲜粪尿约2.5亿吨，其中干物质总量为2 125万吨，工业有机废水约3.27亿吨。生物质能源是仅在煤炭、石油、天然气能源后的第四大能源，在黑龙江省约占22.2%。

据统计，黑龙江省大约拥有2 200余种不同种类的植被，拥有药用价值和经济价值的植物多达1 200余种，珍稀树种不胜枚举，丰厚的资源闻名全国。在我们利用资源、保护资源、改良资源的过程中，北大荒正在进行土地变更，黑土地变成了金土地；河水清澈，流遍全省；树木森林变得青葱茂盛，绿满青山，使北大荒成为一座绿色的大宝库。

当前，黑龙江省不仅建立了一套完善的生态保护机制，严禁乱砍滥伐，注重生态环境及其植被的保护。而且建立责任人负责机制，进行专项的林区保护机制。基于大自然的保护制度，猎户的滥捕行为得到了一定程度的制止。从整体看：黑龙江省的生物资源得到了良好的持续发展。

近几年，黑龙江省野生植物保护工作取得了一定的进步，不过有些物种的利用已经超出了可以承受的范围而面临衰竭乃至濒危，需要抢救性保护。野生植物资源数量普遍偏少，导致该物种不具备作为经济资源的条件，必须重点保护野外资源，把其当成生态资源来看待。因此，植物物质资源的利用和保护，对于展开科学研究、改善资源环境、维持生态稳定、丰富人民文化生活、满足生产需要、发展经济等方面都具有十分重要的意义，必须用发展观点来做好保护工作，提高对野外资源保护，大力发展野生植物资源的人工培育工作，促进由利用野外资源为主向培育人工资源为主的转变。所以，要加强自然保护区的建设，保护森林、湿地、草原等自然资源，对自然的生态系统进行防护，像森林、草原、沼泽、灌丛等各类自然生态系统要进行科学化的管理，针对生态遭受破坏的地方实行退耕还林、退牧还草等不同的手段和措施，积极促进生态系统恢复。同时，还要合理开发利用植物资源，发挥和实现植物的最大生态价值和经济价值，进行合理开发，确保植物更新。对于一些经济价值大的植物，采取限量开采，积极进行引种驯化，扩大人工栽培，实现可持续利用。如今的社会已经离不开能源，然而随着人类大量使用化石类能源，能源不断被开采，地球这个人类赖以生存的环境越来越不适合人类生存，频繁出现能源危机、环境污染的问题。如果人类不能找到新的能源来代替快要消耗殆尽的化石类能源，人类的可持续发展也不可能实现。

6.2.4　气候资源现状

黑龙江省位于欧亚大陆的东部、太平洋的西海岸，地理纬度较高，是中国气候变化最明显的地区之一。其气候属于东北亚的温带向寒温带过渡的气候类型，同时也有从三江平原的海洋性季风气候向大兴安岭以西的大陆性气候渐变的空间特征，相较于南方的气候条件较差。而且黑龙江省的整体热量分布是由辽东地区的暖温性气候途经中温性气候的区域逐渐向大兴安岭地区以北的寒温带气候递变。黑龙江省隶属于温带、寒带之间的大陆性季风气候，年平均温度较低，并且气温由南向北逐渐下降。冬季漫长、寒冷而干燥，夏季温热而湿润。所以根据气象统计数据显示，整体的气温变化幅度较大，总体分布为南高北低，西高东低，山地林区气温较低。7月，黑龙江省白天最高气温高达30℃左右，但到了夜间，黑龙江省的大部分地区气温是14～16℃，这是纬度差别造成的。纬度决定了太阳辐射能量，纬度越高，太阳斜射，地面上单位面积吸收的太阳能量越小，从而夜间气温低。在夏季，由于太阳直射点由南向北移动，白天升温快，能达到30℃左右，但是昼夜温差大，高纬度是黑龙江省昼夜温差大的主要原因，但是不仅只有在昼夜温差上面变化大，在季节变化量方面更大，全年的平均气温大约只有10℃左右。大致表现为，纬度越低，气温越高，温度由南向北降低，年平均气温在0℃以上，大约以嫩江—鸡西一线进行划分。以等积温线来划分，平均气温超过10℃的全年温度总量在1 600℃～3 000℃之间，在整个区域内的积温变化趋势是随着所处纬度的不同而变化。当纬度每降低一单位的纬度，相对应的气温积温减变化量在150℃左右；在地势变化幅度较大的地区，随着地势的变化，以100米为单位，相对应气温就变化0.6℃，相对应的积温就会变化150～250℃。整个黑龙江省区的无霜冻期约为120天左右，大部分偏南地区的无霜期可能较长，大约在150天左右。气温的大幅度下降主要集中在9月份下旬，快速回升在第二年的4月份中下旬。

从年降水量来说，黑龙江省属于温带大陆性季风气候，全年降水量约在350～650毫米，四季分明，表现出明显的季风性气候特征。东北地区年降水量除黑龙江省的漠河、内蒙古的海拉尔和赤峰呈小幅度增加以外，其他大部分地区的降水量都呈下降趋势，总体呈东部高、西部低，中部有两个降水中心，尤其是黑龙江省东部、吉林省西部以及辽宁省东南部地区的降水量减少得较为明显，近50年降水量约减少了15～20毫米。夏秋季节较为集中，大约占全年降水量的4/5；冬春较少，大约1/5。相对湿度整体呈下降趋势且较为明显，分布较为均匀，只有西部的小部分地区较低，除了大兴安岭以外，其他的地区呈现自西向东逐渐递减的趋势。从空间分布来说，山区林区较多；平原地区次之，在偏北地区相对较少。基于日照时长看：整个黑龙江省区大约为 2 400～2 800 小时，年均日照时数高值区范围不断减少、低值区不断向西北扩张。可供农作物生长的白天日照时长大约是整体规模的45%。而且因为地形、纬度的不同，在空间上呈现南多北少，西多东少的分布。东北北部区域日照时数有一定增加，总体来看大部分地区还是下降趋势，尤其是东北的东南部地区下降得非常明显。黑龙江省的整个省区的太阳能资源非常丰富，年太阳辐射总量在（44×108）～（50×108）焦耳/平方米之间。其整体的分布特点是夏季较多，冬季较少。在风能资源的利用上，黑龙江省走在了全国的前列，而且自身也拥有较为丰富的风能资源，全年平均风速为 5～8 米每秒，全年风速较大，且季节性差异较小。

黑龙江省处于比较特殊的地理位置，是农业生产较为薄弱的区域，同时也容易遭到全球气候大环境的影响，干旱、涝灾、冷害等气象灾害频繁发生，给黑龙江省的农业生产造成较大的危害，气象灾害对粮食生产的负面影响主要是导致农作物品质下降，产量减少，这经常会让生产者遭受巨大的经济损失。国内外针对气候资源的利用和灾害评估等方面进行了大量的调查研究，研究状况不尽相同，采取的手段也不同，并已取得很大的进展。黑龙江省对此也有一定的研究，由于没有形成业务化，所以不能在科研和业务方面进行广泛的应用。根据气象条件对易发灾害进行评估分析，信息快速地被反映出来，让政府部门和生产单位更及时了解灾害情况，从而为防灾减灾提供科学的气象依据，就成为当前急需解决的问题之一。如果不考虑品种类型、种植制度和土壤条件等，仅仅依赖于气象要素，通过模式计算，实现易发灾害的评估分析和黑龙江省气候资源论述分析的业务化，应用在农业气象科研和业务各项工作中能够让工作效率提高，使农业气象更好地为社会服务，达到快速、准确、及时的要求。

6.3　黑龙江省新型城镇化建设对生态环境的影响分析

生态环境之于城镇化建设是一把“双刃剑”，其环境容量、承载力规模、大小对城镇化发展至关重要。当前黑龙江省的城镇化建设面临着一系列的问题，其整体趋势是城镇化率相对较高，但是增速却在放缓，甚至出现负增长、人口急剧流失的问题。与之同时，生态环境恶化、资源面临枯竭的生态矛盾也日益突出。伴随着黑龙江省城镇化建设的不断发展和中央政府对新型城镇化建设的整体规划布局，正确地认识城镇化建设对于区域的生态环境的影响至关重要。以下从优势和劣势两方面入手，分析城镇化进程对黑龙江省生态环境带来的影响。努力建设生态黑龙江蓝天绿水黑土地，从而实现黑龙江省环境的复原与净化。黑龙江省环境保护工作治理污染节能减排开展改善松花江水质工作，加强黑龙江省环境执法监督、推进生态建设等方面取得了较大的成绩。但在开展工作的同时也存在一些问题：环境保护优化经济发展的水平较低、治污减排工作任务艰巨、农村环保形势依然严峻、新污染源的防控未能引起足够重视等。城镇化建设对生态环境的影响值得我们深思，它的利弊、权衡更是值得我们去讨论。

6.3.1　城镇化发展与生态环境的内在联系

城镇化是一个综合性概念，不同学科背景或不同研究主体根据自身研究领域不同而给予不同的注解。例如，经济学家所讲的城市化是农村各种非农要素向城市聚集；人口学家认为城市化是农村人口向城市人口转化的过程；地理学家认为是城市功能、城市规模等方面的演变过程。影响城镇化的因素有很多，但最主要的三个因素是经济、人口和空间，所以城镇化可以理解为经济城市化、人口城市化和空间城市化的三个方面及其相互作用的过程。城镇化是一个各种要素汇聚的整体，包括生产性要素向城市集聚、人口向城市转移、城市地域向周边扩展等方面。城镇化在汇聚进程中时时刻刻都在与生态环境进行能量、物质和信息的相互交换，这种交换的本质是城镇化与生态环境建设之间的相互作用。

生态环境是与社会和经济持续发展具有重要关系的综合生态系统，也是指人类生存发展有关的土地资源、水资源、生物资源等资源的总和。除了这些主要因素，技术、行为政策、体制以及社会关系等社会因素对生态环境也具有重要的影响，因此生态环境是自然环境、经济环境和社会环境三者的集合。在发展城镇化的过程中，客观存在着生态环境与城镇化之间进行不断的物质、能量等的交换的一种特有现象，也就是城镇化与生态环境建设内在联系。城镇化发展中，人口不断的集聚、地域的扩大等与城镇内的动植物、水、土地、大气等生态因子的交互关联，在这种交互作用中，使城镇化发展程度和生态环境优劣密切关联，这种相互的独特关联性是复杂的。因此，对于这种城镇化与生态环境建设独特的内在联系，针对整个动态过程进行必要的协同和调整，使二者的关系建立在良性循环基础上，促进两者共同发展。

城镇化子系统与生态环境子系统交互的动态演变流程是城镇化与生态环境的独特关联性的主要表现。这个过程的本质是一种人与生态环境互相依存、相互影响的过程，其中人是这个过程的主体，生态环境处于从属地位。一方面，在这个过程中，城镇化的发展对生态环境可能产生威胁作用。这种效应主要体现在城镇化的规模、城镇化扩张程度以及城镇化的经济发展等方面。同时从耗散结构理论基础上考虑，对于这个过程中的主体人来讲，如果人类在城镇化活动中的强度超过生态环境可容量时，生态环境就会遭到破坏，这样可能会导致城镇化系统的整个过程变得杂乱无章，这样就使城镇化走向较低的一个级别，这样城镇化的发展就会受到环境发展的制约。另一方面，在产生威胁效应的同时，也起到了积极的促进效应。如果加强城镇化建设，完善城镇化相关机制体制，构建城镇化的整个蓝图，促进城镇化质量的提高，特别是在资源集约、人口密集、环境教育、污染集中治理等方面加强管理和完善，进一步提高生态系统层次，促使生态系统更加有序健康的可持续发展，为城镇化的建设产生促进效应，对城镇化的投资、居住、有形资产等提升具有重要意义。城镇化与生态环境系统虽然由各自不同的要素相互交织组成，但要素之间相互作用、相互影响过程中反映出城镇化发展与生态环境建设之间独特的关联性。从与生态环境有关的角度看，城镇化是多个系统之间的能量、物质和信息交换的系统，广泛的能量流动、物质循环和信息交换保证了城镇化系统的正常运转。

6.3.2　城镇化建设对生态环境的有利影响

城镇化建设和生态环境之间也并不单纯是截然对立的关系，城市的繁荣发展可以不以生态环境的破坏为代价，要想实现人与自然的和谐相处和城市的可持续发展，就应该在新型城镇化过程中坚持尊重自然、顺应自然和保护自然的生态环境建设理念。新型城镇化对生态环境建设的正面影响主要表现在城镇化的集聚效应，可以概括为以下几个方面。

（1）提升生态环境承载力

环境承载力是指在一定时期内，在保持相对稳定的基础上，环境资源所能容纳的人口规模和经济规模的大小。地球的资源是有限的，并且承载力也是有限的，因此人类开展的活动必须合理利用资源，并且保持在地球承载力的可承载范围内。针对黑龙江省自身来说，城镇化的建设从某种层面上来说，能够促进区域内的生态承载能力。根据学者们关于城镇化发展与区域内生态承载力相关性的耦合分析可知，在当前黑龙江省城镇化建设水平下，城镇化发展与区域内生态承载力属于高度的耦合性，即：城镇化的进程能够与生态环境协调发展。城镇化在这一发展时期，会注重整体性的协调，政府也会站在和谐统一绿色发展的基础上，制定相关的环境保护措施，推动城镇化建设与生态环境之间的协调稳定发展，而不是一味注重区域的 GDP 的增长速度，忽视环境的保护。对于新型城镇化的发展规划，会立足于区域整体的发展，强调各因素的共同作用，环境因素势必是被考虑的因素之一。从这一程度来说：就会缓解区域内的生态承载力，给自身的持续发展赢得宝贵的时间。

（2）城镇化建设促进资金投入环境修复

当前，很多省份面临的严峻问题是：环境问题迫切有待解决，但是缺乏必要的财政支持。伴随着城镇化的飞速发展，区域内经济会得到稳步的提升，对于区域财政的提高有着重要的推动作用，不仅如此，科技的发展，治污防污的举措和设备不断更迭，更需要大量的资金投入。黑龙江省城镇化进程，势必会带动自身综合实力的稳步发展。对于专项用于区域环境预防及其修复项目，政府就会加大投资力度。因此，城镇化的发展进程能够提升区域竞争力，加大资金投入，促进本区域生态环境的修复。

（3）城镇化建设提高区域内绿化建设

就目前而言，随着人们物质水平的不断提高，城乡居民更加注重自身的精神建设和自身的健康问题。越来越注重环境保护、生存区域内植被建设，绿色发展、绿色城镇化的概念越来越深入人心。在新型城镇化的规划与建设中，人们首先考虑的是区域的绿化面积、植被建设等一系列与人们生活环境息息相关的环境因素。不仅是在思想方面注重环保意识，强调人与自然的和谐相处，更落实在城镇化建设的实践上。据最新的统计数据显示：新型建成的小区在规划方面的绿化比率不得低于40%，城镇化的推进历程伴随着环境保护、人与自然共生的和谐理念。

6.3.3　城镇化建设对生态环境的不利影响

从生态环境建设出发，城镇化建设对生态文明建设有“双刃剑”的影响。由于城镇化使得产业和人口大量集聚，城镇化过程为环境污染和生态破坏集中爆发提供了空间条件，聚集了大量工业产业和人口的城市形成人工生态环境，对当地原生的生态环境造成的消极影响远远大于传统农村地区。城镇化发展对生态环境的破坏主要表现在：

（1）重集聚、片面追求规模效应，影响区域内的生态环境质量

城镇化建设问题是中国经济社会发展的重要问题，也是“十二五”期间的重要任务。中国的城镇化的建设是在国家整体的规划布局下、在当地政府主持下建设推进的。在这一过程中过度地追求发展速度，让城市规模不断地扩张，造成了人口急剧膨胀的严重后果，加速了对生态环境的索取，甚至超出了自身区域总体的生态承载能力。黑龙江省的城镇化建设是“小集中、大分散”的类型，中等特大城市较少，多以垦区城镇、旅游城镇等发展兴盛起来的。近几年，中国城镇化发展进程加快，农村的生活水平不断提高，生活环境也得到了显著的改善，城镇化建设也在发展过程中得到推进，中国全面小康社会和现代化建设的发展起到了推动作用。但是，在近期城镇化的推进中，过分地追求量的集聚，容易忽视其自身城镇化发展的独特因素。但是中国城镇化的发展进程不断加快，造成了大量的人口迅速地聚集在城镇中，大量的生活垃圾在城市中出现，生态环境建设和人口增长速度的不同步造成了生态环境系统原有的能量输入与输出关系发生变化，从而造成了生态循环混乱，环境污染加重等问题。城镇化速度过快，短时间内人口大量向城市集中，会产生诸多问题，譬如：失业率增加、淡水和能源供应紧张、环境恶化、交通拥堵、犯罪增加等。人们只注重经济的发展，而忽略了生态环境的保护。只重视经济效益而忽视了环境效益和社会效益。这种片面激进的城镇化发展，将会严重影响区域内的生态环境质量。

（2）快速发展的城镇化将降低区域内部的自我净化和环境修复能力

黑龙江省是中国的农业大省，以往城镇化水平在中国也是位居前列。但是，随着城镇化推进，土地资源和生态环境都遭到了严重的破坏。每一地区的环境容量都是固定的，对于自身区域内的污染排放和处理能力都是有一定的限度的。一旦超出了自身净化的总限度，就会严重影响自身区域的生态环境。黑龙江省的城镇化发展总体的水平较高，虽然近几年的发展速度在逐步放缓，但是不容忽视的问题是，其城镇化的发展已经超出了自身区域环境的承载能力。为了更快推动城镇化而促进工业发展，造成生态环境建设速度无法适应工业化发展步伐，导致工业化过快带来的生态环境污染严重。工业化过程中需要大量劳动力，还会造成生态环境的污染，这会导致城乡人口分布发生变化，还会造成产业分布及其结构的转换。如果生态环境建设不能引起广泛重视，很难适应城镇化进程的发展速度。最近几年的雾霾、沙尘天气，重化工安全事件等也都进一步说明当前城镇化的进程已经降低了区域生态环境的自我净化能力及其自身的环境修复能力。环境修复是指对被污染的环境采取化学、物理或生物学技术措施，使存在于环境中的污染物质浓度下降或毒性减少甚至完全无害化。环境修复与环境的自我净化不同，环境的自我净化是通过例如中和、沉降等环境净化机制进行的净化，而环境修复则是通过人类有意识的外源活动清除污染物质能量。在今后的城镇化发展中，更应该对此加以重视。随着城镇化进程的不断加快，城镇化对于促进黑龙江省乃至于我国的经济发展、人民的生活水平改善、民主进步等方面都有着越来越重要的意义。

（3）城镇化的发展，带来资源供需失衡矛盾

黑龙江省城镇化的发展，带来了人口的规模化集聚，使生态环境自身的资源索取量大大提高。当前，黑龙江省如哈尔滨这样的大城市的人口压力已经给生态环境道带来了严重的问题。交通拥堵、汽车尾气排放、生存压力加剧等问题的不断涌现，大大超出了其生态自身的承载力。除此之外，人们的资源需求越来越多，而环境资源的总量是既定的。资源型城市的城镇化发展，一方面需面临转型危机和人口就业、消费需求压力，另一方面资源的枯竭也加剧了城镇化建设与生态资源供给之间的矛盾。典型代表如：石油城大庆、煤都鸡西等，都面临着城镇化发展带来的双重矛盾，迫切需要当地政府集中解决城镇化建设与生态环境之间的矛盾问题。

6.3.4　新型城镇化影响生态环境质量的路径分析

（1）人口集聚对城镇生态环境的影响

城镇化最显著的特征就是人口不断地往城市集聚，因为相对于农村，城镇有着更多的就业机会、更完善的基础设施和更好的生活水平，这些优越的条件会吸引着农村人口持续地向城镇转移。人口向城市的大规模聚集会从以下两个方面对城市的生态环境产生影响。一方面，城市人口规模的增加将导致消耗资源的总量增加，因为我们每个人要在城市生存下去必然要消耗一定的资源，产生一定的污染。随着人口总数的增加，从量上来说，城市生态环境面临的压力会随着人口集聚而增加，城市人口一旦超过该城市的环境承载能力，必然会对城市生态环境带来不利影响。但从另一方面来讲，人口向城市的集聚带来的规模效应将使得资源的使用效率提高和污染处理的成本更低。

（2）经济增长对城镇生态环境的影响

经济增长作为城镇化的一个突出特征对生态环境有着举足轻重的作用。因为我国的经济结构还处在生产加工和装备制造为主的第二产业，要想发展经济，不可避免要投入更多的要素。一些城市在发展经济过程中以牺牲环境质量为代价，像我国很多中西部省份经济发展很大程度上依赖对煤炭、石油等自然资源的开发和利用，这种粗放式的经济发展模式会导致对自然资源的争夺加剧，同时会增加废弃物的排放，造成环境污染，给生态环境带来极大的负面影响。当城镇经济发展到一定阶段后，生态环境会随着经济的发展而不断改善，因为随着经济发展带来资本的积累可以为生态环境的治理和改善提供更多的资金支持，同时人们的生活消费习惯会从工业制成品为主的物质消费向服务业转变，这些无疑将降低资源的消耗，改善我们的生态环境。

（3）产业转移对城市生态环境的影响

产业转移分为两个层次。第一，是城市内部的产业转移，指的是传统的农业产业向非农产业转移。第二，是三次产业之间的转移，这种产业转移对生态环境所产生的影响是非常大的。第二产业多为高消耗、高污染的粗放型生产方式，向第二产业的转移势必会破坏生态环境。而第三产业主要是服务业，服务业的发展能够进一步增强城市的综合服务功能，可给居民提供更优质的基础设施服务和更迅捷的交通和通信服务，而这些与居民的生活环境紧密相连，影响我们的生活环境和生活品质。同时，第三产业是不生产物质产品的产业，主要是通过提供服务来产生附加值。所以，对自然资源的依赖和对生态环境的污染比较小。同时产业转移还包括同一产业因为经济发展的缘故在不同城市之间的转移。随着产业结构的升级，这部分加工制造业开始向内陆其他省市转移，产业转移的同时也带来了污染的转移，根据一些学者的研究，在沿海一些发达城市，当城镇化率达到一定水平后，产业分工进入高级阶段，而一些内陆城市因为处于低端的产业链，容易掉入“丰收陷阱”，过于关注“三高（高污染、高消耗、高排放）”产业，以粗放型经济增长方式推进工业化，甚至沦为发达城市的“污染天堂”。

（4）技术进步对城市生态环境的影响

首先随着城镇化水平的不断提高，无论是经济的规模效应还是知识和人才的集聚效应都将使得生产的技术水平得到快速提升。而技术水平的提高和改善，对生态环境保护会产生很大的影响。一方面，随着技术水平的提高，生产技术会更先进，污染排放系统也会更环保，从而在实际生产过程中会减少单位产出的能源消耗量和污染排放量。另一方面，可把先进的技术水平直接作用于生态环境的治理，技术的进步使得之前有些难治理的环境污染问题得到解决。同时新技术的推广会显著降低环境污染的治理成本，从而使得大规模的治理变成可能。

6.3.5 促进城镇化与生态环境建设良性互动方式

城镇化与生态环境建设如果能良性互动，一方面优质的生态环境对城镇化的可持续发展起到了重要作用，不仅有利于城镇的经济发展，还有利于城镇的社会进步。生态环境对城镇化的促进主要表现在以下几个方面：良好的生态环境能够为城镇提供较好的物质基础，其较强的生态要素支撑能力，有利于城镇经济的推动和空间的进一步扩展；宜人的居住环境，有利于吸引高科技人才的入驻，从而全面提升城镇的竞争力；良好的生态和居住环境，吸引大量外来人员的迁入，引进了资金、技术、劳动力资源，从而带动城镇化发展。另一方面随着人流、技术流、物流、资金流、信息流等向城镇的聚集，城镇化对生态环境的推动作用由此显现。主要表现为：随着城镇化的发展，人们的生活方式发生转变，环保意识逐渐提高，为缓解生态环境压力在无形之中提供了意识层面的保障；城镇化的资源集约效应减少了农村生态环境的破坏，促进了技术管理水平的提升，缓解了人口就业压力，有利于农村土地的集约经营；人口的高度聚集导致了污染物的大量聚集，城镇化的发展，科学技术的进步有利于污染集中治理，也为废旧物品的回收再利用创造了高度集中的消费群体；具体推动城镇化与生态环境建设良性互动的措施如下：

(1) 多种举措解决土地污染

随着城镇化推进，一方面土地的社会、经济、环境价值得以提高，政府采取措施修复受污染的土地；另一方面政府尽快出台有关法律法规，例如土壤污染方面的法律。政府应起到导向作用，土壤保护建立专项基金，有效地利用市场机制特点，除政府投资以外也要拓宽投资渠道，吸引多方投资者参与土地污染问题的治理，并且在政府相关部门监督下合理利用土地资源。城镇化中的土地污染不是简单的污染问题，而是一个复杂的社会经济问题，参与治理的主体众多，包括不同地区以及各地区多个相关部门。因此，土地污染的治理必须由各地区相关方共同参与，和谐处理才能确实解决问题。整个城镇化建设从法规、政策、经济、教育、科技等方面合理支持土地良性利用，从而对生态环境建设起到促进作用。

(2) 小城镇建设应与生态维护并举

为了合理分散城镇化过程中人口密集问题，应该在推动大城市建设的同时加快小城镇建设，通过强化小城镇的产业集聚进而吸收劳动力，减轻大城市人口密集问题，提高小城镇建设速度，进而加快全省城镇化的进程。在加快小城镇建设过程中，缓解人口过度向大中型城市迁移的压力，也解决农村经济发展的社会问题，合理利用农村剩余劳动力，提高农民生活水平。因此，小城镇建设不仅有序推进人口合理迁移，保障生态环境系统的正常运作，而且是促进经济市场化、农村城镇化的有效途径，对加快农村自然经济向市场经济转变、城镇化和生态环境建设良性发展都有重要作用。小城镇建设过程中，更应该处理好经济社会发展与生态环境建设之间的关系，在保护中发展，在发展中保护，使经济社会发展与生态资源环境承载力相适应，不仅促进了小城镇化发展，还提高了生态环境效益。

(3) 整合城镇区域分配

根据生态环境建设的不同需求，以及各区域的不同功能，对各区域可按照工业区、商业区和住宅区等进行划分，然后对不同区域进一步制定对应的环境质量标准。新工业企业和原有工业企业要统一在工业园区集中管理，对工业企业生产过程中产生的污染物集中采取处理措施，设立远离居民区和商业区单独的工业园区，将所有工业企业集中安放。集中统一规划管理工业企业时，注意禁止在上风向地及在城市水源地兴建工业项目，并依据当地环境和资源实际情况，合理安排工业企业布局，优化产业结构。在市区内积极鼓励发展无污染的第三产业，确保城市生态环境建设的良性循环。

6.4 本章小结

黑龙江省由于地理位置优势和资源优势，在中国城镇化建设初期，城镇化速度比较快，但随着全国经济的发展，其后劲不足，增速缓慢的问题凸显。面对科技的迅猛发展，显然以农业、重工业闻名的黑龙江省，城镇化发展速率明显落后其他省份。面对市场经济发展和深化体制改革，黑龙江省应充分利用传统优势，根据省内各地区特色因地制宜，结合国家相关政策，充分考虑自身实际优势，多措并进，稳步发展。从人口发展现状、产业结构现状、城镇化发展现状、基础设施现状及资源环境保护现状分析黑龙江省当前城镇化的现状；从水资源现状、土地资源现状、生物资源现状和气候资源现状分析黑龙江省当前生态环境现状；在此基础上，分析黑龙江省城镇化建设对生态环境的影响。包括：城镇化发展与生态环境内在联系，一方面，城镇化的发展对生态环境可能产生威胁作用，体现在重集聚、片面追求规模效应，影响区域内的生态环境质量；快速发展的城镇化将降低区域内部的自我净化和环境修复能力；城镇化的发展，带来资源供需失衡矛盾。另一方面，在产生威胁效应的同时，也起到了积极的促进效应，体现在提升生态环境承载力；城镇化建设促进资金投入环境修复；城镇化建设提高区域内绿化建设。然后，对新型城镇化影响生态环境质量的路径进行分析，包括：人口集聚对城镇生态环境的影响；经济增长对城镇生态环境的影响；产业转移对城市生态环境的影响；技术进步对城市生态环境的影响。最后，找出了促进城镇化与生态环境建设良性互动方式，优质的生态环境对城镇化的可持续发展起到了重要作用，不仅有利于城镇的经济发展，还有利于城镇的社会进步。并且随着人流、技术流、物流、资金流、信息流等向城镇的聚集，城镇化对生态环境的推动作用由此显现。具体措施包括：多种举措解决土地污染，政府采取措施修复受污染的土地，尽快出台有关法律法规，建立土壤保护专项基金等。小城镇建设应与生态维护并举，通过强化小城镇的产业集聚进而吸收劳动力，减轻大城市人口密集问题，提高小城镇建设速度，进而加快全省城镇化的进程；整合城镇区域分配，根据生态环境建设的不同需求，以及各区域的不同功能，对各区域可按照工业区、商业区和住宅区等进行划分，然后对不同区域进一步制定对应的环境质量标准，在市区内积极鼓励发展无污染的第三产业，确保城市生态环境建设的良性循环。

第 7 章　黑龙江省城镇化进程中生态安全评价

为了能真实地了解黑龙江省当前城镇生态环境状况，本书采用模糊综合评价法对其生态安全做出科学评价。

7.1　生态安全评价模型的选择及指标体系的构建

生态安全评价的关键环节是评价指标、评价方法的选取以及评价标准的确定。

7.1.1　生态安全评价模型框架的选择

为准确评价城镇化进程中的生态环境安全情况需要构建包括经济、社会、生态三个子系统的评价指标体系。

近年来，关于区域生态安全评价问题，学者们大多采用 PSR、DPSIR、DESER 等模型。其中，PSR 模型为联合国经济合作开发署建立的压力—状态—响应框架，此框架的基本应用原理是人类活动对环境造成压力，改变了原有的天然资源的数量和环境质量，总体社会反应是对环境变化的回应，而环境变化通常是有一个反馈回路来表现人类活动的影响的。这一体系一般用于国家或某一区域的生态安全评价，框架重点反应环境压力的来源，以人类与生态环境系统的相互影响和作用为视角，对生态环境进行组织和指标分类，但 PSR 模型在应用过程中存在着一些缺陷，即人类所获取的对生态环境的影响，仅能通过环境状态指标随着时间的变化而间接地体现出来。

1999 年，欧洲共同体统计局和欧洲环境署改进了 PSR 框架，提出了驱动力—压力—状态—影响—响应模型，即 DPSIR 模型，弥补了 PSR 模型存在的缺陷。驱动力是指引发生活生产方式和生态环境变化的根本动力，例如人类的经济活动、人口情况等；压力指对环境影响的直接因素，例如资源消耗、污染排放等；状态主要反映生态承载能力和环境污染水平的变化，是生态系统在驱动力和压力作用下的现实状况；影响是指生态系统所处的状态对经济产业和人类生活条件的影响；响应则是指人类采取的促进可持续发展的积极措施。

DPSIR 模型直观地表现了人类活动与生态变化的因果关系：人力资源与自然资源为社会发展提供根本的驱动力，促使社会条件和自然环境的改变。在此过程中，人类活动对环境施加压力，改变了自然资源的状态和环境原有的属性；自然环境的改变也同样对人类社会、经济发展产生影响，为了维持环境的可持续发展，人类采用一定措施对这些变化做出响应。此模型重点体现了生态可持续发展问题中经济增长、环境污染与资源压力之间的相互影响和关系，驱动力、压力、状态、影响和响应 5 个部分之间相互联系并且相互制约，贯穿了可持续发展决策的全过程。

DPSIR 模型可以兼顾经济、社会和环境等要素，又能很好地描述系统之间复杂因果关系，因此本书以 DPSIR 模型为理论框架，从驱动力、压力、状态、影响和响应 5 个方面构建了随着城镇化进程的推进（图 7-1），黑龙江省的生态安全评价指标体系，并根据相关研究标准和经验给出了相应的指标参考依据。

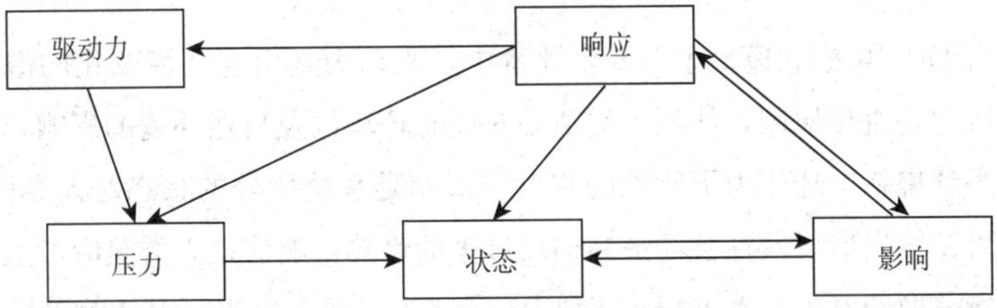

图 7-1　DPSIR 模型框架

7.1.2　生态安全评价体系构建

在进行指标选取的过程中，为选择合适的指标、保证数据可获性，从而保证评价结果的准确性。本书评价指标的选取本着科学性、实用性、系统性、层次性、动态性的原则，以 DPSIR 模型为分析框架，参考众多参考文献的基础上，着重强调以城市化进程中的黑龙江省区域生态环境问题为背景，建立评价指标体系（图 7-2）。

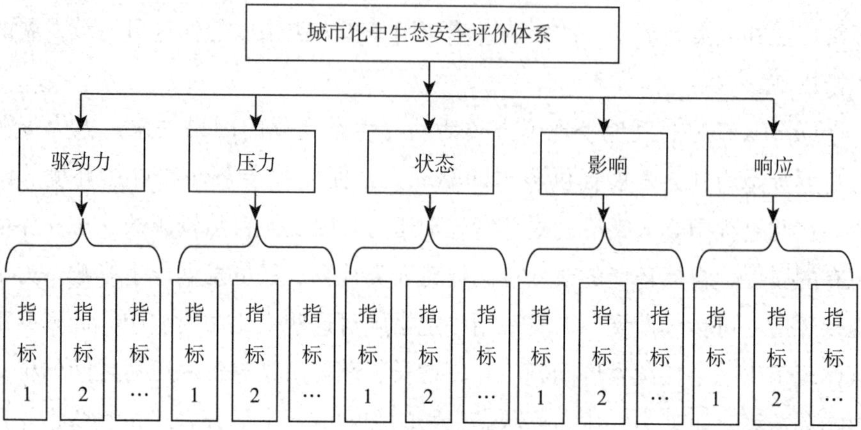

图 7-2　黑龙江省城镇化进程中生态安全评价体系

目标层是黑龙江省城市化进程中生态安全状态的总目标，用来表征黑龙江省生态安全总的发展趋势；5 个准则层分别是黑龙江省生态安全驱动力、生态安全压力、生态安全状态、生态安全影响和生态安全响应；指标层是直接度量的各项指标构成，体现整个指标体系最基本的层面。

7.1.3　指标构成要素

在 DPSIR 概念模型生态安全评价中，驱动力是引起环境变化的潜在原因，压力是直接原因，体现人类活动对生态环境以及自然环境的影响，状态是生态环境在上述压力下所处的状况，影响是系统所处的状态对人类健康、区域可持续发展以及社会经济结构反过来的影响，响应是人类在应对上述状况时所采取的对策。本书根据 DPSIR 模型的定义，参考国内外关于城市生态安全评价指标体系的建立、可持续发展的评价的相关的论文，选择使用频率较高的指标，并结合黑龙江省城市化进程中环境状态共筛选出 16 个指标，如表 7-1 所示。

表 7-1　黑龙江省城市安全生态评价指标

序号	指标	序号	指标
1	城镇化率	9	人均公园绿地面积（平方米）
2	人口密度（人/平方千米）	10	建成区绿化覆盖率（%）
3	人口增长率	11	每万人拥有城市卫生技术人员数（人）
4	人均 GDP	12	每万人拥有公共交通车辆（标台）
5	人均生活用水（立方米）	13	人口死亡率
6	人均水资源拥有量	14	第三产业占 GDP 比例（%）
7	城镇居民恩格尔系数	15	生活垃圾无害化处理率（%）
8	人均城市道路面积（平方米）	16	环保投资占 GDP 比（%）

(1) 驱动力

目前，学术界对于 DPSIR 模型中驱动力的概念在理解上存在差异，但起因是相同的，即均基于环境问题。根据生态安全系统评估组织提出的驱动力，可以是直接或者间接影响生态安全系统的人为因素这一理念，即选取了社会和经济因素，因此，在评价指标中包括了黑龙江省经济、人口、社会（包括个人需求）因素等。具体包括人口密度、人口自然增长率、人均铺装道路面积、人均当地水资源量、人均生活用水量、人均 GDP、人均 GDP 增长率、城镇居民恩格尔系数等。

(2) 压力

是指人为因素引起的环境的压力，人类生产生活对环境承载力带来的负向的影响。包括资源消耗、污染排放等对环境的影响因素，引起自然资源的损害和退化等。根据欧洲环境机构定义，压力指的是人类活动带来的废物排放、资源使用和土地使用等。因此，本书从环境压力、社会压力和资源压力三个方面来探讨压力，具体指标包括每万人拥有公交车辆、每万人拥有的医生人数。

(3) 状态

根据 DPSIR 模型的相关文献，状态是在压力下的生态环境现状，主要反映生态承载能力和环境污染水平的变化。在进行状态指标选取时，需根据不同研究主题的特征进行选择。从生态安全系统的物理化学特征、资源的数量和质量、生态可承载力，到人类生存环境、压力因素对人类的影响，甚至到更大的社会经济问题。本书的生态安全评价指标，是参照已有的生态安全问题选取的，包括资源状态、空气污染状态，具体包括如下几个方面指标：

森林覆盖率、建成区绿化覆盖率、人均公共绿地面积等。

（4）影响

影响是指生态系统所处的状态对人类生活条件、经济产业的影响，这种影响可以是正向的也可以是负向的。根据选取的原则和方法不同，影响因素关注的指标可能是完全不同的。社会经济领域趋于选取与人类系统有关联的影响指标。本书按照 DSPIR 对影响的定义选取城市生态安全体系的影响指标，强调了对城市居民的影响。主要包括第三产业增加值占 GDP 比重和人口死亡率等。

（5）响应

响应是指人类采取积极措施以促进可持续发展。因此，如何响应直接决定了人们和政府的决策。当人们和政府在驱动力和压力双重因素的作用下，会实施反馈行为，从而促使人们和政府为了保护环境的健康状态做出努力。从已有的研究来看，多数建立的响应指标是以保护为宗旨的政策行为。其他的指标则与此相反，是人们自发的行为，是自下而上的行为。学者们往往根据自己的研究背景、研究目的不同，进行指标的构建，因此，不同学者由于研究领域的背景不同，分析的目的不同，不同学者在构建 DPSIR 模型时，在响应指标上的差别较大。本书更多地关注外在人为措施对生态环境的改善。具体包括：生活垃圾无害化处理率、环保投资占 GDP 的比重等。

7.2 评价方法

模糊综合评价法是基于模糊数学的综合评标的一种方法。此方法根据模糊数学的隶属度理论把定性评价转化为定量评价，即用模糊数学对受到多种因素制约的事物或对象做出一个总体的评价。由于此方法具有系统性强且结果清晰等特点，能较好地解决模糊的、难以量化的问题，适合各种非确定性问题的解决。

模糊综合评判方法是应用模糊关系合成的特性，从多个指标对被评价事物隶属等级状况进行综合性评判的一种方法，它对事物属于各个等级的程度作出分析，又把被评价事物的变化区间作出划分，使得对事物的描述更加深入和客观，故模糊综合评判方法既有别于常规的多指标评价方法，又有别于打分法。

本书对于驱动力、压力、状态、影响、响应的 5 个准则层的分析，不是明确的指标，数据也难以定量化，因此，选用模糊综合评价法。

7.2.1　评价等级及标准的确定

(1) 评价等级的确定

本书在参照国内外研究成果和 DPSIR 指标定义的基础上，同时考虑到黑龙江省生态安全的具体情况和问题，把黑龙江省城市生态安全评价指标分为 5 个等级，即安全、较安全、临界安全、较不安全、不安全，具体表征见表 7-2。

表 7-2　黑龙江省生态安全水平等级

等级	安全	较安全	临界安全	较不安全	不安全
指标	Ⅰ	Ⅱ	Ⅲ	Ⅳ	Ⅴ

(2) 评价标准的确定

要进行生态安全的评价，就需要先建立城市生态安全评价指标体系，并明确各项评价指标的安全标准，然后根据既有的数据对安全评价指标进行测算，即对城市生态安全状况进行评价。自然生态条件目前尚未有评价标准，在参阅大量相关资料的基础上，结合黑龙江省的实际情况，拟定分级评价标准，详见表 7-3。

表 7-3　城市生态安全评价指标体系及分类标准

目标层 A	准则层 B	指标层 C	生态安全标准				
			不安全	较不安全	临界安全	较安全	安全
城市生态安全综合指数	驱动力（D）	城市化率	80	65	50	30	20
		人口密度（人/平方千米）	500	750	1 500	2 750	3 500
		人口自然增长率（%）	6	5	3	2	1
		人均 GDP（万元）	6	5	3	2	1
		人均生活用水量（立方米/人	455	365	290	300	120
		人均当地水资源量（立方米/人）	3 000	2 600	1 950	1 350	1 000
		城镇居民恩格尔系数	0.16	0.3	0.4	0.5	0.6
		人均铺装道路面积（平方米/人）	30	20	15	10	5

（续）

目标层 A	准则层 B	指标层 C	生态安全标准				
			不安全	较不安全	临界安全	较安全	安全
城市生态安全综合指数	压力（P）	人均公共绿地面积（平方米/人）	20	17.5	12.5	7.5	5
		建成区绿化覆盖率（%）	40	35	27.5	20	15
	状态（S）	每万人拥有医生数（市区）	50	45	35	25	20
		每万人拥有公交车辆	30	25	20	15	10
		人口死亡率	4	5.5	7	8.5	10
	影响	第三产业占 GDP 之比	80	65	50	30	20
		生活垃圾无公害化处理率（%）	100	90	65	35	20
	响应（R）	工业污染治理投资占 GDP 比重（%）	1.07	0.75	0.55	0.25	0.1
		影响城镇化率	0.9	0.75	0.6	0.5	0.4

7.2.2 模糊评价程序

根据 DPSIR 模型选取评价区域中有代表性的环境因素（驱动力、压力、状态、影响、响应）作为评价因素集，确立各因素的评价因子，通过综合各单因素中各因子的评价结果，得出单因素的模糊矩阵，根据模糊矩阵和各因子权重进行生态安全因素综合评价。

（1）评价程序

综合生态安全各单因素评价结果得到总体生态环境模糊矩阵，根据模糊矩阵和各生态环境因素权重进行市域总体生态安全综合评价，其具体程序见图 7-3。

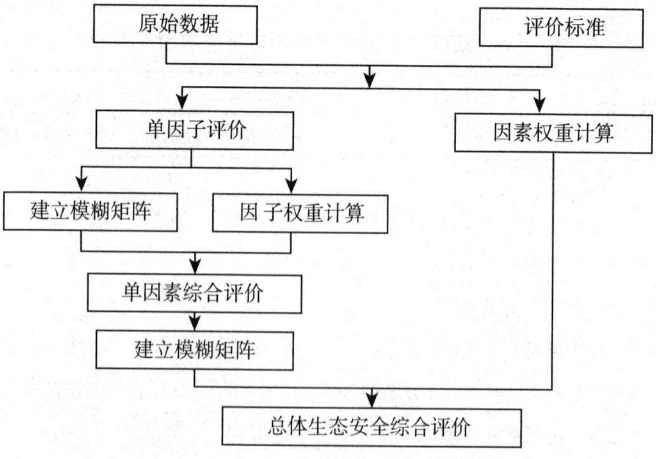

图 7-3 总体生态安全综合评价

(2) 多因素评价

多因素评价方法与单因素评价完全相同，只需将表示集合分别改为：

$$U=\{U_1,U_2,\cdots,U_n\} \tag{7-1}$$

$$V=\{V_1,V_2,\cdots,V_n\} \tag{7-2}$$

$$R=(R_{ij})_{n\times m} \tag{7-3}$$

$$X=(X_1,X_2,\cdots,X_n) \tag{7-4}$$

$$Y=X\times R=(Y_1,Y_2,\cdots,Y_n) \tag{7-5}$$

$$Y_i=\sum_{i=1}^{n}X_iR_{ij} \tag{7-6}$$

（7-6）式中：$Y_i=R_{1j}$，R_{2j}，…，R_{nj}的函数，也即判别函数。这个模型采用实数的加乘运算，即采用M（·，∑）算子，比用M（·，∨）算子精细、全面。

7.2.3 评价标准及权重的确定

(1) 单因素评价标准的确立

单因子评价标准可从以下几个方面选取。

①国家、行业和地方规定的标准。国家已发布的环境质量标准如农田灌溉水质标准（GB 5804－92）、保护农作物大气污染物最高允许浓度(GB 9137－88)、农药安全使用标准（GB 4285－89）、粮食卫生标准(GB 2715－81)、渔业水质标准（GB 11607－89）以及地面水、海水水质标准等。行业标准指发布的环境评价规范、规定、设计要求等。地方政府颁布的标准和规划区目标、河流水系保护要求、特别区域的保护要求（如绿化率要求、水土流失防范要求）等，均是可选择的评价标准。以工作区域生态环境的背景值和本地值作为评价标准，如区域植被覆盖率、区域水土流失本底值、生物生产量、生物多样性等。

②类比标准。以类似条件的生态因子和功能作为类比标准，如类似生物多样性、植被覆盖率、蓄水功能、防风固沙能力等；以未受到人类严重干扰的相似生态环境或以相似自然条件下的原生自然生态系统作为类比标准。类比标准须根据评价内容和要求科学地选取。

③科学研究已判定的生态效应。通过当地或相似条件下科学研究已判定

的保障生态安全的绿化率要求、污染物在生物体内的最高允许量、特别敏感生物的环境质量要求等，均可作为评价的标准或参选评价标准应用。

(2) 权重的确定

确定权重的方法主要有两大类，分别为客观赋权法和主观赋权法分析法等；主观赋权法是结合专业知识和专家经验来确定指标权重，包括层次分析法、灰色关联度分析法等。客观赋权法则是对既有数据进行处理和分析来确定指标权重，包括熵权法、均方差法等。主、客观赋权法各有利弊，例如主观赋权法虽然相对来说比较权威，但难免有一些主观随意性。而客观赋权法虽然不受主观因素影响，条理清晰，但有时得到的结果从专业角度很难解释。本书确定权重的方法选用的是熵权法。与层次分析法等以专家打分为计算权重的主观分析方法不同，熵权法完全以客观数据为基础，采用科学的计算方法进行计算权重，消除人为的根据个人主观因素的影响，使得分析出来的结果更加客观，从而具有较大的科学性和可靠性，因此，为许多学者所使用。如果计算出来的熵越小，所含信息量则越大；反之，如果计算出来的熵越大，则信息量就越小。按照信息熵的思想，在评价指标权重时，熵是一个很理想的尺度。

熵权法在确定过程中需要经过如下几个步骤。

第一，数据标准化

为了消除不同单位、不同度量指标检验的量纲不一所造成的不可比性，本书在确定权重之前对指标原始数据进行了统一化处理。指标标准化处理的方法采用的是极差方法进行的处理，计算结果为 0～1 之间的一个数。学者们根据指标的贡献度将其划分为正向指标和负向指标。正向指标是该指标的数值越大，对城市的经济发展、社会进步或环境改善有积极的影响，这是人们愿意看到的结果，比如说人均可支配收入、人均水资源拥有量、人均道路面积等。逆向指标是影响当地经济发展、社会进步、环境污染、造成资源浪费等因素，该指标的数值越大，人们生存的经济、社会环境越差，这是人们不愿意看到的情况，如人口死亡率、工业固体废弃物排放总量等。公式如下：

当 x_i 为正向指标时，有 $r_{ij}=\frac{x_i-\min x}{\max x-\min x}$。 (7-7)

当 x_i 为负向指标时，有 $r_{ij}=\frac{\max x-x_i}{\max x-\min x}$。　　　(7-8)

其中，x_i 为初始数据值，r_{ij} 为标准化后的数据值；$\max x$ 为指标 X_i 的最大值；$\min x$ 为指标 x_i 的最小值。

第二，确定各指标的信息熵。

根据信息熵的定义，一组数据的信息熵 $E_j=-\frac{1}{\ln(m)}\sum_{1}^{m}p_{ij}\ln p_{ij}$ ，其中 $p_{ij}=r_{ij}/\sum_{i}^{m}r_{ij}$ ，如果 $p_{ij}=0$，我们则定义 $\lim(p_{ij}\ln p_{ij})=0$ 。

第三，确定各指标的熵值，E_1，E_2，…，E_n；并通过熵值进一步计算各指标的权重，即：$W_i=\frac{1-E_j}{\sum(1-E_j)}(j=1,2,\cdots,n)$　　　(7-9)

7.2.4　隶属度的确定

对于模糊综合评价法来说，由于实物划分界限模糊，因此用隶属度来进行划分具体界限隶属度在划分时会充分考虑每个因子对综合评价结果的贡献，并且把贡献按权重分配，在此基础上经过模糊变换和综合计算，最终得到综合评价的因子隶属度，并就此得到生态环境综合评价结果，然后根据隶属度来计算特征值，得到综合评价的安全等级。该方法的步骤为：

(1) 建立评价因子集巧评价等级集

首先进行单因素评价。设每个因素由 n 个因子构成评价因子集 u，则 $u=\{u_1, u_2, \cdots, u_n\}$，本书的因素共有16个。评出 m 个评价等级构成评价集 v，则 $v=\{v_1, v_2, \cdots, v_m\}$，本书共有5个可确定模糊矩阵 r，$r=(r_{ij})_{n\times m}$ 及 n 个因子的权重 w，$w=(w_1, w_2, \cdots, w_n)$，于是单因素模糊评价综合评价模型为：$y=w\times r=(y_1, y_2, \cdots, y_n)$。　　　(7-10)

其中，$y=y_j=\bigvee_{k=1}^{n}(w_{k\times}r_{ij})$　　　(7-11)

本模型采用 M（•，∨）算子，式中“∨”表示两数中取最大值，“•”表示两数积。

最后将 y_j 进行归一化处理，就可得出单因素生态安全综合评价中隶属度最大的等级 m（$m=1, 2, 3\cdots$）。m 值越低，说明该地区生态安全等级越高，反之亦然。

（2）建立隶属度函数和模糊矩阵

按照前面城市生态安全值表的 5 个分级标准，来设计隶属度函数。

$$\text{安全隶属度函数 } y_1=\begin{cases} 1 & r\leqslant a_1 \\ \dfrac{a_2-r}{a_2-a_1} & a_1<r\leqslant a_2 \\ 0 & r>a_2 \end{cases} \qquad (7-12)$$

（7－12）式中，r 为评价因子的值，a_1、a_2 为指标标准中相邻的标准值，U（r）为其中某个因子的隶属度。

而每个单个的因子隶属度均可构成一个因子隶属模糊综合矩阵 Z：

$$Z=\begin{bmatrix} z_{11} & z_{12} & z_{13} & \cdots & z_{1j} \\ z_{21} & z_{22} & z_{23} & \cdots & z_{2j} \\ \vdots & \vdots & \vdots & \vdots & \vdots \\ z_{i1} & z_{i2} & z_{i3} & \cdots & z_{ij} \end{bmatrix}$$

其中，i 为评估因子的总数量，本书中为 16 项；j 为评价级别数量，即为 5 个。

（3）隶属度的计算

根据模糊评价的运算法则，$B=Z\times W=(b_j)_{1\times m}$，得到各指标的模糊评价集，$W$ 为权重集，即 $W=\{w_1,\ w_2,\ w_3,\ w_4,\ w_5\}$；$b_j$ 是指隶属于第 j 等级的隶属度。

（4）特征值的计算

$$H=\sum_{j=1}^{5} j\times b_j \qquad (7-13)$$

H 是特征值即为城市所处生态安全等级。

参考国内外模糊综合评级法的分级标准，本书把生态安全标准划为 5 级（表 7－4）。

表 7－4　生态安全标准

评价标准	1	2	3	4	5
评价等级	不安全	较不安全	临界安全	较安全	安全

7.3　黑龙江省生态安全评价

本书数据来源于 2006—2015 年的《黑龙江省统计年鉴》《中国城市统计年鉴》《中国环境统计年鉴》。

7.3.1　确定评价因素集

首先对指标层有：

总体生态安全评价因素集 $U=\{u_1, u_2, u_3, u_4, u_5\}$ ={驱动力，压力，状态，影响，响应}；

生态安全评价集 $V=\{$Ⅰ，Ⅱ，Ⅲ，Ⅳ，Ⅴ$\}$ ={安全，较安全，临界安全，较不安全，不安全}；

驱动力因子集 u_1 ={城市化率，人口密度，人口自然增长率，人均 GDP}；

压力因子集 u_2 ={每万人拥有医生数，每万人拥有公交车辆}；

状态因子集 u_3 ={森林覆盖率，建成区绿化覆盖率，人均公共绿地面积}；

影响因子集 u_4 ={人口死亡率，影响城镇化率，第三产业从业人员占比}；

响应因子集 u_5 ={生活垃圾无公害化处理率，工业污染治理投资占 GDP 比重}。

7.3.2　计算权重

由于有具体的各个指标的数据，本书用熵权法进行分析，计算得到的权重如表 7-5 所示。

表 7-5　各指标权重

指标层 C	权重 w	指标层 C	权重 w
城镇化率	0.000 7	人均公园绿地面积（平方米）	0.020 8
人口密度（人/平方千米）	0.015 3	建成区绿化覆盖率（%）	0.006 2

（续）

指标层 C	权重 w	指标层 C	权重 w
人口增长率	0.165 7	每万人拥有城市卫生技术人员数（人）	0.015 5
人均 GDP	0.072 9	每万人拥有公共交通车辆（标台）	0.016 0
人均生活用水（亿立方米）	0.005 6	人口死亡率	0.006 2
人均当地水资源	0.081 7	第三产业占 GDP 比例（%）	0.012 4
城镇居民恩格尔系数	0.007 9	生活垃圾无害化处理率（%）	0.127 9
人均城市道路面积（平方米）	0.023 3	工业污染投资占 GDP 比	0.128 5

7.3.3 计算隶属度

根据各指标的 5 个等级标准、公式，做出 5 个级别的隶属函数，再根据建立的隶属度函数综合监测数据得到评价矩阵。根据模糊综合评价法对 2006—2015 年 10 个评价单元的评价指标的数据进行处理，单因子评价矩阵 R。下面以黑龙江省 2015 年为例，计算各指标对各安全级别的隶属度，得到的单因子评价矩阵如图 7－4 所示。

$$R_{2015}=\begin{Bmatrix} 0 & 0.5867 & 0.4133 & 1 & 1 \\ 0 & 0 & 0 & 0 & 1 \\ 0 & 0 & 0 & 0 & 1 \\ 0 & 0.5269 & 0.4731 & 1 & 1 \\ 0 & 0 & 0 & 0 & 1 \\ 0 & 0.7233 & 0.2767 & 1 & 1 \\ 0.8357 & 0.1643 & 1 & 1 & 1 \\ 0 & 0 & 0.3720 & 0.6280 & 1 \\ 0 & 0 & 0.1040 & 0.8960 & 1 \\ 0.8400 & 0.1600 & 1 & 1 & 1 \\ 1 & 0 & 0 & 0 & 0 \\ 0 & 0 & 0 & 0.3780 & 0.6220 \\ 0 & 0.7333 & 0.2667 & 1 & 1 \\ 0 & 0.9513 & 0.0487 & 1 & 1 \\ 0 & 0.4720 & 0.5280 & 1 & 1 \\ 1 & 0 & 0 & 0 & 0 \end{Bmatrix}$$

图 7－4　2015 年黑龙江省单因子评价矩阵

7.3.4　模糊综合评价结果

利用公式，计算得出黑龙江省2006—2015年这10年间各评价单元的模糊综合评价结果，以及城市对不安全、较不安全、临界安全、较安全和安全的隶属度及级别特征值，具体的2006—2015年黑龙江省生态安全模糊综合评价结果见表7-6。

表7-6　2006—2015年黑龙江省生态安全模糊综合评价结果

年份	隶属度					特征值	级别
	安全	较安全	临界安全	较不安全	不安全		
2006	0.074	0.164	0.153	0.388	0.537	2.799	临界安全
2007	0.033	0.126	0.143	0.446	0.385	2.378	临界安全
2008	0.144	0.009	0.094	0.292	0.315	1.938	较安全
2009	0.150	0.008	0.166	0.326	0.375	2.304	临界安全
2010	0.020	0.053	0.221	0.447	0.540	2.408	临界安全
2011	0.128	0.092	0.310	0.454	0.548	3.392	较不安全
2012	0.020	0.112	0.163	0.388	0.565	2.380	临界安全
2013	0.231	0.053	0.102	0.218	0.481	2.590	临界安全
2014	0.155	0.063	0.153	0.329	0.556	2.703	临界安全
2015	0.156	0.177	0.152	0.411	0.557	3.322	较不安全

7.4　黑龙江省生态安全综合评价结果分析

采用DPSIR模型对模型进行了构建，借助模糊综合评价模型，从驱动力、压力、状态、影响、响应等5个角度，选取16个经济环境因素作为评价因素集，确立各因素的评价因子。对黑龙江省城镇化的生态安全进行模糊评价的结果可以看出：从总体来讲，2006—2010年间，黑龙江省总体生态安全等级大体为Ⅲ级，总体生态质量一般，存在着安全隐患。从计算出的指标结果看，环境安全总体上是下降的，尤其在2011年和2015年分别出现了较不安全的状态，这与可持续发展的要求有一定差距，也与黑龙江省委、省政府提出实施绿色生态战略和建设生态黑龙江战略的目标相悖。

究其原因有三：第一，为了快速发展地方经济，提供劳动生产率，提高人们的收入水平，地方政府虽然屡次强调绿色的生态建设，然而，谋求较快的经济增长是以更多的能源为基础、以环境为代价的，大规模的机械化生产导致空气、水中排放的废气、废水、废渣越来越多，而在社会成本大于私人成本的情况下，这种排放是必然的，也必然导致生态安全越来越差。第二，近些年来，政府把城镇化作为一个经济的增长极，鼓励越来越多的人从农村来到城市，城市的人口密度越来越大，垃圾排放也越来越多，对于城市的生态安全提出了进一步的考验。第三，随着黑龙江省经济水平的逐渐提高，人均 GDP 和城市居民个人可支配收入的逐渐提高，以及技术进步引起的消费品生产成本的下降，人们的物质生活得到了极大的丰富，私家车拥有量的增多对空气质量造成了严重的影响，同时，越来越多的物质需求带来的是日益扩大的生产规模，形成了一个恶性循环，最后只能使环境越来越差。

7.5 本章小结

为准确评价城镇化进程中的生态环境安全情况需要构建包括经济、社会、生态三个子系统的评价指标体系。首先选取了 DPSIR 模型，由于 DPSIR 模型既能覆盖社会、经济和环境等要素，又能描述系统之间复杂的因果关系，以 DPSIR 模型为理论框架，从驱动力、压力、状态、影响和响应 5 个方面构建了随着城镇化进程的逐渐深入，黑龙江省的生态安全评价指标体系，并根据相关研究标准和经验给出了相应的指标参考依据。参考国内外关于城市生态安全评价指标体系的建立、可持续发展的评价的相关的论文中选择使用频率较高的指标，并结合黑龙江省城镇化进程中环境状态共筛，选取 16 个经济环境因素作为评价因素集，确立各因素的评价因子，对黑龙江省城镇化的生态安全进行模糊评价。梳理分析结果：首先为了快速发展地方经济，提高劳动生产率，提高人们的收入水平，谋求较快的经济增长是以更多的能源为基础、以环境为代价的，也必然导致生态安全越来越差。其次近些年来，政府把城镇化作为一个经济的增长极，鼓励越来越多的人从农村来到城市，城市的人口密度越来越大，垃圾排放也越来越多，对于城市的生态安全提出了进一步的考验。最后，随着黑龙江省经济水平的逐渐提高，同时，越来越多的物质需求带来的是日益扩大的生产规模，形成了一个恶性循环，只能使环境越来越差。

第8章 构建黑龙江省城镇化与生态环境建设良性互动模式

8.1 黑龙江省城镇化与生态环境建设良性互动模式的含义、作用机制、目标和重点

城镇化作为一种手段与载体，它几乎涉及了经济社会发展的各主要领域。生态环境建设是人类社会文明发展的方向，若将其切实贯彻到经济社会发展的过程中，必须借助一定的平台与载体。生态环境建设指引城镇化发展，以城镇化推进生态环境建设，将生态环境建设贯穿到城镇化的各个方面，促进城镇化与生态文明建设良性互动模式就是一种较为可行的理性选择。在深入梳理城镇化和生态环境建设的理论脉络，科学揭示二者的内在联系的基础上，探索出一条切实可行的发展路径是城镇化与生态文明建设良性互动模式发展的关键。而最终目的实质上是完成一次涉及城镇全方位的、多角度、多层次的变革，其中包括空间、经济、政治、文化、社会的结构调整，以及物质、精神领域的革新等。因此，城镇化与生态文明建设良性互动模式协调发展的具体路径主要从空间领域、经济领域、社会领域、政治领域和文化领域展开。

8.1.1 含义

城镇化与生态环境建设良性互动模式是在充分发挥城镇区域内的资源优势与生态环境的基础上，实现城镇的社会与人口、生态与经济、资源与环境的协调发展和良性循环。

两者良性互动模式是中国未来城镇发展的比较理想的一种模式。城镇化

发展的实质就是一个完整的生态经济系统，也就是生态系统和经济系统共同形成的复合系统，具有二者的双重特征。城镇化与生态环境建设良性互动模式一方面强调保护生态环境的重要，另一方面又要追求经济繁荣，最终实现生态与经济的协调发展、资源环境与人口相适应。

8.1.2 作用机制

(1) 要素的空间集聚与扩散

城镇化的发展，使得要素向城市集中。人流、物流和资金流等要素的合理流动与有效配置是黑龙江省城镇化与生态环境良性互动的重要保障。物流是前提和基础，物流的集聚会加大经济环境的承载能力，通过引导扩散，减轻对环境的压力，因此，物流是最容易变动的一个要素；人流是最具有能动性的，人流不仅包括人口数量的流动，还应包括人口素质、科学技术、文化观念等方面的流动。人口向城市聚集，会提高要素使用效率，减轻农村生态环境压力，而高素质的人才向农村扩散会为农村带来新技术、新观念，促进城乡的统筹发展。在提高人口素质的前提下还应提高人口素质的转换率，使这种高素质人口的优势转化为城镇化与生态环境良性发展的优势；城镇化和生态环境的良性互动也离不开资金的支持，资金的投入有助于各项工作的开展、技术的创新，进而促进环境的生态化发展。这些要素的流动对于产业结构调整、城镇化发展、生态环境保护具有重要意义。要素的集聚与扩散不仅影响着城镇化与生态环境的关联度，也影响两者相互作用的范围。

(2) 产业结构的调整与升级

产业内部结构的调整不仅会对城镇的经济发展产生影响，也会对生态环境的好坏产生影响。而结构的升级更注重的是质的改变，重视环境保护和生态环境建设，强调生产技术的创新，尤其是环保技术的推进。产业结构升级使得产业结构的布局更为合理，在减轻生态环境压力的同时，更是促进了城镇化的进程。

(3) 技术创新和制度的创新

首先，城镇化与生态环境的良性互动还需要借助技术创新。技术创新一方面有利于绿色产品的生产和开发，推动城镇化建设及生态环境的发展。另一方面技术进步对于能源的开发和利用具有重要意义，通过技术的突破来提高能源的使用效率或通过技术创新来开发新的能源，不仅解决了城市和经济发展的能源限制问题，而且也促进了城市化质量的提升。最后，技术创新有助于消费结构的改变，引导居民新的消费观念，进而完善城镇化和生态环境互动的内容。此外，制度会制约人们的选择，会对人们的相互行为产生影响，同时也对城镇化发展和生态环境起到一定规制作用。制度的创新，其实是一种制度的改革，它可以消除市场失灵和政府失灵，直接或间接地影响城镇化和生态环境的发展。

(4) 城市文明传播

城镇化的过程实际上也是一个城市文明传播的过程，城市文明传播使得城市的现代文明、思维观念、环境教育等向乡村扩散，使更多的人潜移默化地接受城市的生活方式、教育方式，提高了农村人口素质，有助于解决生态环境问题，进一步促进城镇化和生态环境的良性互动。

8.1.3　目标

黑龙江省城镇化与生态环境建设良性互动模式的根本目标是人和自然协调发展，环境优美洁净，生活健康安逸，物尽其用、人尽其才、地尽其利，生态良性循环。为了实现这一目标，更好地推进黑龙江省城镇化与生态环境建设良性互动模式，黑龙江省政府预计用 50 年左右的时间，组织和动员全省干部群众，不仅依靠先进的科学技术，还要发扬艰苦奋斗精神，对现有天然林及野生动植物资源加强保护，大力开展植树种草，加强综合治理力度，治理水土流失，防治荒漠化，完成一批生态工程建设，对黑龙江省生态环境起到很大改善作用。建设和推广生态农业，改善农业生产条件，提高居民生活质量，力争到 21 世纪中叶，基本整治黑龙江省水土流失面积，适应性较强的优质林草种满适宜绿化的土地上，“三化”草地全部得到恢复，黑龙江省经济发展的支柱产业转变成为绿色食品开发，在全省范围内建立可持续性发展且适应社会主义市场经济的生态环境体系和比较完善的生态环境预防监测体系，把黑龙江省打造成一个繁荣兴旺、山川秀丽、美丽富饶的示范省。为了实现这一宏伟目标，黑龙江省还制定了生态环境建设的阶段性目标，以便更好地开展相关工作。

根据黑龙江省新型城镇化规划（2014—2020 年），黑龙江省新型城镇化发展指标体系包括 4 个方面 18 项指标（表 8-1）。

(1) 城镇化率方面（2 项指标）

到 2020 年，全省常住人口城镇化率达到 63%左右，户籍人口城镇化率达到 55%。

(2) 城镇化质量方面（5 项指标）

到 2020 年，农民工随迁子女接受义务教育比例达到 99%以上，城镇失业人员、农民工、新成长劳动力免费接受基本职业技能培训覆盖率达到 95%以上，城镇常住人口基本养老保险覆盖率达到 90%以上，城镇常住人口基本医疗保险覆盖率达到 98%以上，城镇常住人口保障性住房覆盖率达到 30%以上。

(3) 基础设施建设方面（7 项指标）

到 2020 年，百万以上人口城市公共交通占机动化出行比例达到 60%，城市公共供水普及率达到 97%，集中供热普及率达到 87%，污水处理率达到 90%，生活垃圾无害化处理率达到 82%，家庭宽带接入能力达到 50 兆以上，社区综合服务设施覆盖率达到 100%。

(4) 资源环境方面（4 项指标）

到 2020 年，人均城市建设用地控制在 115 平方米以内，城镇建成区绿地率达到 36.8%，地级以上城市空气质量达到国家标准比例达到 62%，城镇可再生能源消费比重达到 5.9%。

表 8-1　黑龙江省新型城镇化主要指标

序号	指　　标	2013 年	2020 年
一	城镇化水平		
1	常住人口城镇化率（%）	57.4	63 左右
2	户籍人口城镇化率（%）	49.1	55
二	公共服务		
3	农民工随迁子女接受义务教育比例（%）	*	≥99
4	城镇失业人员、农民工、新成长劳动力免费接受基本职业技能培训覆盖率（%）	*	≥95
5	城镇常住人口基本养老保险覆盖率（%）	54.5	≥90
6	城镇常住人口基本医疗保险覆盖率（%）	98	≥98
7	城镇常住人口保障性住房覆盖率（%）	27	≥30

（续）

序号	指　　标	2013年	2020年
三	基础设施		
8	百万以上人口城市公共交通占机动化出行比例（%）	*	60
9	城市公共供水普及率（%）	95.5	97
10	城市集中供热普及率（%）	67.8	87
11	城市污水处理率（%）	75.7	90
12	城市生活垃圾无害化处理率（%）	54.4	82
13	城市家庭宽带接入能力（兆）	4	≥50
14	城市社区综合服务设施覆盖率（%）	*	100
四	资源环境		
15	人均城市建设用地（平方米）	137	≤115
16	城市建成区绿地率（%）	32.8	36.8
17	地级以上城市空气质量达到国家标准比例（%）	*	62
18	城镇可再生能源消费比重（%）	3.36	5.9

注：该专栏中“*”指该指标在2013年前未作统计。

到2030年，黑龙江省生态环境向良性循环方向发展，人口、资源、环境与经济社会发展的关系趋于融洽、协调，并构筑起全省绿色产业的经济框架。主要目标是：治理水土流失面积4.53万平方千米，累计治理面积占全省应治理面积的60%；新增人工造林面积20.3万公顷，黑龙江省森林覆盖率达到48.9%，林种树种结构合理；新增人工草地100万公顷，改良草地150万公顷，新增草地40万公顷，“三化”草地全部得以改建，草地生产能力比现在提高1.2倍以上；生态农业技术得到普遍推广运用；绿色食品作物种植面积占全省种植总面积的30%，其产值占农业总产值的40%以上；绿色畜产品占畜产品总量的55%。到2050年，黑龙江省将建立起基本适应可持续发展的良性循环的生态系统。主要目标是：黑龙江省水土流失得到基本控制；宜林地全部绿化，基本建成布局合理、功能齐全的林业生态体系，“三化”草地得到全面恢复，优质草地占70%以上，草地生产总体能力和草地动态监测、灾害测报体系建设等均达到世界先进水平；坡耕地实现梯田化；全省生态环境从根本上得到改善，步入良性循环的轨道，绿色经济成为牵动全省经济发展的特色经济。

城镇化和生态环境建设是一对矛盾统一体，城镇化的推进对城镇生态环境建设不仅能起到促进作用，城镇生态环境建设对城镇化推进还起到制约作用。由于这种矛盾，在城镇化与生态环境建设中，城镇化的发展能够带来一定的生态增值效应，但由于城镇化所带来的资源配置的改变、人口聚集以及产业结构的调整，给城镇化带来了难以避免的生态胁迫效应。因此，构建黑龙江省城镇化与生态环境建设良性互动模式保证目标实现的前提就是城镇化的发展所带来的生态增值效应远超过所带来的生态胁迫效应。

8.1.4 重点

构建黑龙江省城镇化与生态环境建设良性互动模式，意味着要对现有的经济发展模式进行转型，因此，建设两者互动模式的重点就应该放在黑龙江省经济发展模式的转型上，对高耗能产业进行产业结构调整和采用新技术进行节能减排，重点培育和扶持节能产业、环保产业以及新能源产业等，加强石油、石化、电力、建材等黑龙江的传统产业的生态建设，加快培育壮大战略新兴产业和服务业，要大力倡导生态文明，推进植树、复草、治水、净气、降噪“五大”工程优化现有的生态环境。

8.1.5 黑龙江省城镇化建设中生态环境保护取得的成就

(1) 松花江流域污染防治成效明显

黑龙江省松花江流域污染问题一直困扰着沿江城镇的发展，目前松花江流域的污染得到有效防治，松花江干流 m 类水体比例比“十五”末提高57.1个百分点，由轻度污染转为良好，珍稀鱼类、鸟类已在沿江有稳定的种群栖息地。流域水污染防治规划项目全部建成投运，目标全面实现。“十一五”期间，黑龙江省共开工建设89座污水处理厂，建成47座，污水处理规模达到290.8万立方米/日，提高了245万立方米/日，城市污水处理率达到56%，实现省辖城市全部建成污水处理厂，另有18个县（市）建成城镇污水处理厂，取得了黑龙江省环境基础设施建设历史性突破。流域生态环境得到切实保护。沿江建立8个省级自然保护区、1个省级生态功能保护区，有效控制了面源污染，流域生态得到了保护与恢复，提高了涵养水源、保持了水土净化水质的功能。

（2）污染物减排实现预期目标

主要污染物减排成绩斐然，化学需氧量、二氧化硫分别削减11.79％、3.46％，超额完成国家下达的任务。全省共实施重点减排项目990项，新建脱硫项目71个，累计削减化学需氧量15.43万吨、二氧化硫13.33万吨。淘汰电力、炼铁、炼钢、水泥、焦炭和造纸落后生产能力174.85万千瓦、60万吨、66万吨、669万吨、322万吨和58.7万吨。深入开展环境执法监督、后督察、“寒剑行动”等系列专项行动，加强建设项目的现场监管，对不具备条件的项目提出不得进行试生产要求，强化脱硫设施运行监管，铅封了燃煤电厂21台脱硫机组旁路烟道挡板。黑龙江省财政厅安排重点减排项目“以奖代补”资金6 950万元，黑龙江省物价部门批准总装机容量731.7万千瓦机组执行脱硫加价。以科技创新为支撑研发的煤化工废水多级生化组合处理技术，解决了大型煤化工多元粉尘污染的问题。

（3）水环境、大气环境质量稳中趋好

水环境和大气环境质量直接影响着人们生产、生活的质量，近几年，黑龙江省水环境质量显著改善，各水期Ⅰ至m类水质比例总体呈现上升趋势，劣Ⅴ类水质比例下降。全面加强饮用水源地保护和监管，82个饮用水水源保护区得到省政府的批复，11个省辖城市饮用水水源地水质达到国家Ⅲ类标准。同时，开展了大气环境综合整治，加大工业粉尘、烟尘和汽车尾气等扰民“三尘”治理力度，省辖城市空气质量优良天数大幅增加，比例达到93.2％。

（4）生态建设全面加强

近些年，黑龙江省加大力度开展城镇生态建设工作，完成退耕还林面积92.5万公顷，治理“三化”草原面积80多万公顷，治理水土流失面积82.2万公顷。农垦系统、佳木斯市、伊春市、大兴安岭地区全部建成国家级生态示范区。自然保护区建设和管理水平明显提高。8个保护区通过国家评审，新建40个省级自然保护区。截至“十一五”末，全省各类自然保护区达到201个，国家级、省级自然保护区分别达23个、77个，总面积为636万公顷，占全省面积的13.5％。组织完成了野生动植物物种资源编目。积极落实国家批复的大小兴安岭生态功能保护区规划，强化生态环境保护与建设力度，促进产业转型。

(5) 农村生态环境综合整治稳步进行

黑龙江省积极探索农村环境保护新模式，实行农村生态环境保护目标责任制，全面推行县（区）级农村生态环境综合治理定量考核。同时执行“以奖促治”和“以奖代补治”政策，累计获得中央补助资金 8 017 万元，省级专项和配套资金 12 226 万元。实施农村环境保护“161”工程。全面推广了农村生态环境保护实用技术，高标准地完成了土壤污染状况调查。

(6) 环境保护优化经济发展取得进步

根据“八大经济区”和“十大工程”建设需要，黑龙江省环境保护工作配合经济发展的步伐，加快了工程项目审批进程，开辟了项目审批“绿色通道”，缩短了审批时限，分别完成了环评报告书 613 个、报告表 1 121 个、登记表 30 个。严格控制了“两高一资”项目，退回和暂缓审批 86 个不符合要求的重大项目，停止审批排放重金属和持久性有机污染物的建设项目。实施了环评分级审批，落实了分级管理责任，组织开展七台河经济开发区等规划环评，龙煤集团等企业上市核查。积极争取国家对黑龙江省二氧化硫减排实施特殊政策，出台二氧化硫排污权交易管理办法，解决国家重点项目的总量指标。

(7) 环境保护基础能力建设不断加强

在环境保护基础能力建设上，黑龙江省加大资金投入，“十一五”期间中央、省级环境保护能力建设资金投入总计 5.3 亿元，是“十五”期间资金投入的 6.4 倍。为基层配备监察、辐射、监测应急车辆近 400 台、仪器设备近 8 000 台（套）。初步建立省市两级污染源在线监控系统，国控重点污染源在线监测设备安装率达 100%，环境保护装备能力建设实现新提高。同时，黑龙江省注重人才培养，连续多年组织岗位培训、专业技能大比武，受教育达 4 250 人（次）。环境保护国际交流与合作方面也迈出了新步伐，落实了与俄罗斯地方政府间定期会晤机制，开展了中俄联合监测 12 次，获得数据 2 万多个。以“六进”活动为载体推进了全民环境教育，开展了 14 项“绿色创建”活动，发展环保志愿者会员达 15 万人，强化新闻宣传和舆论引导，在各类媒体上刊发稿件 2 万多条（次）。

8.2　城镇化与生态环境良性发展的模式研究

8.2.1　城镇化发展优先模式

(1) 含义

城镇化优先发展模式，就是常说的“先发展，后治理”的模式。这种模式强调城镇化和经济的优先发展，而置生态环境于不顾，是典型的非协调发展。在工业发展的初期，城镇化与经济发展处于起步阶段，“先发展，后治理”是实现经济和城镇化发展的必然途径。当经济发展到一定的水平，人们已经开始不仅仅满足于基本的衣食住行，而是开始追求更高层次的个人需求，其中良好的人文居住环境已经成为人类生活的基本要求和条件，此时从个人到政府都开始注重生态环境的保护和恢复，特别是政府在引导民众保护环境、制定环保政策等方面起到了不可替代的作用。这种耦合发展模式比较典型的是发达国家的城市发展，其中涉及特定的经济发展的大背景。

(2) 原因及特点

城镇化优先发展模式选取西方较为典型的伦敦进行说明。伦敦是英国的首都，工业革命的起源地和忠实践行者。工业革命初期，经济发展的需求空前膨胀，在当时以煤矿为主要能源的伦敦城镇化与经济发展的同时，不仅生态环境遭到了很大的破坏，各种城市病也很快凸显，其主要原因有：一是工业的快速发展需要大量的人力，促进农村人口涌向城市，而城市的基础设施、住房等却没有跟上工业发展的脚步，从而造成人口过度城镇化、贫民窟聚集和犯罪案件居高不下等，不利于城镇化的管理。二是以煤矿为能源的工业发展，必然要向外界输出大量的污染物，其中以烟尘、二氧化碳、一氧化碳为主，从而造成雾霾、温室效应等，这对人的呼吸道产生较大的影响。三是人口的过度城镇化并没有从观念上形成环保的概念，因此生态环境受着工业和人群生活的双重污染。同时政府当时也只是注重工业的发展而忽视了生态环境的管理等。这些是后来导致伦敦光化学烟雾事件的主要原因，环境污染事件不利于人类的生存，同时也不利于生态环境的可持续发展。目前伦敦的环境处于良好的状态，但是环境治理不仅是政府颁布政策法规就能解决的，还耗费了大量的资金和人力。伦敦的城镇化与生态环境的良性互动发展模式是典型的“先发展、后治理”，其形成的特点主要有以下几点：首先，工业革命的大背景，工业技术的革新，导致人们对未来的发展一致看好，野心勃勃的资本家们抓住了机会，大力促进工业和经济的发展。另外，对外扩张的需求也决定了当时英国优先发展经济壮大国力的行为。其次，公民环保意识落后，工业革命初期，当时的生态环境基本上还处在无污染的原始状态，根本不会引起人们的环保意识，而且当时人们的物质需求欲望刚被激发，导致了人们不顾一切发展城镇化和经济的做法。再次，经济落后，正是因为当时全世界的总体经济落后，政府拨款和国际援助等资金投入方式几乎没有，导致了伦敦自我发展的结果。然后，资源禀赋，以煤矿为主要能源的工业发展必然需要有丰富的资源禀赋，才能满足工业的快速发展。最后，政策支持，伦敦是英国的首都，是全国的政治、经济、文化和金融中心，政府偏向于优先发展伦敦的决策，因此，政府在资源调配、政策支持方面起着辅助的作用。

8.2.2 城镇化与生态环境协调同步发展模式

(1) 含义

城镇化与生态环境协调同步进行，意味着二者之间具有良好的协调性，没有谁先谁后之分，这种发展模式追求的是整个系统的平衡和快速发展以及在大局上考虑周全的理念。其基本的思路是城镇化发展的同时，必然会带来生态环境问题，因此，必须在生态环境保护方面做足工作，正确处理由于城镇化建设带来的一系列环境问题。这种模式是一种相对平衡的模式，其城镇化发展速度比前一种较慢，但其生态环境不会像前一种发展模式发生严重的环境污染事件，这种发展模式是现代城镇化发展比较流行的一种模式。

(2) 原因及特点

中国目前的国情决定了只有走协调同步的发展模式才有未来。青岛是中国较为典型的城镇化与生态环境耦合协调发展模式的实行者。近几十年城市发展迅速，作为山东省最大的工业城市，在高速城镇化发展过程中，该城市具有较强的城镇化可持续发展能力得益于其合适的发展模式。首先是利用自身优势发展城镇化，青岛的发展除了工业之外，还有特色的海洋旅游、大量的港口业务，这都是结合自身地理优势做出的经济发展战略，这种具有特色的产业能够加强城市的综合竞争力，还能减少对生态环境的破坏。其次是品牌的效应，青岛有大量的全国知名品牌，如海信、青岛啤酒等，品牌的影响力是巨大的，对城镇化和经济的拉动也是不可预计的。再次，有效的环保政策，海洋是青岛水生资源库，青岛颁布的《青岛市海洋环境保护规定》主要针对海洋环境保护，并建立了市人民政府和具有相关监管职能的机构共同监管的团体，以督促该规定的顺利施行。最后，环保知识宣传到位，青岛的环保宣传分为两部分，主要分现实和网络，网络上主要是环保知识点阅，现实中方式较多，主要有环保宣讲、环保知识竞答比赛等，综合各方面，达成了青岛良好发展的现状。城镇化与生态环境良性互动的模式，适合中国的绝大部分的城市，适用这种发展模式的城市一般具有以下的特点：一是有自己的资源，现代社会新能源的发现替代了很大一部分的煤矿资源，但是原始的能源始终没有被完全替代，拥有自己的矿产资源，别人就无法卡住求发展的“脖子”，有利于自己的城镇化和经济发展。二是政府的政策支持和资金投入，现代社会，政府重视城镇化的发展，一般都会进行大量的资金支持，同时在政策上也会有相应的优惠政策，这在一定程度上缓解了企业一心求发展的急切心态，政府的优惠政策也导致部分企业比较愿意在政府的引导下发展。三是有一定的环保政策法规限制，生态环境的重要性已经众所周知，国家的《环境保护法》以及地方政府的相关环境法规，在一定程度上限制了“先发展，后治理”模式的进行，地方环保法规针对不同区域制定，具有较强的实效性和实用性。四是公民和政府的环保意识增强，政府环保法规的颁布一定程度上反映了政府环保意识的苏醒和加强，同时从侧面也表现了公民的环保意识的加强。

8.2.3　其他发展模式

综合前人的相关研究，生态环境关系到人类的可持续发展，但是单纯的“环境优先，发展靠边”的模式也是行不通的。单纯的环境治理优先策略需要环保资金的投入，而发展的落后决定了资金的不充足，从而进入“环境治理—经济落后—环境治理资金不足”的城镇化与生态环境发展的恶性循环。因此，其他的城镇化与生态环境耦合发展模式有两种：第一是强生态环境的城镇化发展模式，这种模式一开始，生态环境表现为优于城镇化发展水平，在保证环境保护力度的同时大力发展城镇化，待城镇化与生态环境基本处于同步协调发展时，再运用第二种发展模式发展。第二是弱生态环境的城镇化发展模式，由上一种发展模式同理可得，这种发展模式，一开始生态环境处于弱势地位，即处于过度的城镇化状态，该种模式应先保证城镇化发展速度的同时加大生态环境的保护力度，当两者实现同步时，再运用城镇化与生态环境发展同步进行的模式。这两种发展模式的思路都是先将城镇化与生态环境调整为基本协调发展，再实行同步发展。

8.3 基于城镇化与生态环境建设良性互动发展的实施策略

城镇化与生态环境建设的良性互动既得益于产业生态化的动力机制、基础设施建设的支撑机制，合理进行城镇规划的实体机制，同时又得益于生态创新的持续发展机制、培育社会文化的服务机制以及加强政策调控的政策机制。多种因素相互影响、相互制约，共同推进城镇化与生态环境建设的良性互动。

8.3.1 优化城镇空间布局，完善城镇基础设施建设

8.3.1.1 加强基础设施建设

完善的基础设施是城镇化发展的基础条件，基础设施水平的高低在一定程度上影响一个地区聚集资源的能力。近些年，随着城镇化的发展，人民生活水平的提高，农业基础设施建设的重要性日益凸显，黑龙江省的生活性基础设施满足不了城镇人口的需求，生产性基础设施和环境基础设施也明显处于不均衡的状态，基础设施供给不足的状态减弱了城镇的服务功能，却强化了城镇对生态环境的胁迫作用，阻碍了城镇化与生态环境的良性互动。此外，由于基础设施具有公共产品的特性，一般的企业和个人不愿意提供，应以政府提供为主，市场调节为辅，需要从整体上统筹各区域各部门基础设施的建设，发挥整体作用，推进城镇化和生态环境良性互动。

首先，加强水资源的综合利用设施建设。水是生态环境的构成要素，是国民经济和农业的命脉，是人类赖以生存的基本条件。加强水资源的利用，一方面可通过加强污水处理厂的建设、管道的维修和升级，提升生活中和工业中污水的处理。尤其是工业污水的处理和重复再利用，不仅可以提高水资

源的利用效率、降低水资源的消耗，还可以减少工业废水对环境的污染。另一方面要增强水的存储能力和涵养能力，重视水资源的科学利用。加强对屋面、绿地、路面的雨水收集与利用。除了进行雨水的收集，黑龙江省还可以利用自身优势，加强冰雪收集系统的建设。

其次要建设专门的固体垃圾回收站、高危固废处理厂和固定的垃圾填埋场，使其能够安全科学地被处理掉。还应借鉴国内外先进经验和做法，建立地下垃圾管道网络系统、引入气力输送系统，进行垃圾的分类收集与地下运输。垃圾气力运输系统只在北京奥运场馆和上海世博园、上海的“泰晤士小镇”和广州金沙洲等部分地区使用过，它是一个现代化的高效的固废收运系统。气力输送系统是一个完全封闭的系统，具有占地面积小、交通量少、清洁及时等特点，以空气作为它的运输动力，通过地下管道将固体废弃物运输到中央收集站。解决了传统固体垃圾处理中存在的问题，实现了生态环境的保护。

再次，加强供暖和用电建设。黑龙江省是中国最东北的城市，冬季寒冷，冬季取暖过程中会造成空气的污染，因此需要加大供暖公司的监管力度，通过提升燃料利用率及开发新的能源等方式来加大供热力度，减少环境污染；在用电方面通过太阳能、风能技术与绿色建筑的有机结合，提高发电效率；通过微电网的智能化管理与气象观测预报的结合，保证大电网和居民用电安全；通过绿色交通与储能调峰的结合，推动电动车和电动自行车发展，如电动垃圾车、多功能除冰扫雪车、多功能电动洒水车在城镇的使用。

最后，加强生态基础设施建设。加强生态基础设施建设，要加强污水处理、废弃物循环利用、绿地公园等城镇基本生态设施建设，在城镇总体规划布局的过程中，将基础生态设施建设列为优先规划对象，为城镇环境的净化、绿化、美化提供基本的设施支撑；进一步完善城镇区域内的生态基础设施体系。其实，如果将城镇与人类“个体”相比较，可以看出它们之间存在的极大的相似性，城镇的各个生态系统就好比是人体的器官，其中城镇的湿地资源就是它自身的净化系统，好比是人体的“肾脏”；而城镇的自然园林植被以及农林业等就好比是人体的“肺”；城镇的道路以及地表所存在的建筑物等就好比是人体的“皮”；城镇污染物处置区以及周边的辐射区、缓冲区等就好比是人体的“口”；城镇的交通、山水以及自然生态走廊就好比是人体的“脉络”。在建设这些基本的生态设施基础上，不仅要实现城镇本身

“肾”的活化、“肺”的绿化、“皮”的软化、“口”的净化、“脉络”的通达，还要在这个基础上进一步实现“肾”“肺”“皮”“口”“脉络”这些生态要素的有机整合，方能满足城镇自身发展所必需的生态要求。要加强对生态基础设施的科学化、市场化运营管理，保障公共服务质量，真正让生态设施发挥应有的社会经济价值。

8.3.1.2 合理进行城镇规划

科学合理地进行城镇化建设，对于城镇化发展与生态环境的良性互动具有重要意义，也能减少无序的城镇化发展对于生态环境所造成的不良影响。在城市规划所能控制的范围内，加强生态敏感地区空间管制，尤其是重要的水资源及自然保护区等。调整原有产业结构，转变能源掠夺式开发模式，发展新兴的低碳、生态产业，增加非农就业机会，减少农牧业过度发展。通过生态移民等手段，来调节人地矛盾，促进城镇合理布局及实现人口的有序集中，对已有的城区选择低冲击的城市发展模式，建设生态城市。

合理进行城镇规划应对不同区域的资源环境承载力、发展潜力以及现有开发密度等方面进行全面考察，实施不同的国土空间主体功能区规划方案，这样更有利于形成城镇空间布局的因地制宜、差异有序的特点。按开发方式划分为：优先开发区、重点开发区、限制开发区和禁止开发区。优先开发区域是指城镇化程度较高、人口聚集的密度较高并且经济发展水平比较发达的区域，但同时优先开发区的资源环境问题也相对较为突出。对优先开发区域，着力打造区域中心城市，带动城市群内部多城联动协同发展。对于这类优先开放区域，黑龙江省的省会城市哈尔滨市比较合适，应充分发挥其经济能力、开放程度、创新能力的优势以便跟国际接轨。与此同时，充分发挥优先开发区的地区优势，在保护环境的前提下减少能源消耗，在优化产业结构的基础上提高经济效益，不断提升国际竞争的地位和综合实力，为全国城镇化的顺利推进及其生态环境建设提供强有力的支撑和引领作用。在重点开发区域，优先选择中小城市发展道路。重点开发区域指开发密度还不高，但资源环境承载能力较好、经济水平较发达以及人口聚集条件较好的地区，这类地区主要承担着提供工业品和服务产品的功能。需要说明的是重点开发区域同样属于城市化地区，且属于工业城镇化较重点的地区，只是在开发强度和方式上不同于优先开发区域。重点开发区域要承担城镇化和工业化规模扩张的重任，例如，大庆市、双鸭山市等，中小城市既发挥了人口聚集地的接收功能，又同时承担缓解大城市人口和经济压力的重要任务。因此，重点开发区域适合选择中小城市发展道路。发展这类中小城市，必须要不断完善交通网络、通信网络以及基础生态设施的建设。在限制开发区域，优先选择中小城镇发展道路。限制开发区域主要是以农产品的供给为主，承担着全国人口粮食供给的重担，限制开发区之所以选择中小城镇发展模式是由其生态脆弱、资源环境承载能力较弱、经济发展条件不足以及人口聚集能力等条件决定的。限制性开发区的耕地较肥沃、规模较大，农业发展条件较深厚，承担着保障全国范围内农产品的安全供给的重任。如何增强农业生产综合力成了限制性开发区的首要任务，这便是限制无秩序的工业城镇化大规模建设的根本原因。“用科学的城镇规划优化区域结构和布局，合理引导城镇化发展的规模、速度、节奏，坚持保护优先、适度开发和点状开发的模式，引导超载人口逐步有序的转移，使限制开发区域逐步成为全国或区域性的重要生态功能区，推动城乡建设健康有序地发展”。因而，在限制开发区域选择中小城镇发展道路是最优选择，符合其社会定位。在禁止开发区域，建设别具一格的生态小城镇，禁止开发区域是有特殊价值的自然遗迹所在地和文化遗址，或有代表性的自然生态系统、珍稀濒危野生动植物物种的天然集中分布地等，提供生态产品是禁止性开发地区的主体功能。禁止开发区域体现了生态文明理念，划定了生态保护红线，对自然生态系统、文化遗址实行强制性的保护措施，符合新型城镇化人与自然和谐、传承文化的特征。在禁止开发区域内，要禁止大规模的城镇化建设和工业化发展，依托自身的生态自然优势，可以开展生态旅游等产业，保留特有的文化特色和原有的自然生态系统，实现新型城镇化与生态环境建设的协同发展。

黑龙江省城镇规划中要结合土地利用的生态适度性原则，在充分考虑黑龙江省人口、环境、经济状况的基础上，对居民区和产业区进行合理布局，避免产生因资源利用无效率所带来的生态环境退化现象。要根据黑龙江省的气候特点及功能区的布局，合理规划公用绿地，做好绿地及防护带的建设，发挥其美化环境、吸尘和减噪的作用。城市绿地是由防护绿地、公园绿地、生产绿地、附属绿地等相互作用、相互联系，且类别不同、规模不同的绿地共同构成的一个持久稳定的城市绿色环境体系。城市绿地是一个城市环境的

“绿肺”，是由一定质与量的绿地而形成的一个绿色有机整体。通过加强城市绿地规划和建设，充分发挥植被本身的净化作用，提升空气质量。对于维系交通安全、抗震防火、蓄水保土等方面也有重要意义。此外，应将重污染企业从居民区迁离，并处于城市的下风口，远离水源地，避免对居民的生活质量造成影响。对于卫星城的企业入驻应严格掌控，避免因眼前的利益而忽视长远的利益，对环境造成不可逆的影响。对于环境的区域性问题要从全局把握，加强与周边城镇的合作。

8.3.1.3 完善城镇化建设政策

黑龙江省新型城镇化建设的关键除了形成合理的城镇体系规划以外，还要为城镇化的发展创造完善的政策环境。黑龙江新城镇体系政策重点放在健全城镇体系，完善城市生态安全监测，健全相配套的扶持政策等方面，通过政策的实施促进黑龙江省城镇化的全方面发展。

(1) 健全城镇体系发展政策

黑龙江省城镇化进程中，大城市的发展虽然重要，但也不能忽视了中小城市和城镇的作用，但黑龙江省的大城市和中小城市和城镇在发展中存在失衡问题。因此，必须正确认识黑龙江省各级城镇结构和规模的发展规律，从而完善新型城镇体系发展的政策，要彻底改变目前黑龙江省大城市单一发展的格局。黑龙江省新型城镇化体系发展促进政策制定的重点是新型城镇化过程应注重大城市和小城市协同发展，以及中小城市和小城镇的健康全面发展。黑龙江省城镇体系发展政策，一方面应以城镇整体规划为先导，以推进旧城改造和新区开发为重点，通过政策的制定，形成以大城市为核心，辐射带动中小城市和特色小城镇的发展格局，实现各级城镇的层次化、网络化以及统一的发展体系，从而加速黑龙江省新型城镇化建设过程。另一方面，城镇化的发展政策要以“宜人”为核心，制定合理政策优化城市公共空间的建设，开通城际之间各种绿色交通渠道、完善公共服务基础设施。通过发展政策的完善，建成高度创新、高效率、辐射能力极强的中心城市，并且在城镇化过程中把整个城镇体系打造成科学、便捷、环保的客观空间环境和主观精神家园。

(2) 完善城市生态安全政策

随着黑龙江省城镇化的发展，城市建设项目和工业项目越来越多，或多或少会带来生态环境污染问题。因此，要根据产生的问题，找出源头解决问题，并且在日常也要加强对环境污染的监测力度，完善监测制度，制定严格的生态环境保护措施。同时针对不同的生态环境问题，做好全面的环境特性分析，预测环境质量的未来变化趋势，制定配套政策，严格控制污染途径。黑龙江省的相关生态环境保护政策不完善，在城镇化过程中忽视了生态环境建设，针对黑龙江省实际情况，应从以下几个方面完善相关政策：首先，黑龙江省地理位置处于中国最北部，冬季寒冷，需要供暖，会因此造成空气污染，要制定政策统一监管供暖公司，提升燃料利用率，对废气和废水的排放进行实时监测，取缔环保条件不达标的小锅炉的使用。其次，黑龙江省发展依托农业，每年的“烧荒”会造成严重的空气质量问题，通过制定相关政策，禁止村民烧荒，采取相应鼓励政策集思广益用更科学的方法解决残留秸秆问题。最后，完善垃圾治理的相关政策，要建设专门的固体垃圾回收站，并且对不同生活垃圾分类处理，增加高危固废处理厂和固定的垃圾填埋场，减少垃圾造成的生态环境污染。

(3) 健全相配套的扶持政策

国际上，发达国家注重大都市圈的发展，其在各国城镇化过程中主导地位日益显著，国内目前也建立了如珠三角、环渤海地区等大城市群，其在促进中国城镇化发展以及推动国民经济发展等方面起到了至关重要的作用。通过国内和国外的经验启示，黑龙江省城镇化体系建设发展的核心战略是发展具有核心竞争力城市群。黑龙江省新型城镇化体系发展制定政策必须适应城市群的整体规划和空间布局，健全相配套的扶持政策，从而带动社会各界资源参与黑龙江省新型城镇化体系的建设，并且注重新型城镇化体系建设中信息平台和投融资政策的创新，进而促进黑龙江省新型城镇化建设质量的提高。黑龙江省新型城镇化建设相配套的扶持政策不应总是处在改革状态，其不确定性会造成公民对政策信任度的下降，应是完善的、稳定的、系统的，并且是可持续的政策，进而实现居民的预期希望，解除后顾之忧。黑龙江省新型城镇化建设相配套的扶持政策，根据省内实际情况，重点明确发展目标和指导思想，从而进一步完善相配套的扶持政策，促进黑龙江省城镇化过程中各级城镇功能互补，共同繁荣，构建黑龙江省现代新型城镇化体系。

8.3.2 加强生态环境建设，提升生态环境承载力

8.3.2.1 加强生态创新

生态创新是生态城市建设的根本保障，包含生态技术创新、生态体制创新、生态观念创新等方面内容。为了促进城镇化建设与生态环境的良性互动，必须加大科研投入力度，不断提高生态创新能力。

(1) 生态技术创新

一方面进行清洁工艺创新，以减少环境污染为目标，来研发低成本和低物耗的工艺技术，另一方面研发可循环无污染的环保绿色的生态产品。在生态技术创新中应注重生态化技术创新水平的提高和成果产业化能力的转化。黑龙江省绿色交通体系的建设、雨水资源及冰雪资源的收集利用、新能源的开发使用（太阳能及太阳能技术、微电网及储能技术）、地下管网收集垃圾等都离不开技术的支持，因此黑龙江省应依托城市科技资源，以市场为导向，重点抓产学研的合作与交流，构建全社会的公共参与的研发平台，进行生态技术创新。借助高科技来减少污染物的排放及成本的降低，实现经济与生态效益的统一，既符合可持续发展的要求，也为绿色发展和循环提供强有力支撑。

(2) 生态体制和机制创新

加强生态体制创新，高效可行的政策制度体系，有助于城镇化的绿色可持续的发展。生态体制的创新，要求政府在政治意识和管理等方面进行转型，不仅要建立一套合理有效的政策体制，还应将政治体制和管理体制纳入以生态为导向的管理范畴。生态体制创新可以推进生产和消费模式的创新，对于企业和个人也起到示范的作用。在完善生态基础制度的同时，也要依据基本制度制定灵活、可操作的生态创新机制，确保与城镇建设相关的各项生态制度得到落实和改善。这主要包括三个方面：生态决策机制、生态管理机制和生态考核评价机制。一是生态决策机制。生态决策直接影响着城镇化与生态文明建设的状况。学术界人士认为，政策是否具有科学性直接影响着社会对自然生态的作用效果，法令决策的误导则会给环境带来损害。因此，加快促进政府生态决策的科学化，保证决策的科学性和创新性是当前必须采取的有力对策。二是生态管理机制。优化环保管理体制机制，适当扩展环保部

门的职权，统筹环保管理的职权分配，避免“九龙治水”的管理局面。结合实际有序地将地方环保部门从同级人民政府独立出来，实行环境保护职能部门的垂直管理，最大程度减少地方保护主义对环保工作的不利影响。三是生态考核评价机制。政绩考核是激发各级政府官员工作能力的重要动力支撑，传统城镇化多以GDP为代表的经济指标作为考核评价的侧重点。实现城镇化与生态环境建设的良性互动及协调发展，重点是对经济社会发展考核评价体系进行完善，把环境损害、资源消耗、生态效益等体现生态环境建设状况的指标纳入经济社会发展评价体系，使之成为城镇化推进过程中，保证生态环境建设的重要导向和约束。也就是要把生态环境保护、生态文明建设等内容纳入官员政绩考核范围，体现在考核的目标、标准、方法和结构中，并把考核结果作为官员任免、奖惩、提升的重要依据，将权力关进制度的笼子中，为城镇化与生态文明建设良性互动模式提供有力保障。

(3) 生态观念创新

生态观念创新强调人与自然平等，摒弃过去以人类主宰自然的观念。注重人的环保意识，重视生态效应，强调人的价值观、生活观、社会观及消费观的持续性，应与生态环境的利益紧密相连。提高民众的生态环境保护意识不仅仅是政府和企业的责任，作为社会大众中的个人也是有着非常重要的责任。很多人对于生态环境与自身关系的认知无非就只有两点，一是认为自己对于生态环境保护的作用有限，多自己一个不多，少自己一个不少。二是认为生态环境离自己生活还是比较遥远，和自己关系并不大，还有许多人随意丢弃生活垃圾，认为这些垃圾丢弃与否对于生态环境影响不大，也不会影响到自己的生活。如果每个人都抱着这种观点的话，那么生态环境必然会继续恶化。所以应该加大对于环境保护的宣传力度，让人们意识到生态环境和每个人的密切相关性，提高人们保护生态环境的意识。可以通过以下的渠道来加强人们的环保理念。要引导人们正确的消费观念，拒绝高污染产品，如塑料袋、煤炭等，选择绿色产品，鼓励人们理性消费，拒绝资源的浪费。将生态环境单独列为一门学科纳入中小学学生教育中去。他们是祖国的未来，民族的希望，只有从小增强其对于生态环境保护的意识，使得生态保护观念在其思想中根深蒂固，才能在未来真正地主动去保护生态环境。加大相邻区域之间的联合行动，坚持“天是同一片天，地是同一片地”的观念，相互扶持，共同发展。而不是各扫门前雪，只顾本地区的生态环境质量的提高，而不在意相邻地区的污染问题，特别是在富裕区域与贫困区域之间，更应该坚持相互合作的发展理念，为提高生态环境的质量而共同努力。

8.3.2.2 培育社会文化

人是城镇生态环境的设计者、建设者和管理者，人的行为会对城市环境的生态产生重要影响。虽然居民的环保意识已有较大提升，但是这种环保意识并未根植于居民的内心，并未自动融入生活生产中，成为人们的自觉行为。因此，应广泛开展多种形式的循环经济宣传和教育活动，普及和提高广大居民的生态环境保护意识，使人们自觉主动进行环境保护，这也是城镇建设与生态环境良性互动的迫切要求。文化是城镇发展的根和魂，是城镇发展进步的最深层次的体现。实现城镇化与生态文明建设的协调发展，需要积极培育生态文化，营造活跃健康的生态文化氛围。文化在一定的自然环境中形成，形成的文化又反作用于自然环境，以各种方式影响着孕育自身的自然环境。工业文化以人类为中心，以机械世界观来认识和征服自然，以物质消费最大化为特征，正是这种工业文化成为生态危机的文化根源。要彻底转变传统发展方式，必须反思、扬弃工业文化，推动文化价值理念变革，实现人类文化的生态转型。正如生态学家唐纳德·沃斯特所言：实质上，应将生态危机的产生归因于人类现有的文化系统，所以，想要解除生态环境危机，那就不得不去全面地认识人类文化对于自然生态的影响，而不是归罪于生态机制本身。而生态文化就是指人类在追求人与自然和谐发展的过程中形成的一切物质、思想、方法、制度等方面的成果总和，它首要强调的是人与自然的平等关系，以辩证的世界观来认识自然、改造自然，以适度、合理的原则作为人类生存需要的价值追求。生态文化理念的确立实质上是对传统工业理念文化的反思，是人类在与自然环境相互作用的过程中积累和形成的知识、经验总和。

一是借助媒体和相关部门进行广泛宣传。首先，宣传时要结合黑龙江省的资源情况及环境污染情况，宣传生态环境保护的意义，宣传法律、政府政策，提高企业和个人对于清洁生产、循环经济以及可持续发展的认识。通过对比黑龙江省与其他省份，甚至其他国家的环境污染情况及生态保护的举措来寻找差距，进行改革，实现生态环境的可持续发展。其次，实行生态环境信息的公开化，加强居民和媒体对于生态环境污染的外部监督，促进全社会成员的关注、参与支持。既增强了公众的主人翁意识，也加强了政府的忧患意识和责任意识。通过政府的引导，对于污染和浪费行为要及时曝光和惩罚，对于节约资源、保护环境的行为要进行表扬和奖励。党的十九大报告十分强调生态文明理念的重要性，向全世界发出了中国建设生态文明的庄严承诺。要树立健康、文明的生活方式，把集约、智能、绿色、低碳理念贯彻到城镇化的过程与行动上，关键是要改变人的观念和行为。首先，加强生态文明意识的宣传教育，提升公民的生态保护意识。目前新型城镇化进程中，生态意识教育不应该仅仅局限在学校、社区，还应该扩展到企业和政府部门；生态意识的教育对象不仅仅局限于学生、居民，还应该扩大到企业员工、政府工作人员和一批进城务工人员等。加强生态文明意识宣传教育的途径：组织多种多样的生态专题活动，对居民、企业进行生态意识宣传和教育。同样可以把生态环保实践活动在学校开展，调整学校生态课程设置。在继续沿用报纸杂志等传统媒介宣传外，要充分挖掘新媒体平台的使用价值，开设专门的城市环保微信公众号和官方微博，充分利用传统媒体与新媒体的结合加强对环境信息的公布，不同年龄阶段的公民都能接触和了解。定期或不定期举办生态专题培训会，聘请有关生态环境保护的专家学者，对政府机关单位工作人员和企业管理者进行生态保护的教育。环保部门和非政府环保机构可以进入学校和企业，对广大在校生和企业员工实施生态教育和宣传，尤其对城乡接合部和农村，要加大环保宣传和教育的力度。加强硬件设施来强化生态文化教育，在自然博物馆和科技馆中设置有关生态环境和自然发展的项目，将生态环保意识深深植入公众心中。通过上述教育途径，把生态国情教育、生态消费精神和生态法制等内容不断融入公民生态意识教育中，进而提高其生态意识水平。

二是深入开展绿色家庭、绿色企业和绿色学校等绿色活动，普及生态科学、生态美学、生态哲学，营造绿色环保的生态文化氛围，倡导居民绿色消费和绿色出行，进而推进循环节约型城镇化的发展。改变城市的自生为共生，克服企业经营管理活动中存在的短期性、盲目性和片面性，从根本上提高城镇的自动调节能力，建立人与自然和谐发展的生态城镇。生态价值观是人与自然和谐的价值观念。随着全球化的深入发展，我国公民深受西方物质主义和享乐主义的影响。因而，在当前的新型城镇化进程中，应提倡绿色的生活方式，培育公民养成健康、节约的消费方式，使消费与物质生产发展水平相适应，从而树立公民正确的生态价值取向，这是至关重要的环节。首先，倡导绿色消费，培养绿色消费模式。绿色消费一方面反映了社会与环境协调发展的趋势，实现了消费的可持续性，另一方面对生态环境也起到了保护作用，符合生态文明价值观的本质要求，是生态文明建设的必然选择。绿色消费模式以绿色、自然、和谐、健康为宗旨，体现了生态价值观念的要求。在新型城镇化进程中，应该积极遵循文明、节约、绿色、低碳的消费理念，构建符合黑龙江省城镇发展需要的绿色消费模式。近几年我国城市大面积的推广代步自行车和能源汽车，因此，黑龙江省政府要倡导公民出行时多使用低碳交通工具或公共交通工具；购买使用节能节水产品、节能环保型汽车，大力倡导节能减排产品的使用；购买和使用健康、无污染的环保产品。其次，加强全民的生态文明教育活动，培育公众生态价值观。这就需要建立完善的生态文明和生态道德的教育机制，深入开展绿色学校、绿色社区、绿色企业、绿色家庭的创建活动，强化从家庭—学校—社会的全方位生态教育体系，不断引导全国公民转变思想观念和生产生活方式，培育正确、循环、共有的生态价值观。

8.3.2.3 加强政策调控

城镇作为一个地区政治、经济、文化中心，有着完善的基础设施和服务，良好的就业机会，这些先天性优势都会吸引着大量农村劳动力来城镇就业和定居。所以随着城镇化进行，城镇人口的比重会越来越大，各种社会和生态环境的问题也逐渐凸显出来。这些问题仅仅依靠市场机制是很难来进行解决的，因为生态环境属于一种公共资源，如果对于这种资源的使用不需要付出任何代价的话，那么就必然会有组织或个人受利益的驱动，不考虑生态环境的问题而大量开采资源和排放污染物，就有可能造成资源浪费和环境污染，这种现象在经济学中又被称为市场失灵现象。所以解决这种问题就不能仅仅依靠市场机制来进行，政府作为一个地区的宏观调控者，就需要对于这种情况进行干预，通过制定各种环境保护政策和相关的法律法规，将生态环境这一公共资源的产权进行界定，即任何人或组织集体使用这一公共资源并且造成了破坏，那么就要因此付出代价，从而通过市场调节和政府宏观调控手段结合起来，降低对于生态环境的破坏。特别是对于重污染行业企业，这类行业企业通常具有高产值和高污染特点，因为这类行业可以大幅提高一个地区经济生产总值，提高一个地区的城镇化进程，所以很多地方政府因为这一点而对于这类企业的生产活动并不加以限制。但由于这也是导致一个地区生态环境质量恶化的主要原因，因此对于这类行业企业应该重点予以关注，规定其使用绿色的生产技术，降低环境成本。如果达不到这一点，就要加大处罚力度，令其倒闭或迁移出本地区。尤其是对于黑龙江省这样生态环境比较脆弱的地区，一旦遭到破坏，就很难恢复，所以应该加大对于这类企业的环境规制力度。建立一支专门保护生态环境的巡查队，对于城市中的比较严重的生态环境破坏现象及时发现，并依此制定相关的法律法规，对这种行为进行惩处，从法律角度让生态环境破坏者付出代价。从技术的角度，在全省范围内建立关于生态环境质量测评系统，当某个地区出现严重的生态环境问题时，能够及时地察觉。

合理的政策可以有效地弥补市场失灵，进而促进资源的有效配置，并且相对于道德约束来说具有强制性和实效性，在不同程度上影响着城镇化的进程与生态环境的建设和保护。首先，建立城市环保组织机构。由于城镇化建设与生态环境保护出现的矛盾不能在短时间内得到完全协调，因此需要一定的组织来进行协调，制定行动纲领，建立考核制度，推广生态环境城市的建设。其次，建立城市环境保护利益分享和利益补偿机制，实现城镇化过程中生态环境外部效应内部化。进行投资体制的改革，建立谁投资谁收益、谁污染谁承担的环境产权明晰的利益机制，建立资源有偿使用制度，实现资源的有偿利用，对不同的资源赋予不同的价格，借助价格因子进行资源开发利用及环境的有效保护。通过利益分享机制和利用补偿机制调动成员的积极性、主动性。最后，实行绿色经济制度，通过激励与约束制度促进城镇化与生态环境的良性互动。在绿色经济制度中将自然资源与生态环境都纳入经济行为的绩效考核中，通过绿色生产等绿色约束制度来实现生产和交换等经济领域生态资源的有效配置，绿色财政制度等激励制度的安排不仅能对资源的利用、环境的保护提供制度保障，还有利于提升环保意识。通过激励和约束两个方面的相互作用，实现城镇化和生态环境的协调发展。

8.3.2.4 加强环境保护和治理，完善环境制度保障

(1) 完善立法制度

实施生态建设的保护机制、立法制度的建设和完善有助于进一步保障有关生态环境治理机制的有效实施，在法律制度的强制作用下，保障人类的生存要素转化为生产要素，进一步实现对生态环境的利用和保护。因此，要实现良好的城镇生态文明建设，促进城镇化建设与生态环境建设的协同发展，实现人与自然的和谐发展，务必将“生态环境保护”作为一项重要因素纳入制度建设的考虑范围之内。通过完善有关城镇生态环境建设的评价制度和法律制度，进一步保障生态城镇的生态环境治理机制。众所周知，法律具有强制性作用，“生态法律制度作为生态环境保护的最后一道屏障，其内容的健全程度影响着生态环境建设的实现效果，越完善则实现效果越好，反之则更差”，完善的法律制度能够从政府和国家层面强制性地保障城镇生态文明建设的顺利进行。目前，以《环境保护法》为母本，衍生出了无数个具体的法律制度，已初步形成了一个多层次、体系较为完整的环境法律体系，为保护和改善环境，推进生态环境建设为目标，但仍然不可避免地存在立法有空白、规定不明确、规范之间有冲突等不完善的地方。因此，除对已有的法律制度进行积极完善的调整外，还需从以下几个方面推进：首先，不断完善城镇水环境治理法律、大气污染防治制度、固体废弃物污染防治制度、城市噪声污染防治制度、清洁生产制度等所有与城镇生产、生活息息相关的环保法律、法规，充分做到城镇生态文明建设有法可依，为环境治理提供法律依据。其次，资源有偿使用制度和生态补偿机制作为不可或缺的环保制度，应该尽早建立健全其制度体系，从法律层面明确界定生态补偿的主体与客体，明确各方的责任与义务以及补偿标准。有学者提出了惩罚性赔偿金的替代执行制度在环境侵权案件中的运用，解决了金钱赔偿执行不力的问题，也能更好地达到惩罚与教育相结合的目的，符合生态修复的环境司法理念。再次，不断完善生态环境建设应急法律制度，目前中国城镇化加速发展时期，各种由于人为活动和自然灾害引发的环境风险不断加剧，突发事件的诱因更加复杂，面对这种情况，建设具有中国特色环境应急管理体系，妥善应对生态安全事故等突发事件就更显迫切。

黑龙江省应从三个方面完善相关法律法规，首先，制定生态农业林业等方面的条例。要制定生态农业、林业发展的基本方针，采取鼓励政策，促进传统农业、林业向生态方向的转变；实施优惠政策，确认发展生态农业、林业的模式；加大立法力度，在城镇化推进过程中，逐步完成农业、林业产业结构和生产方式与生态环境良性互动，大力发展生态产业，减少传统产业对生态环境污染，从而保护环境，利用生态环境进一步促进产业发展，使得农业、林业等产业与生态环境协调发展。其次，制定生物多样性保护条例。黑龙江省由于位置原因，森林、平原、河流等生态环境相对复杂，且生物种类繁多，但由于城镇化的推进，导致生态环境遭到破坏，使得野生动植物中的珍稀物种不断地减少，加之，政策法规的不完善，使得许多违法行为屡禁不止。因此，为了保护生物的多样性，应建立一部综合全面的生物多样性立法，虽然黑龙江省已经制定了相关法规，但其涵盖范围比较小，不能全面保护生物的多样性，通过完善法规，扩大保护范围，使其对黑龙江省内的生物都加以法律保护，促进城镇化与生态环境的协调发展。最后，制定生态工业园区保护条例。黑龙江省城镇化过程中的生态工业园区作为重点建设项目，出台了一些相关法律法规，但欠缺地方性法规。生态工业园区对其工业园区的物流和能量流的设计是通过模拟自然生态系统完成的，对城镇化的推进起到了至关重要的作用，也是企业之间实现循环经济的重要途径。制定生态工业园区保护条例，包括对于加强投融资机制建设以及构建和谐的产业链等相关条例，从而保证生态工业园区的稳定和可持续发展。

(2) 完善公众参与机制，优化生态城镇的治理

公众参与生态城镇的环境治理，体现了以人为本的生态文明理念。让公众参与到城镇生态环境建设中来，完善并建立公众参与机制，完善的公众参与机制能保障其参与的渠道，维护其参与的积极性。政府领导、公众参与、社会协同的社会治理机制，对维护社会稳定、提升政府公信度、推动经济发展发挥了重要作用。当前，黑龙江省可采取以下形式构建公众参与的机制。首先，建立公民对环保机构和生态环境有效的监督机制。通过新媒体搭建监督平台，不断完善环保的信息公开制度，使公众能够及时有效地反映情况，提出建议，从而保障公民的有效参与。其次，建立畅通的生态诉讼机制。生态诉讼机制不仅可以赋予公众对破坏环境的行为提起诉讼的正当权利，能够有力地打击破坏城镇生态环境的行为，也能对政府、企业的行为起到一定的监督作用。“对于涉及专业性的环保问题和较为复杂性的环保问题，公众参与完善专家咨询制度，对生态犯罪的相关知识，为公众参与提供专家咨询，更有利于公众参与的有效实现”。最后，扩宽公众参与的方式和渠道。非政府生态组织是当前最有潜力的公众参与渠道，实现了与政府职能的互补。发展环保 NGO 可以弥补公共决策体制在民主方面的缺陷，比政府更容易调动公共参与环保的积极性和主动性。

（3）加强监管制度，提升生态城镇的管理能力

过去城镇化进程中政府监管制度出现越位、错位和缺位的现象，针对这种情况，党的十九大提出了改革生态环境监管体制的主要思路和具体任务。报告中要求政府充分发挥积极作用，改变传统 GDP 指标的管理观念，推动建立政企和公众的良性互动、互促共治的新机制。一方面，增强政府对城镇生态环境建设的监督机制。增强政府的监督机制不仅有助于提高对城镇生态环境的管理水平，而且提高了其环保执行能力。增强政府对城镇生态环境建设的监督机制，应当充分运用行政手段、经济手段以及法律手段进行综合的监管和调节。另一方面，强化环保部门对城镇生态环境建设的监管力度。环保部门的职责是负责指导、协调、监督各类环境保护和管理。过去在中国城镇化中，政府经常因片面追求经济业绩指标，而忽视环保部门执法工作的重要性，经常对执法工作进行强制性干预，结果是环保部门不能对城镇化中破坏环境的行为实施独立的处理。针对过去环境执法职能交叉、执法主体分散、多头执法等问题，应对生态建设进行有效的监督。首先，黑龙江省应深化、细化党的十八大和党的十九大提出的相关制度，在 2015 年实施新的《环境保护法》中，即使增添了一些环境监管方面的制度，比如环境淘汰制度、环境风险评估制度等，但仍需根据黑龙江省实际情况进一步的细化。其次，应当对环境监管部门的职能加以细化和明确，对上下级间的事权和执法职能要进行合理划分，实现职责和责任的独立性；构建具体有效的环境保护综合执法体制，从而减少各级部门间的相互推诿、交叉管理和行政不作为现象。最后，环保部门要建立健全信息公开系统，把环保信息及时上传并公开细节，不仅保证基层环保主管部门与上级监督中心之间的信息通畅，而且充分调动了广大市民参与环保的积极性，从而提高行政效率。

8.3.3　转变经济发展方式，优化地区产业结构

8.3.3.1　实行产业生态化

实行产业生态化应从三大传统产业入手，在遵循减量化、再循环、再使用、再回收的原则下，加速产业改造，实现“资源—产品—再生资源”的反馈式流程，实现城镇化与生态环境建设的良性互动发展。不同的产业对自然资源和生态环境影响不同，因此，现阶段黑龙江省城镇化与生态环境良性互动发展要着重促进产业结构生态转型，促进经济增长向依靠一二三产业协同带动转变，提升以高端产业和现代服务业为代表的第三产业的带动力和驱动力，并在此基础上完成产业结构生态转型。一是促进工业生态转型。以市场为导向，以企业、工业园区为主体，以提高科技水平为依托，把工业生产组织成为一个“资源—产品—再生资源”的循环流程，实现“低资源消耗、低能源消耗、低碳排放、高发展效益”的生态经济发展模式，最大限度地利用资源，提高其使用效率。二是促进农业生态转型。首先，在坚持市场为先导的基础上，发展生态农业。改良农业基础设施，促进农业产业结构的整合升级，积极发展具有高科技、高效率、富有竞争力的农副业以及加工业，培育具有市场竞争力的农业产业品牌。其次，不断提高农业的可持续发展能力。主要通过对农业资源的合理运用与保护，以实现农业经济发展和环境保护的良性互动。三是促进服务业生态转型。促进以服务业为主的第三产业生态转型，必须以提高资源利用效率为核心，加快传统服务业的生态改造，积极发展以绿色物流业、生态旅游业、绿色餐饮等新兴服务业，优化生态服务业产业结构，增强生态服务业的竞争能力。四是促进科技创新生态转型。科技创新是实现经济生态化的强大动力。但是，不可否认，科学技术在创造着巨大的社会财富的同时，也会造成生态环境问题的出现及恶化。生态学家康芒纳曾认为：新科学是造成环境与经济之间关系冲突的重要推手。所以，实现城镇化与生态文明建设协调发展，必须大力推动绿色科技创新，加强污染防治、资源节约、绿色生产等领域的科技创新，培育绿色科技创新能力，使其实现与环境科技需求的和谐发展。通过三个产业的协调发展以实现经济的可持续发展与生态环境的良性互动。

(1) 发展循环型农业

农业现代化和城镇化建设是相互促进、相互依托的，协调好二者的关系

是一项巨大的任务，单就城镇化过程中产生的生态问题而言，一方面，城镇化建设过程中，黑龙江省受当地资金、布局规划、经济发展实力、地方保护势力的影响，往往忽视环境保护和污染治理，一些地方、一些企业只注重经济利益，轻视生态利益和社会利益，资源滥用、污水乱排等各种现象日益凸显，使农业现代化的发展进程受到制约。另一方面，农业现代化过程中忽视环境保护，农业生产对生态环境的影响愈发严重，化肥农药过度使用，污水排入地下水，畜禽养殖业和农村生产生活垃圾污染现象特别严重。因此必须加快发展农业现代化，促进新型城镇化建设。发展农业现代化要做到以下几点：首先，要走持续农业道路。持续农业的概念是 20 世纪 80 年代提出的，所谓持续农业，目前国际社会较为普遍认可的含义是：持续农业是一种“减少生态环境污染、利用先进技术、有利于社会经济发展”的农业。也就是农业、技术、经济、生态环境相互促进和共同发展。因此，在城镇化过程中，开发农业时必须尊重自然，实施利用耕地耕作机制和免耕技术，采用并推广耕地免耕、休耕、少耕、垄作免耕等技术模式等，以此实现可持续性耕作，减少在城镇化过程对农业开发的破坏及环境的污染。其次，改变不合理的耕地使用和管理方式，建立有利于耕地保护的农业制度。耕地的过度开发以及化肥、农药的盲目使用，与农业生产的条块分割、小面积经营有着直接关系。因此，改善耕地生态要素之间的关系，恢复耕地生态平衡，只能从扩大农业耕作规模做起。2013 年 1 月 31 号，中央 1 号文件正式对外公布，在农业农村工作目标中强调了国家政策将向集约化生产经营主体倾斜，加大对联户经营、家庭农场、农民合作社等的扶持力度。据此，采取的措施是：把土地集中起来，走集约化经营道路；科学管理，建立高标准、机械化的农田，以保护耕地，提高耕地综合生产能力为目标；大面积的耕地按照轮耕、轮休原则组织生产，不仅能够有效增加耕地面积，也能保证耕地的营养成分。通过培育绿色耕地、生态耕地，实现农业生产的可持续发展渠道，更重要的是能为新型城镇化发展提供产业支撑。包括要加大政府政策对农业产业的扶持力度，支持农产品加工、流通和生产性服务业发展；现代农业也可以结合农村原始生态面貌、生态资源优势、乡村文化等发展乡村旅游业，围绕乡村旅游业发展服务业、文化、交通、饮食等行业，促进一二三产业高度聚集，使其能够向优势产区、核心产区聚集，积极探索以第一产业为主，二三产业共同发展的“一业为主、多元发展、各具特色”的产业集群，形成产业链，推动农村小城镇的兴起和发展。再次，要加快完善现代农业产业体系。完善的农业产业体系能够增加农民增收，黑龙江省是中国的农业大省，拥有大片的耕地，资源条件优越。但是由于资源的利用效率不高、生态意识弱化等问题，在中国城镇化的建设过程中出现了资源配置效率低下与环境污染等问题，要想从根本上解决这一问题，必须要发展循环型农业。发展循环型农业包括产业内循环、产业间循环以及农业共循环三个层次，通过循环农业的发展可以从根本上保护农村生态环境、提高资源使用效率。最后，转变政府职能，明确政府在城镇化过程中的角色。在很多关于政府职能、政府公共服务作用、政府在市场中的作用等经济理论中，大多数人都持政府作为参与者主要起辅助作用的观点，但在新型城镇化过程中，发展农业现代化的时代，政府需要转变角色，既然拥有明确的权利，就要担负主导责任、承担相应的领导责任。在传统的市场经济条件下，企业是以盈利为目的的，单方面要求企业自愿的减排是不现实的，而且事实也证明这种效果不佳，但生态环境日益恶化对这种当前城镇化发展模式提出质疑，以及面对全球生态环境恶化和自然灾害带来的威胁，政府必须改被动为主动，从管理体制、法律法规、经济政策、技术研发和标准等各个方面强制推动。例如，为保障持续农业新技术的推广和应用，政府就必须增加资金投入支持，以维持研发活动正常开展，制定相关优惠政策措施，鼓励政府、农民个人、企业都积极参与其中，以保证制度顺利实施。

循环农业发展模式的借鉴：首先是稻米养鸭模式的循环。黑龙江省是我国重要的水稻产区之一，虽然在五常市、绥滨县等地区实施了稻田养鸭模式，但是并没有大范围的推广。稻田养鸭，不仅可以解决鸭粪污染的问题，还可利用鸭粪肥田，通过鸭子活动产生的耕浑水效果，刺激水稻生长。同时鸭子还能将叶片上的虫子和虫卵一并吃掉，达到除虫的效果，也减少了农药、化肥等生产资料的减量化使用，甚至是不使用。稻田养鸭模式生产出来的大米是无公害大米，生产出来的鸭子野味浓郁，既保护了生态环境也实现了农民的增收。其次是秸秆综合利用模式。黑龙江省拥有广阔的耕地，每年的“烧荒”一直是空气质量的“杀手”之一，中国卫星环保应用中心对 2016 年 10 月份整月秸秆焚烧火点监控显示，全国秸秆焚烧火点 1 095 个，其中黑龙江省就占了 702 个，占全国焚烧火点 60%以上，是全国火点个数与强度最强的省市。因此应借鉴经验，采用科学的方法解决残留秸秆等问题，加强理论学习，加大环保知识的宣传力度。秸秆综合利用主要方式包括秸秆肥料化、秸秆饲料化、秸秆原料化和秸秆能源化。具体做法：一是通过直接还田、堆沤还田和过腹还田的方式实现秸秆的肥料化，秸秆中含有大量的氮磷钾等元素，通过秸秆还田会提高土地中这些元素的含量，尤其是钾元素的含量，钾是农作物生长前期的重要养分，会促进农作物的生长。农作物吸收了土壤中的钾元素，又通过秸秆还田的方式将钾元素归还土壤中，实现了土壤中钾元素的循环利用。二是将玉米、花生、地瓜等秸秆通过青贮、微贮、氨化等方式处理生产出便于牲畜消化吸收的饲料，实现秸秆的饲料化；此外，还可利用秸秆作为原料，实现秸秆的原料化及再利用，或者将其作为生产沼气的原料实现秸秆的能源化。三是农业减量化生产模式。以循环经济的减量化原则为特征，提倡精确播种和精确收获、提高水的利用率、科学套夹种提高耕地利用率。具体来说，开展测土配方施肥试点，提高肥料使用效率，推广精准施肥新技术，促进农民节本增收的同时也减轻环境污染；减少化学农药的使用，用生物农药替代化学农药，加强对有害生物的生物治理；发展节水农业，提高水资源的使用效率。资源的减量化生产是调整和优化农业产业结构和推动农业经济持续增长的有效路径。推动循环农业发展的建议：在农业产业化发展方面，发挥规模效应，将产业化发展作为循环农业发展的方向。规模化经营和市场化运作是实现农业经济循环的重要保证。原有农户独立分散式经营模式不再适应循环农业的发展要求，应合理组织原材料供应、产品制造及销售，实现规模化和集约化的经营。积极鼓励和引导各类产业资本和不同所有制企业参与循环农业产业化经营，大力发展深加工业和现代物流业。进一步加大龙头企业扶持力度，发挥循环农业产业化龙头企业的示范效应与带动作用。同时注重产业链的延伸，拓展农业产业化空间，实现资源的再利用和农业的清洁生产。重点关注农业产业循环链的内部延伸和产业的联动。农业空间的拓展是农村经济持续增长，农民增收的源泉，也是发展循环农业的切入点。

在农业资源利用方面，农业生产中重视成本的节约，从节水、节能、节地和节劳等方面减少资源的投入，提升资源的使用效率。特别是需要对水资源进行控制，农业本身就属于高耗水的产业，水稻是黑龙江省主产的农作物之一，水稻作物的耗水量更是高于其他的农作物，因此在水稻的种植过程中要注重水资源的利用，通过硬化渠道、地膜下灌溉、喷灌等技术方法，提高水资源的使用效率，实现用水减量。此外，还可以以酶工程和细胞工程为基础，通过基因工程的综合利用来发展"白色农业"，发展微生物工程科学，实现节水、节土及资源的循环利用。在农业废弃物处理方面，实行资源化综合利用。将种植业生产中所积累的生物资源进行全程化的综合利用。一是畜禽粪便的资源化利用。通过稻米养鸭等模式，利用畜禽的排泄物肥田，或是进行厌氧发酵生产沼气，为生产生活提供能源。同时沼渣和沼液又是很好的有机饲料和肥料。将畜禽排泄物通过一定的技术处理实现资源化，在种植业、养殖业之间进行循环利用，是农业可持续发展的重要保证。二是秸秆再利用。秸秆的再利用可减少黑龙江省地区焚烧秸秆所造成的环境污染，改善生态环境。一方面，因地制宜，实现秸秆还田。将农作物秸秆中丰富的营养元素，如氮、磷、钾、钙、镁等通过秸秆还田的方式，归还土壤，提高土壤的肥力，也可以减少化肥的使用。另一方面，通过发展沼气工程实现秸秆的再利用。秸秆能源化所生产的沼气，它的热能利用率比直接燃烧秸秆所获得的热能要高很多，在提高资源利用的同时也减缓了黑龙江省秸秆焚烧造成的污染问题。最后，进行秸秆的深加工。玉米秸秆、大豆秸秆、水稻秸秆和小麦等秸秆是黑龙江地区的主要秸秆类型，结合不同类型的秸秆进行秸秆的深加工，可将玉米和水稻秸秆深加工成青贮饲料，将大豆和小麦秸秆加工成蛋白饲料用于畜牧业的发展，大力发展绿色食品生产，提高农产品的质量。随着经济发展，生活水平的提高，居民越来越重视绿色、环保食品的消费，粮食供给结构与市场需求结构脱节。因此，应建立以经营绿色食品的产加销为轴心的，包含生态环境建设在内的"绿色农业工程"。对短期及长期发展绿色农业进行合理的规划，以提高产品质量为主要目标，推进绿色食品的生产及绿色农业产业的稳步发展。此外，黑龙江省林业资源非常丰富，可以发展以山林为中心的生态农业园区，通过种植蘑菇、木耳等经济作物，以及放养家禽等的方式实现农业资源的综合利用，实现经济效应和生态效应的统一。

农业生态化发展路径分析：首先，构建生态农业旅游区。黑龙江省拥有得天独厚的旅游业发展优势，具有特色的生态资源和人文自然风情，所以，黑龙江省应充分利用这一优势，抓住旅游业发展的契机，从保护自然生态环境的角度出发，优化农业种植结构，把旅游业与农业结合起来，发展观光农业旅游，构建生态农业旅游区，建立新型的农业经营模式，实现第一产业与第三产业的相互促进发展。主要包括两个方面：一是建设农业观光园，它是构建循环型农业的重要举措，是旅游业向传统农业的延伸，优化农业产业结构，使农业生产过程具有观赏性、景观性及文化性，使都市人亲自参与到农业生产过程中，体验农耕乐趣的同时达到保护自然生态环境的目的。二是建设民俗风情休闲观光园，黑龙江省应充分发挥地域特色，开发民俗风情，建农家小院、吃农家饭，感受乡土之趣。其次，推广特色农业模式。黑龙江省要转变传统的农业发展模式，就要以先进的科学技术为支撑，推广特色的农业模式，发展“高产、高质、高效”的生态农业，提高农业生产力。这种模式的推广，主要从三个方面展开，第一，增强生产者与消费者的生态意识和绿色观念，增强公众的生态环境保护意识。尤其在相对落后的农村，许多农村干部及群众对绿色特色食品了解甚少，更不了解其经济效益及环保效益。增强当地干部及群众的环保观念显得尤为重要。第二，积极打造知名品牌，形成现代品牌观念。黑龙江省许多绿色特色产品企业品牌不响，市场优势不明显，品牌过多、过滥，没有好的品牌，优势特色不突出，产品质量优劣不一。现阶段，黑龙江省有“绿色商标”的品牌就有 40 多个，如全脂奶粉就有完达山、大庆等十几种商标；大豆、小麦、玉米等也有 10 多种品牌。因此，针对这一状况，黑龙江省应提高产品质量，打造知名品牌，增强消费者及客户对其生产的绿色特色食品的信任度。第三，大力开展技术培训及专业合作组织建设。先进的农业发展模式应以科技为支撑，因此，应建立特色农业培训中心，对农民、乡村干部及其他从业人员，进行常年的特色农业科技培训，同时增强生产者的合作化程度，成立特色的农业生产组织。再次，加强生态农业信息网络建设。黑龙江省要实现农业的产业生态化，离不开各地区间信息的交流，需要建立强大的信息体系。各生产部门、农业部门及科研机构应加强信息的交流，构建信息网络，为生产者提供强大的信息平台。政府应充分发挥宏观调控的职能，组织协调网络基础设施建设，完善农业信息服务体系，组织专门人员收集市场信息，并完善信息传递机制，使农民分享更多的有价值的信息，最大限度地利用农业信息资源，避免信息资源的浪费，合理利用信息资源，从而减少农民经营风险。制定专门的农业生态化网页，扩大网络宣传，使农民可以方便快捷地了解有关农业生产信息，以及掌握先进技术，为农业生态化服务。最后，提高科技水平推进农业产业生态化。先进的科技是黑龙江省实现农业产业生态化的重要支撑，政府有关部门应积极引进并大力推广农业先进生产技术，招商引资兴建龙头企业。对于传统的农产品及加工企业，扩大产业规模，加大政府扶植力度，引进先进设备，进行技术改造。各地区应积极引进外资龙头企业，利用税收优惠及政府补贴政策，吸引外商投资兴建农产品加工企业，龙头企业带动当地落后企业发展，充分利用龙头企业的先进技术及信息资源，提高当地农业生态化水平。

(2) 建立生态型工业

发展生态工业和工业链，必须以循环经济为基础，对于循环经济的概念，国内外许多学者有不同的观点，学者吴季松的观点比较具有代表性，他认为，“循环经济就是在人、科学技术、自然资源的大系统内，在资源投入、企业生产、产品消费及废品废弃的全过程中，不断提高资源使用效率，把传统的、依赖资源净消耗的经济转变为依靠生态型资源循环发展的经济。”黑龙江省在建设城镇化过程中，资源浪费、短缺和环境污染，已成为最大的问题，工业化是城镇化的发动机，同时也是资源消耗、环境污染的源头，长期以来采用传统的、粗放的生产方式，以高投入、高消耗为代价，在经济发展的同时，也产生了各种社会环境、生态环境问题，20世纪90年代，理论界对此开始反思和研究。生态工业是指遵循自然界物质循环过程规律而建设发展的工业模式。其实现模式，主要是在企业内部或企业之间通过企业内部生产形成资源共享，互换生产副产品实现的，生态工业简称ECO是模拟生态系统的功能，在工业发展过程中建立起相当于生态系统的“生产者、消费者、还原者”的工业生态链，建立资源—产品—废物—资源的生态链，工业发展、资源消耗、环境保护和谐发展的工业。发展生态工业最根本的途径是建立工业园区，工业园区是模仿自然生态系统中的“食物链”而建立的工业链网，园区企业生产的各个过程不是相互独立而是相互关联的，园区采用物质交换、清洁生产等新技术把一个企业产生的副产品作为另一个企业的投入或原材料，实现物质转化和原材料的多层使用。从而达到资源最佳利用和废物排放最小化的目的。城镇化过程中，黑龙江省应该根据各地的资源及实际情况，利用物质转化和清洁生产等新技术，建立经济产业工业园区，把原材料和“废物”连接起来，形成闭路循环圈，建设我国特色的新型城镇。

黑龙江省是中国的老工业基地之一，产业经济的发展是全省城镇化发展的主要动力，工业又是黑龙江省的支柱产业，因此应将生态型工业作为城镇化与生态环境建设良性互动的首要举措。生态型工业以高新技术为主，以低碳环保、绿色循环为特色。黑龙江省可通过进一步发展生态工业园，延长生态产业链条，培育绿色、循环的工业产业，促使经济增长方式由粗放经营向集约经营转变，由高碳经济型向低碳经济型转变。黑龙江省在原有的一些生态工业园的基础上，可在哈尔滨、齐齐哈尔等地区进一步推进生态工业园的建设，充分发挥土地、资源等各要素的聚集效应。比如，以工业园区为单位通过规模化的运作，提高工业污染物及废弃物的处理，控制环境污染的加剧；对于一些中小型城镇如鹤岗、鸡西，应对其进行合理的规划，限制工业园区的建设规模和数量，提高土地资源的使用效率、公共基础设施的共享。整个过程中应加强政府的引导作用，引导节能、环保、绿色、循环工业的发展及推进，对于重污染工业产业要给予控制、惩罚甚至取缔。

生态工业发展路径分析：首先，在企业中推行清洁生产。传统的经济增长方式，以追求快速为目的，不断扩大生产规模，对生态环境造成极大伤害，积极采取一些环境补救措施，只注重产品生产后的末端处理，忽视生产前预防及生产过程中的技术处理，这种做法难以从根本上达到保护生态环境的目的。而清洁生产消除了传统生产模式弊端，注重产品生产前对环境污染的预防以及生产过程中的技术处理，运用整体预防的战略，转变传统的污染处理方式。清洁生产符合可持续发展的要求，二者的理念是一致的，作为一种全新的工业生产方式，有利于实现经济环境之间的和谐共处。为了实现经济的可持续发展，我国先后颁布了《清洁生产促进法》《关于加快推行清洁生产的意见》（国办发〔2003〕100 号）等法律法规，黑龙江省应该认真落实这些法律法规，并制定相应综合配套措施，如税收优惠、财政支持等，引导企业清洁生产，采用新技术，实现生产的洁净化。在企业产品生产前，选用无污染或者少污染的原材料，在能源使用上尽量选用可再生能源；在产品生产过程中，用先进工艺技术及设备替代传统高耗能、效益低的设备，实现产品生产过程中的资源的循环使用，使得产品生产的某一环节的排放物，能被下一环节作为原料使用，节省资源，降低企业成本；在产品生产结束后，企业应科学合理对污染物进行处理。先进的科学技术是清洁生产的基础和保障，为转变生产模式提供了重要支撑。因此，黑龙江省政府应鼓励科研机构及省内高校积极进行关于清洁生产技术的研究，如煤气化发电技术、煤气净化技术、矿井水处理技术、干式除灰、干法洗煤以及风冷发电技术等，并提供足够的资金支持，制定相应政策、创建良好的社会环境。

其次，建设生态工业园。生态工业园区不同于传统的工业园区，它是以一体化的思想为指导，注重工业发展与自然生态环境的关系，把企业发展与周围环境看作有机整体，从系统一体化的角度建立产业共生网络。而传统的工业园只是多个企业实现地理位置上的简单聚集，企业之间物质流及能量流不能交换，企业之间的关联度很低。因此，黑龙江省建设生态工业园应避免传统工业园的弊端，应注意以下几个问题：完善相关的管理体系。目前，黑龙江省的工业库区发展程度参差不齐，黑龙江省应以中国制定的环保标准为指导，作为考核其建设水平的依据。当前，黑龙江省实行的各项生态工业园区标准中，有些标准还不能用来衡量不同地区、不同发展阶段的工业园区生态化建设状况。因此，政府应建立满足不同工业生态园区发展标准的体系。加大生态工业园区技术创新力度。企业之间应以先进技术为支撑，加强彼此间的依存关系，实现生产工业链中的物质及能量的流动，实现物质的减量化、资源化及再利用。因此，黑龙江省政府应积极引进先进技术及管理人才，为其提供人力资本保障。拓宽资金来源渠道，资金是建设生态工业园区的基础，直接关系到重点生态园区项目的落实，影响企业进行生态化改造的积极性，足够的资金为企业引进先进技术奠定基础，有利于提高企业对废旧物资的回收利用水平。完善生态园区的评价指标体系，黑龙江省的有关部门要制定针对不同行业、部门及各阶段的评价指标体系，如资源生产率、排污水率、资源循环利用水平等，满足不同企业和生态园区的评估需要。

最后，宏观上区域的生态化是从某区域整体角度出发，建立生态工业系统。它强调建立在某区域具有优势产业的基础上，与周围相关企业联系起来，加强技术交流，实现资源共享，从而使得同一共生体系内企业间实现物质能量的相互交换，资源的多层次利用。合理调整产业结构，经济的健康发展需要三大产业按照合理的比例进行生产，忽视或者只依赖于某一产业将会造成经济的畸形发展。尤其对于黑龙江省这样的资源省份，避免只是注重第二产业发展，忽视第一产业及第三产业发展。同时，在调整产业结构时，必须把企业生产的环境效益与经济效益两者结合起来，作为重要的考虑因素。禁止乡镇企业中重污染企业如小造纸厂、小冶炼厂及小化肥厂的建立，加强对其监管力度。对于传统产业加快技术改造，加大科技和人才的投入力度，对产品进行深加工，拓展产业链。在对传统产业进行改造时，不仅要引进先进技术，还要考虑到新技术可能对生态环境带来的污染，优化产业布局。产业布局的调整，既要考虑到本地区自然生态环境的承受能力，同时还要兼顾所要建立产业及企业的性质，制定科学合理的产业布局方案。对于采掘业以及高污染工业的布局，应结合当地的自然地理位置，科学合理的布局。对于高耗能、严重污染、生产工艺落后的产业进行淘汰。

(3) 建立可持续型的第三产业

发展可持续型第三产业建议：可持续型第三产业是吸纳劳动力的主要渠道，由于它在能源消耗和污染排放方面有优势，因此可持续型第三产业的建立有利于节约资源、提高生态环境质量，促进经济的增长，同时对于第一、第二产业也有推动作用。加快发展第三产业，一是要关注消费型服务业的发展，坚持加快发展现代服务业和巩固传统服务业，重点打造商贸、物流、金融、房地产、旅游等，大力发展文化旅游、数字文化、演艺娱乐、文艺服务、文博展销等产业，通过建立文化创意、生态旅游等城市发展项目提升黑龙江省城市特色，加大城市服务业比重。经济、劳动力的投入和服务型人才的培养对消费型服务业的发展起到可促进作用。二是加强生产型服务业的功能匹配，通过构建金融、交通、仓储、技术服务等行业与制造业之间紧密相关的产业链，提升黑龙江省服务业产值比重。倡导绿色消费生活方式。绿色产品开发和绿色产业的发展要遵循废弃物循环利用和变废为宝的原则，在消费过程中重点要保护环境，善待动植物、维护生态平衡、做到回归自然、亲近自然；在开发利用资源时，企业自觉约束和限制自身行为，避免对自然产生破坏；购买和使用产品时，生态和环境的负面效应是首要考虑的部分等。绿色消费也是适度消费、理性消费，提倡节俭、自然、适度，把消费控制在自然资源和环境承载能力范围中，推动绿色生态城镇体系的发展。建立资源循环产业体系。资源循环产业包括两个层面，第一个为企业层面的资源循环，主要指企业内部的物质循环，城镇化发展过程中，乡镇企业发展迅速，同时也产生了各种废弃物，因此我们必须建立企业内部物质循环，自然资源作为企业生产的原材料，通过企业内部生产加工，同时产生产品、废弃物和可回收利用的原材料，那些废弃物就可以利用某些技术，通过收集、整理、分类又成为企业生产的原材料，从而形成企业内部物质循环。第二个为区域层面的资源循环，主要指同一经济区域内的上下游企业之间的物质循环，通过区域内的相关企业、互补企业的集中，形成一个物质循环圈，能够把整个区域内的资源加以整合利用，从而形成资源循环利用的一种形式。同时，还可以构建社会资源循环利用体系，该体系是以建设生态工业园区为载体的产业集群，通过生态工业园区化的发展来实现资源的规模聚集、项目集中布局、同类和相关联的企业的集聚发展，建立废弃物信息转换中心，使得这一工业流程的废弃物成为下一工业流程的原材料，提升资源循环利用的流通速度，提高效率。

黑龙江省是东北边陲省份，多民族聚居、多文化交融和与多国接壤的省情，可以以民族文化和俄罗斯风情等旅游资源为依托，来发展旅游业；黑龙江省气候特征明显，冬季期较长，气候寒冷，可发展冬季冰雪旅游业，依托周围不同的自然环境可以划分为雪乡、滑雪、冰钓等；黑龙江省属于农业大省，是全国重要的农作物生产基地，可以充分利用农业生产和农业资源，发展观光农业、休闲农业、农业生态旅游。将农业发展与旅游业紧密联系起来，以黑龙江省广袤的农业平原和蔬果园林为重点，开展自摘、自制、自驾等参与性较强且与旅游城镇地区联系紧密的旅游活动，通过政策手段设立观光旅游农业发展项目，实现农民增收，加快旅游城镇化进程。比如以江河沿岸乡村为重点的渔村体验活动、以纯天然蔬果采摘等农家乐为主题的乡村体验活动、以大小兴安岭原始森林为重点的林业体验活动等。发展农业生态旅游，要结合黑龙江地区的环境特点，营造自身服务特色，塑造品牌形象。通过建设绿色生态型、文化经济型、高新技术型等生态旅游产品来丰富旅游产业的内涵。比如黑龙江省讷河市被誉为“中国甜菜之乡”和“中国马铃薯之乡”，讷河市借助五大连池景区的影响力，形成区域性的生态发展优势，发展以甜菜和马铃薯产销一体化的农业生产旅游产品，不仅树立了自身的品牌形象，还带动了本地区其他产业的发展。

可持续型第三产业发展路径分析：一方面发展生态旅游业。黑龙江省应把旅游业放在发展第三产业重要的位置上，发展生态旅游业直接关系到第三产业生态化发展水平。黑龙江省得天独厚的自然条件及悠久的历史文化，使得其旅游资源丰富而独具特色，不仅有独特的自然奇观，如漠河的极昼和北极光，而且因历史发展的沿革，形成了特有的文化特色，如哈尔滨的“东方莫斯科”神韵等，由于纬度偏高，冬季寒冷，降雪量大等自然条件的影响使得其冰雪旅游更具鲜明特色，哈尔滨的冰灯、五大连池的火山冰雪、扎龙雪地观鹤、镜泊湖冬景、小兴安岭林海雪原等都是黑龙江省独具魅力的冰雪景观，黑龙江省因丰富的旅游资源吸引了国内外大量游客前来观光旅游。黑龙江省政府应立足本省旅游资源优势，从实际出发，重点突出发展旅游业，合理整合旅游资源，最大限度发挥旅游资源优势。在发展旅游业时，注重旅游业的生态化发展，应以可持续发展观作为指导思想，正确处理好旅游生态环境之间的关系，不能一味地注重对旅游资源的开发，忽视旅游本身对环境的影响及破坏，提升科技含量，提高经营管理水平，在进行旅游规划时，不仅要邀请多学科的专业人士参与，更重要的还要有民众尤其是旅游区附近民众的参与，更多地考虑旅游区周围环境的承载力，在开发旅游资源的同时，保护生态环境，促进黑龙江省旅游业的可持续性发展。另一方面，发展循环服务业。服务业是第三产业的核心，发展循环型服务业对实现第三产业的生态化显得尤为重要。黑龙江省政府应注重对循环型产品的研发，加大人力及科技投资力度，提高资源的回收率，为科研机构研发可再生资源的新产品创造良好的环境。同时，黑龙江省各环境保护协会等应加大宣传力度，不定期地组织宣传教育活动，把绿色消费观念渗透到消费者的日常生活中，从点滴做起，引导消费者淘汰使用一次性购物袋、一次性筷子等，在生产企业中开展绿色生产示范工程活动，推动循环型服务业发展，引导各大型饭店、酒店等服务场所，不使用一次性餐具，不采用一次性洗漱用品等减少对资源的浪费，实现资源的回收再利用。

8.3.3.2 发展生态循环经济

循环经济较为注重经济发展的效益，它的提出彻底改变了传统的经济发展方式，在一定程度上改变了人们对于废弃物及传统资源的看法。因此，该理念提出之后立刻引起了世界性的关注。很多国家和地区在发展循环经济方面也作出了很多努力，取得的成效也较为显著。黑龙江省城镇化建设必须要创新发展模式，从而有效破解城镇化建设发展过程当中出现的生态问题。而循环经济这种发展模式，可以有效地帮助城镇实现经济建设和生态环境保护协调发展。黑龙江省城镇化建设给人民群众带来了较高的物质生活水平，与此同时也给城镇的生态环境造成了极大的破坏，污染严重、生态环境失衡。之所以会产生这种情况，主要是因为中国过去所走的工业化道路是一种粗放式增长的工业化道路，重量不重质，属于一种高消耗、低效益、高污染的工业化模式，是一种不可持续发展的工业化模式。在此种情况下，城镇化建设对生态环境造成严重破坏。工业文明对自然资源的无情掠夺无疑是错误的，不利于人与自然之间的和谐发展。为有效解决新型城镇化建设中的生态问题，未来黑龙江省的城镇化建设必须要走资源节约型、环境友好型道路，大力发展循环经济。在循环经济发展模式的影响下，黑龙江省新型城镇化建设中所出现的生态问题一定会迎刃而解。目前，仍有部分领导干部发展理念相对滞后，对发展循环经济的认识和理解不够到位。为了加强相关领导干部对发展循环经济战略的理解与认同，更新发展理念，各地方政府应通过积极组织领导干部加强学习新型城镇化产业发展政策、参观考察先进单位等方式，加强领导干部捕捉经济发展新动向的触觉，引导相关领导干部有效处理好短期利益与长远利益的关系，进而促进黑龙江省新型城镇化建设和发展过程中的循环经济发展问题，有效构建黑龙江省城镇化和生态环境建设良性互动模式。

黑龙江省发展生态循环经济可以从两个方面开展，一方面构建区域科技创新生态系统。区域科技创新生态系统本质上是寻求创新个体、同属性创新群体（种群）和区域科技创新平台在与环境中其他系统竞争存活的过程，其核心是模拟生态系统中个体、种群、群落的结构，在发展初期对系统内部结构和外部生态环境控制能力较弱，未能建立起完善的物质、能量和信息动态交互网络，此阶段的主要任务是完善创新生态系统内部结构，吸引系统外部资源流入来促进本区域创新环境优化。此阶段环境内各个科技创新生态系统由于起始条件的不同，同一区域内部以及区域与区域间科技创新初始水平存在空间差异性，对生态循环经济发展的推动力的强弱也不相同，因此处于发展初期阶段的区域科技创新生态系统在促进本区域科技创新能力提升的同时加强与周边和邻近科技创新生态系统的联系和交流。当黑龙江省区域科技创新生态系统发展到成长期，经过成长阶段的筛选和存留，具有一定的资源、能源存量，对系统内部和外部环境具有一定的控制能力，可以以自身发展条件吸引一定的外部资源主动流入，并且在内部结构和外部环境中初步建立起物质循环、能量流动和信息传递过程。区域科技创新生态系统在成长期具有的群落层次主要特征是各项功能基本完善，人才、资金、平台建设等创新资源数量和种类逐渐增加，空间结构逐渐扩张，并且区域与区域间科技互动增强，通过进一步加强区域间的联动交流，推进不同区域科技创新水平的协调发展。当区域科技创新生态系统发展到成熟时期，系统内部空间结构趋于完善，具有较强的创新能力和管理、服务能力，形成丰富的科技创新资源体系，并可以对外部环境产生较强的溢出作用。此时科技创新水平达到较高程度，对系统内部和外部环境具有较强的控制能力，建立起完善的物质循环、能量流动和信息传递过程，区域间交流活动具有高效率、高频次的特征。此阶段应以可持续发展为目标，通过科技创新生态系统的成熟和完善推动区域循环经济协调发展。另一方面，构建区域绿色科技创新体系。绿色科技是以保护人类健康和生态环境、促进经济—社会—环境可持续发展，有利于人和自然和谐共生的一系列科技活动，通过推动绿色科技发展实现优质、高效的区域循环经济发展，进一步推动区域、地方和国家社会经济的健康发展。构建黑龙江省区域绿色科技创新体系是实现区域经济、社会和环境协调发展的重要保障，构建区域绿色科技创新体系主要包括三方面的内容。一是通过协同创新提升区域科技创新能力，推进创新网络集聚区协同建设，利用各区域间高校、企业、科研院所、金融机构等交互合作关系形成“政产学研金”一体的创新网络集聚区。科技创新需要大量知识、理念、方法的理论研究，同时需要将理论应用到实践中以区域推动循环经济的发展，高等学校和科研院所的理论产出为其发展提供重要的源泉，因此需要通过集成创新网络实现科研创新成果的转化，并及时将成果应用到金融、商业领域，完成科技创新的完整过程，全面提升创新产出的价值量。二是通过制度创新优化区域创新发生环境，需要建立和完善创新成果与产权保护机制，保障科研成果持有者的权益，促进持续激发创新主体的创造性，推动更多的科研创新成果转化为生产力。从科技制度、科技政策等方面保障创新环境持续优化，积极响应国家

“创新、协调、绿色、开放、共享”的五大发展理念，通过建立和完善产权保护制度保障科研成果及时向生产力转化，为高校、科研机构、金融机构和企业的联动合作提供纽带作用。三是通过文化创新塑造创新发展氛围，科技创新促进文化呈现多样性特征，文化反过来促进科技创新实践的发展。树立可持续的绿色发展理念，营造和培养以资源节约、环境保护、生态健康为核心的可持续发展观念发生氛围，推动实践“绿水青山就是金山银山”科学论断，进一步贯彻绿色发展理念。通过培养绿色发展文化意识形态实现利用绿色科技创新措施对环境的能动性改造，促使文化成为科技创新发展的内在动力。加快构建涵盖科技创新全链条、产品生产全周期科技创新服务，重点发展产品研发、工业设计、科技咨询以及创新孵化等项目，重点保障科技创新成果转化和产权交易、创新技术溢出等关键性环节。构建由科技创新大型企业牵头组建的技术创新联盟和共性技术研发基地，通过完善科技创新产业研发链条促进区域科技外包服务、科技金融、科技信息等产业，提升区域科技创新综合实力，激发科技创新产业对生态循环经济及可持续发展的服务能力。

8.3.4　构建安全环保的现代化综合体系

8.3.4.1　完善城镇社会服务保障机制

在新型城镇化建设过程中，怎样解决人口的快速增长对城镇生态环境造成严重破坏的问题是黑龙江省城镇化建设的重要内容。目前黑龙江省人口的增长速度明显高于城镇规模的扩张速度。在很多城镇人口密度是非常大的，人口密度越大对于城镇生态环境所造成的压力越大，这一点是毋庸置疑的。具体而言，随着农村人口不断向城镇汇集，对于生活用品的需求也会急剧加大，所产生的生活垃圾及生活污水也会不断增加，如果城镇管理部门对于生活垃圾和生活污水的处理不及时或处理不恰当，则很容易会对城镇的水土造成严重污染。人口密度的不断增大对城镇的生态环境造成了很大压力，但是到目前为止黑龙江省很多城镇并未有效地解决好该问题，从而在一定程度上加剧了城镇生态系统的失衡。为有效解决新型城镇化建设中的生态问题，黑龙江省政府必须要进一步搞好城乡统筹发展，有效促进农村剩余劳动力的就地转化，从而不断减轻人口快速增长给城镇生态环境所造成的巨大压力。除此之外，还需要大力建设和发展中小型城镇，有效扩大中小型城镇吸纳农村剩余劳动力的能力，逐步减少大型城镇的人口增长速度。总体来说，在新型城镇化建设的过程当中，应该将城镇化建设的规模进行合理的控制，应积极加大基础设施的建设力度和相关配套设施的建设力度，如教育、医疗、户籍制度改革等。在新型城镇化建设的过程当中，必须要对土地、户籍、人口等方面实施有效管理，在教育、医疗、就业、社会保障等方面实现服务水平的均等化，进而使得城乡居民可以公平地享受相关服务和待遇，积极享受城镇化建设所带来的优良成果。除此之外，还需要对城镇体系实施积极优化，有效解决城镇建设和发展过程当中所面临的环境污染、交通拥堵以及人口膨胀等典型的突出问题，从而有效减轻人口的快速增长给新型城镇化发展所带来的各种生态问题。

8.3.4.2 构建安全环保的现代化综合交通运输体系

在新型城镇化建设的过程当中，交通建设无疑是非常重要的。为有效解决交通问题对城镇生态环境造成的破坏，在未来的新型城镇化建设过程当中，必须要科学构建一个服务优质、组织协调、安全环保的交通运输系统，唯有如此方能真正实现新型城镇化建设与生态问题的协调发展。城镇化建设与交通的建设与发展是密不可分的。对于城镇来说交通无疑是其重要组成部分，一个城镇唯有拥有便利的交通条件方能更具活力。然而令人遗憾的是：黑龙江省在长期的城镇化建设过程当中，由于交通的大力发展也给城镇的生态环境造成了很多压力。众所周知，城镇中的交通建设非常容易造成尘土飞扬与水土流失，也会产生严重的噪声污染。奔驰于各交通枢纽上的汽车所排放的尾气也会给空气造成很多污染。所以说，城镇的交通扩大对于生态环境的破坏也是非常严重的，是造成城镇化建设中生态问题的重要原因。为解决该问题，具体可以从以下两个方面入手：一方面对城镇交通进行科学合理规划。在新型城镇化建设过程当中，应基于保护生态环境的理念，构建多种交通规划方案，进而将规划方案公之于众，让公众投票选择或针对具体的交通规划方案提出相应的修改意见，从而更加满足保护城镇生态环境的要求。另一方面促使各种交通方式的优化及协调。在新型城镇化建设的过程当中，政府相关部门应该对各类交通基础设施进行合理布局、统筹规划，有效地对各种运输方式进行科学衔接。在城镇规划中，应充分考虑交通、环境、用地结构和基础设施等方面的情况和要求，合理利用土地协调城市空间布局，明确划分功能区。交通业作为重要的基础性产业和服务性行业，加强交通基础设施建设是基础设施建设中的重要部分。黑龙江省的交通基础设施建设距离全国水平仍有较大的差距，因此黑龙江省需要从几方面增加交通网的建设。首先，增加高等级公路、村镇级公路的建设。其次，增加机场数量，增强空运能力，将哈尔滨机场逐步打造为现代化的东北亚区域枢纽机场。再次，增加铁路运输能力，新建铁路站点，增加高速铁路的里程数，提升铁路运输力；最后，增加水路运输能力，增强航道浅滩的疏浚能力，打通航道，增加航站枢纽数量。与此同时，政府相关部门还应该依据环境保护的基本要求，对城镇的交通结构进行不断优化，从而有效实现交通与城镇生态效益的最大化。

8.3.4.3　统筹城乡发展，加快城乡一体化

近年来，虽然黑龙江省在促进形成城乡发展一体化格局方面取得了一些成绩，但是，城乡之间经济社会发展仍存在着较大的差距。加快黑龙江省城乡一体化进程，统筹城乡发展的措施主要包括以下几点：首先，政策的制定。制定相应政策时不能将城镇与乡村分开，而是应该将两者作为一个整体来考虑。其次，第二、三产业的发展。黑龙江省的农村相对较为落后，没有形成产业化的格局，虽然黑龙江省的农业技术现代化已基本实现，但是农产品的加工等依然较为落后，应该形成原材料—半成品—成品的产业链，发展村镇企业；除此之外也可以利用盐碱地等不适宜耕种的地方发展工业。多元化的发展可以使农民的收入途径增加，减少闲散人员数量。再次，平等的就业机会和保障制度。加强劳动力培训，加大技术培训力度，使之与城镇居民共同加入就业体系。保障农民工的切身利益，健全立法和监察力度。解决好农民工、农村低保户和五保户人员的社会保障问题，与城市社保制度保证相同的项目。农村、农业、农民是城镇化过程中很重要的一环，在提高城镇化质量上，不仅要重视城市的发展，更要重视农村的建设，提高农村经济的发展质量。黑龙江省要优先发展农垦和森工小城镇，将垦区和林区建设作为推动经济社会发展的重要引擎和载体，起到示范和带动作用。利用哈尔滨、大庆、齐齐哈尔等大城市现有的条件，带动一大批名镇，走协调发展的道路。注重人力资源的开发，要培养复合型人才，建立一支高素质、高水平的人才队伍，提高创新能力。

首先，加大农村财政投入，改善农村基础设施。农村的贫穷，追根溯源，在于社会资源的不合理流动。城市的发展，很大程度上基于其具有较为完善的包括道路、供水、供电、电信等城市基础设施，这些基础设施的建设主要依靠财政投入，但对农村基础设施建设投入的财政却很少，大多是依靠农民自己投入。“要想富，先修路”，连基础设施这条“路”都没有，农民怎么富得起来，城镇化建设也难以推进。因此，缩小城乡差距，降低城乡居民在享受公共服务上的不平等，必须加大对农村的基础设施建设的投资，同时鼓励并支持农村发展电子商务，将农产品和物联网金融联系起来，让初级的农产品走出去，让高级的技术产品引进来，加快农民致富的步伐。其次，注重农村科学教育，大力促进教育公平。在教育方面，我国一直提倡“科教兴国”战略，重视科教成果，不断提高科研经费，并取得了一定的科研成果。但在城乡教育公平发展方面，却还是存在一些问题。由于乡镇发展欠缺，乡镇教师工资待遇低，教育设施落后，好的教师、家庭条件好的学生流向城市，造成农村师资力量薄弱、生源差等一系列问题。为此，应当合理配置教育资源，重点向农村、边远、贫困、民族地区倾斜，真正实行城乡教师工资的统筹分配，提高农村教师的福利待遇，留住高素质教师人才。另外，要加强大学和科研机构与农民之间的合作，对农民进行农业技术方面的培训，农村可以为科研队伍提供场地和素材，有效解决农民在实际操作中的技能知识问题，提高农民应对农业高科技的能力，提高农民的收入水平。再次，扩大农村合作医疗覆盖范围，解决农民就医问题。在医疗卫生方面，黑龙江省存在农民看病方面就医难、抓药贵等难题。具体来讲，要进一步增加基本养老保险和基本医疗人数，扩大药品费用的报销范围和报销力度；提高政府对农村公共卫生和基本医疗服务体系建设的投入，建立健全社会保障体系，从根本上解决失业、疾病、年老等因素所带来的社会贫富不均及不和谐等问题。此外，黑龙江省还需完善乡、镇级卫生院的医疗器械和相关设施配置，提高医师诊治水平，对医生进行定期的培训，可以有效解决农民一遇到大病就进城的问题。最后，深化户籍制度改革，放宽城镇居民落户条件。随着社会发展的需要，大量农民工进城务工，农民工子女却因为户口问题不能和城市里的孩子一样，享受城市的学校教育，造成教育的不平等。进行户籍制度改革，取消农业户口限制，使城乡人口能够自由流动，资源得到相互补充，提高了社会配置效率。李克强总理针对城镇化发展问题提到了三个“一亿人”，其中1亿人是实现农业转移户口和其他常住人口在城镇落户。可以看出，解决户口限制，是突破城镇化发展瓶颈的重要措施。

8.3.5 节约集约利用土地，促进空间城镇化的发展

土地作为地球上众多有限自然资源的其中一种，承担着无法替代的重要功能，具有不可逆特点。随着中国新型城镇化的不断推进，土地的不合理利用导致城镇与乡村的用地矛盾、工业与农业之间的用地矛盾逐渐升级。使城镇化发展面临既要保护耕地又要保障城市发展用地的两难挑战。建设新型生态城镇首先要转变土地利用方式，摒弃不合理、粗放型的利用方式，从多个方面集约利用现有的土地规模，严格控制土地的不合理规划，从而保障土地的合理利用，保障城镇实现集约可持续发展。要解决空间城镇化发展水平落后的问题，黑龙江省内各城市要把发展的重心放在资源的节约集约利用和城镇空间结构优化上，而不是“摊大饼”式的城市规模的简单扩张。要坚持管住总量、控制增量、盘活存量，合理划定城镇开发边界，控制城镇建设用地规模总量；在投放新增建设用地时，重点倾向于城镇化水平较低的地区、地方的优势特色产业以及节能环保等国家大力扶持的产业；针对城镇中建设用地低效利用的情况以及城中村、棚户区等，对这些土地可以进行再开发，通过科学规划、立体开发等方式，有效利用城镇空间资源，盘活城镇建设用地存量。对城镇空间结构进行优化和综合利用，科学合理地规划城市空间，根据不同地区、不同功能定位进行不同强度的开发，协调好城镇内部空间资源的集中和分散，以满足人们对工作、居住、购物、娱乐、居住环境等方面的要求，实现城镇空间的有序发展。

8.3.5.1 严格控制工业和商业建设用地的扩张

“耕地保护红线不能碰”是城镇化建设中必须要坚持的原则，新型城镇化的快速发展，必然带来建设用地的大面积扩张，必须重点协调好建设用地与耕地之间的界限。首先，严格控制建设用地，划出城镇开发边界线，对耕地采取强制保护措施，尤其是在限制开发区域和禁止开发区域，政府要严格建设用地的批准，防止强占耕地的现象。其次，通过加强对城镇土地统一的管理，减少废弃地和闲置地，可以将过去闲置和废弃的土地充分利用起来，

在城镇中建成商业住宅小区，或开发成生态公园或湿地公园，充分提高当前的用地效率。在严格控制建设用地和加强对土地管理的同时，政府要加强对土地的保护和整治力度，出台相应的政策制度来保护土地的合理利用，生态承受力良好的土地资源，其对建设生态城镇起到的作用尤为重要，必须确保这些生态良好的土地资源合理利用，以保障城镇用地走上可持续发展道路。对已被污染的土地，黑龙江省政府要积极实施恢复其生态功能的措施，对未被污染的土地仍要继续做好保护工作，实现土地的集约利用和城镇的可持续发展。

8.3.5.2 城镇新区建设中土地的集约利用

改革开放以来，新区建设是城市空间扩张的一种表现形式。新区建设数量不断增多，建设规模越来越大，大量占用了农耕地。为了确保城镇建设与生态环境的和谐发展，应该优化新区的建设用地措施，实现新区土地集约的利用效率。“在合理的土地利用规划指导下，政府加强审批的监管制度，合理界定新区的建设规模并严格控制新区的申报数量；政府合理利用现有的土地增减挂钩机制，确保为新区建设提供适度的用地保障”。立足当地资源环境的承载力，衡量地区城市建设和产业的发展需要，科学合理地定位“新区”发展功能，进而提出适合各类“新区”科学合理的建设规模和主导产业类别，明确各地区产业发展方向与侧重点：第一，对于生态环境承载能力较强、条件较为优越的新区，应当发展其成为经济产业和人口的主要聚集地，使城镇居民共享城市公共服务和基础设施，从而减少不必要的大规模的城镇建设，切实做到土地资源高效利用。第二，对于那些生态环境承载能力较弱，土地条件较差的新区，应当充分考虑其自身的限制条件，因地制宜地选择适合当地城镇人口和产业发展的布局。

8.4 本章小结

本章首先界定城镇化与生态环境建设良性互动模式的含义；分析二者良性互动的作用机制包括要素的空间集聚与扩散，产业结构的调整与升级，技术创新和制度的创新，城市文明传播；提出黑龙江省城镇化与生态环境建设良性互动模式的根本目标是人和自然协调发展，环境优美洁净，生活健康安逸，物尽其用、人尽其才、地尽其利，生态良性循环。重点是黑龙江省经济发展模式的转型，对高耗能产业进行产业结构调整和采用新技术进行节能减排，重点培育和扶持节能产业、环保产业以及新能源产业等，加强石油、石化、电力、建材等黑龙江省的传统产业的生态建设，加快培育壮大战略新兴产业和服务业。然后对城镇化与生态环境良性发展模式进行研究，包括城镇化发展优先模式，这种模式强调城镇化和经济的优先发展，而置生态环境于不顾，是典型的非协调发展；城镇化与生态环境协调同步发展模式，这种发展模式追求的是整个系统的平衡和快速发展以及在大局上考虑周全的理念；最后从五个方面提出实现黑龙江省城镇化与生态环境良性互动发展的实施策略包括优化城镇空间布局，完善基础设施建设：加强水资源的综合利用设施建设，建设专门的固体垃圾回收站、高危固废处理厂和固定的垃圾填埋场，供暖和用电建设，生态基础设施建设；合理进行城镇规划，对不同区域的资源环境承载力、发展潜力以及现有开发密度等方面进行全面考察，实施不同的国土空间主体功能区规划方案。按开发方式划分为，优先开发区、重点开发区、限制开发区和禁止开发区。完善城镇建设政策，包括健全城镇体系发展政策，完善城市生态安全政策，健全相配套的扶持政策。加强生态环境建设，提升生态环境承载力：加强生态创新，包括生态技术创新，生态体制和机制创新，生态观念创新；培育社会文化，一方面借助媒体和相关部门进行广泛宣传，另一方面深入开展绿色家庭、绿色企业和绿色学校等绿色活动，普及生态科学、生态美学、生态哲学，营造绿色环保的生态文化氛围，倡导居民的绿色消费和绿色出行；加强政策调控，包括建立城市环保组织机构，建立城市环境保护利益分享和利益补偿机制，实行绿色经济制度；加强环境保护和治理，完善环境制度保障包括完善立法制度，完善公众参与机制，优化生态城镇的治理，加强监管制度，提升生态城镇的管理能力。转变经济发展方式，优化地区产业结构：实现产业生态化，包括发展循环型农业，建立生态型工业，建立可持续型的第三产业；发展生态循环经济。构建安全环保的现代化综合体系，完善城镇社会服务保障机制：对土地、户籍、人口等方面实施有效管理，在教育、医疗、就业、社会保障等方面实现服务水平的均等化；构建安全环保的现代化综合交通运输体系，包括增加高等级公路、村镇级公路的建设，增加机场数量，增强空运能力，增加铁路运输能力，新建铁路站点，增加水路运输能力，增强航道浅滩的疏浚能力，打通航道，增加航站枢纽数量。统筹城乡发展，加快城乡一体化，包括相关政策的制定，发展第二、三产业，平等的就业机会和保障制度。节约集约利用土地，促进空间城镇化的发展：严格控制工业和商业建设用地的扩张，严格控制建设用地，划出城镇开发边界线，对耕地采取强制保护措施，通过加强对城镇土地统一的管理，减少废弃地和闲置地，城镇新区建设中土地的集约利用，在合理的土地利用规划指导下，政府加强审批的监管制度，合理界定新区的建设规模并严格控制新区的申报数量等。这些对策建议为黑龙江省城镇化与生态环境良性互动模式提供参考意见，促进黑龙江省城镇化建设与生态环境更好地协调发展。然而生态环境保护工作的道路是漫长的，只有通过大家共同努力，才能使黑龙江省生态环境变得越来越好，努力成为国家生态示范省。

第 9 章　结论与展望

9.1　结论

城镇化是社会经济发展的必然趋势，也是生产力发展的结果，随着城镇化的提出，城镇化的研究就越来越受到人们的关注，而且研究方向也呈现多元化。城镇化质量就是研究的重点之一。城镇化质量的高低直接影响城镇化的进程，是黑龙江省乃至中国现代化进程中不可忽视的内容。但在城镇化进程中必然会产生一些问题，其中最主要的问题就是生态环境问题，同时生态环境与城镇化的发展也相互影响。近年来，随着经济的发展，中国城镇化速度明显加快，黑龙江省的城镇化发展速度从飞速发展到目前动力不足，逐渐表现出了轻质量重数量的趋势，也给生态环境造成一定的压力，黑龙江省城镇化需要找到与生态环境建设良性互动的模式。基于此，本书从人口发展现状、产业结构现状、城镇化发展现状、基础设施现状及资源环境保护现状上分析黑龙江省当前城镇化的现状；从水资源现状、土地资源现状、生物资源现状和气候资源现状几个方面综合分析黑龙江省生态环境现状，城镇化与生态环境是否能良性互动，对城镇化将来的发展和生态环境有着深远的影响。

城镇化是一个比较复杂的过程，包括人口、经济、社会、空间、生态等多项内容，生态环境涉及大气、水、固体废弃物、生态保护几个方面，也是一个比较综合系统的概念。所以本书对黑龙江省城镇化和生态环境的协调性进行了分析。参考国内外关于城市生态安全评价指标体系的建立、可持续发展的评价的相关的论文，选择使用频率较高的指标，并结合黑龙江省城市化进程中环境状态共筛，选取 16 个经济环境因素作为评价因素集，确立各因素的评价因子，对黑龙江省城镇化的生态安全进行模糊评价，梳理分析结果，结果显示黑龙江省与其他省份相比是一个城镇化质量较低的省份。本书是在城镇化建设的大背景下，以黑龙江省城镇化和生态环境建设良性互动模式为研究对象，在总结国内外城镇化建设中生态环境保护的有关经验及对黑龙江省的借鉴作用的基础上，明确黑龙江省城镇化现状及对生态环境的有利和不利影响，分析黑龙江省生态环境保护现状及其评价，找出黑龙江省城镇化建设中生态环境保护方面存在的问题，进行安全评价，并界定城镇化与生态环境建设良性互动模式的含义；分析二者良性互动的作用机制，提出二者良性互动发展的目标和重点，进而针对黑龙江省城镇化和生态环境建设良性互动模式提出有建设性的对策措施。主要研究结论如下：

(1) 借鉴国内外城镇化和生态环境良性互动的经验，为黑龙江省城镇化和生态环境良性互动提供方法和途径

本书首先介绍了美国、德国、英国、新加坡及日韩等发达国家在生态环境保护方面的先进经验，其次介绍了中国城镇化发展具有代表性的温州模式、苏南模式以及珠三角模式，并且分析这些国家和地区城镇化和生态环境良性互动的模式，从中寻求对黑龙江省发展城镇化的启示。通过分析国外城镇化发展模式发现，各国城镇化的经验如下：科学的规划方案和严格的法律约束，各国科学的规划方案使城镇基础设施、各项产业、资源及生态环境等要素可以协调发展，在保证各区域充分发展的同时避免重复建设，使城镇基础设施和公共设施实现了最大效能的使用，也使城镇生态环境得到了自觉性的维护，保证了城镇经济和环境的有序运转。并且城镇化过程中的管理法律法规几乎涉及社会生活的方方面面，加之完善的环境保护法律体系，为城市的管理提供了强大的法律支撑和保障；市场主导、政府引导，通过推行双轮驱动政策，一方面强调市场化的作用，另一方面结合政府调控作用，通过政府引导，重点保障城镇化与生态环境和谐统一的发展；均衡协调，低碳发展，各国发展城镇化过程中都是在尊重自然规律的前提下，进行城镇化建设，打造出独具特色的低碳型生态城市，从而实现经济、社会、环境及资源的协调可持续发展；提高社会公众环保意识，通过加强全国绿化宣传教育、普及和推广环保知识来提高全民绿化意识，并且将教育与法治有机结合更加有效地减少破坏生态环境的行为。通过分析国内具有代表性城镇化发展模式得出经验如：以经济发展推动人口城镇化，经济发展实现人口资源的有效配置，产业结构发展决定了劳动力的需求状况，通过经济发展和产业结构的优化促进人口转移就业的结构变化，实现人口资源的合理配置；政府加强基础设施和基本公共服务建设，通过财政投资引导、扩大基础设施投融资渠道，吸引更多的资金参与城镇基础设施建设。通过改革城镇人口配套的保障制度，解决外来人口的居住、教育、医疗等生活中涉及的公共服务问题；因地制宜培养城镇产业，发挥当地优势，取长补短，从而推动城镇经济发展，完成整个城镇化进程；走多元化城镇发展道路，虽然都是根据当地实际情况所制定与实施的，但其先进的思想与措施对黑龙江省城镇化和生态环境良性模式都有很好的启示作用，黑龙江省学习国内外城镇化先进经验，通过科学合理的规划城镇化发展布局；完善相关法律法规和制度基础；城镇化过程中坚持可持续发展的理念；市场作用与政府作用相结合几个方面改善原有城镇化发展模式。

（2）研究黑龙江省城镇化进程，城镇化发展特点、模式以及路径，找出黑龙江省城镇化和生态环境良性互动模式发展路径

通过分析黑龙江省城镇化发展的六个阶段，发现1949年至改革开放期间国家政策对黑龙江省城镇化建设的正向冲击已消失殆尽，倘若黑龙江省没有及时抓住转型时机，激发内部活力，可能会落在全国平均水平之下。黑龙江省城镇化的发展有城镇人口增长迅猛，但城镇化率增长速度缓慢；城镇化发展类型众多；缺乏产业支撑城镇建设滞后等特点。黑龙江省根据地域特点以及不同城镇化发展水平选择不同的发展模式，具体包括：资源主导型城镇化发展模式；产业主导型城镇化发展模式；区位主导型城镇化发展模式；政策主导型城镇化发展模式；专业市场型小城镇发展模式；旅游型小城镇发展模式；综合型小城镇发展模式。黑龙江省新型城镇化建设的路径包括以“四化同步”贯穿新型城镇化建设始终，结合黑龙江省实际情况，推进新型城镇化的同时重点关注农业现代化，解决城乡分割问题，再融合工业化与信息化，进一步推进城乡间要素的公平交换；以制度促进要素城乡双向流动，通过改革土地制度、户籍制度、社会保障制度等制度，完善城乡间要素流动的平台；以产业路径激发地区内在活力，黑龙江省在新型城镇化过程中注重产城融合，从农业、服务业、战略新型产业三方面突出自身优势；以完善的城镇体系带动城乡融合发展，建立完善的城镇体系，城市群的辐射能力才能更好地传导至乡村，乡村的剩余资源才能及时地流动到城市；以均等的公共服务保障“以人为核心”，均等的公共服务可以根据地域划分为，城镇和乡村内部公共服务的均等，城乡之间公共服务的均等两方面内容；各路径的决定因素与成效，经济社会发展水平和资源环境承载力是黑龙江省新型城镇化建设的关键，新型城镇化建设的成功与否，关键是“四化同步”、产业发展、城镇体系、公共服务能否有机地结合，形成一个整体。

(3) 黑龙江城镇化与生态环境建设中存在的体制问题以及产业结构问题等诸多弊端是造成当前城镇化发展速度慢以及生态环境破坏的主要原因

黑龙江省正处于城镇化发展的高速时期，很多地方政府只追求短期效益，从而忽视了城镇生态环境保护的重要性，并没有考虑容载率对城镇生态环境的重要性。城镇化过程中黑龙江省最为主要的问题就在于城镇功能不明显，缺少专属黑龙江的城镇特征，大部分城市依然存在着极高的城市功能重叠，缺少城镇功能特色，产业格局、类型及模式也大体相同，使得各城市之间存在着难以跨越的竞争关系，而没有形成合作或其他推动城市产业发展的关系；由于第二、三产业发展落后导致城镇化发展的主体动力不足；城镇化发展中体制和机制不足，由于各个城镇资源优势、区位优势存在差异，导致黑龙江省主要城镇地区差异现象突出等问题。进而总结出黑龙江省城镇化进程中生态环境存在问题，包括：人口素质偏低，黑龙江省城镇化进程中，大批农民进入了城镇生活，多数居民的生活习惯、思想方式未能及时改变，导致他们缺乏节约意识和环保意识；产业结构不合理，主要是重工业与轻工业比例失衡，在产业结构中重工业的产业占主导地位，从而带来了一系列的生态环境问题；环境管理体系不健全，存在执法人员素质不高、执法力度不强、执法人员缺乏专业知识、资金投入不足导致监测、检查的设备技术落后等问题；不合理的城镇建设规划，在城镇化建设前期没有一个科学合理的规划方案，并且不能根据地理环境、气候、历史因素等特征合理地建设城镇；环境保护资金投入不足，黑龙江省虽然逐年增加环保资金占 GDP 的比重，但与发达省市相比，投入还是明显不足；法律法规不够完善，黑龙江省的生态建设起步较晚，各项法律法规本身就不够完善等问题。找出了导致问题的原因包括：生态文化薄弱，黑龙江省作为中国经济发展比较落后省份，居民的环保意识更有待加强，向公众普及环保知识以及培训公众环保意识非常重要；经济发展和产业结构粗放，城镇企业粗放型的经济发展模式，城镇产业结构与产业布局不够合理，城镇环境基础设施建设投入少；城镇生态环境的制度与监督不足，城镇生态环境建设的法律制度不完善，政府对生态环境建设的执行力度不够，环保监督部门对环境污染监督不力，新型城镇化建设中的生态规划缺失；生态环境建设不足，生态环境治理主体的单一化，生态环境保护技术水平落后，环保部门建设不足，生态环境监管不严等。

(4) 明确黑龙江省城镇化发展现状及对生态环境发展现状及影响

黑龙江省由于地理位置优势和资源优势，在中国城镇化建设初期，城镇化速度比较快，但随着全国经济的发展，其后劲不足，增速缓慢的问题凸显。因为科技的迅猛发展，显然以农业、重工业闻名的黑龙江省，城镇化发展速率明显落后其他省份。面对市场经济发展和体制深化改革，黑龙江省没有充分利用传统优势，应根据省内各地区特色因地制宜，结合国家相关政策，充分考虑自身实际优势，多措并进，稳步发展。从人口发展现状、产业结构现状、城镇化发展现状、基础设施现状及资源环境保护现状上分析黑龙江省当前城镇化的现状；从水资源现状、土地资源现状、生物资源现状和气候资源现状分析黑龙江省当前生态环境现状；在此基础上，分析黑龙江省城镇化建设对生态环境的影响，包括：城镇化发展与生态环境内在联系，一方面，城镇化的发展对生态环境可能产生威胁作用，体现在重集聚、片面追求规模效应，影响区域内的生态环境质量；快速发展的城镇化将降低区域内部的自我净化和环境修复能力；城镇化的发展，带来资源供需失衡矛盾。另一方面，在产生威胁效应的同时，也起到了积极的促进效应，体现在提升生态环境承载力；城镇化建设促进环境修复资金投入；城镇化建设提高区域内绿化建设。然后，对新型城镇化影响生态环境质量的路径进行分析，包括：人口集聚对城镇生态环境的影响；经济增长对城镇生态环境的影响；产业转移对城市生态环境的影响；技术进步对城市生态环境的影响。最后，找出了促进城镇化与生态环境建设良性互动方式，优质的生态环境对城镇化的可持续发展起到了重要作用，不仅有利于城镇的经济发展，还有利于城镇的社会进步。并且随着人流、技术流、物流、资金流、信息流等向城镇的聚集，城镇化对生态环境的推动作用由此显现，具体措施包括：多种举措解决土地污染，政府采取措施修复受污染的土地，尽快出台有关法律法规，建立土壤保护专项基金等；小城镇建设应与生态维护并举，通过强化小城镇的产业集聚进而吸收劳动力，减轻大城市人口密集问题，提高小城镇建设速度，进而加快全省城镇化的进程；整合城镇区域分配，根据生态环境建设的不同需求，以及各区域的不同功能，对各区域可按照工业区、商业区和住宅区等进行划分，然后对不同区域进一步制定对应的环境质量标准，在市区内积极鼓励发展无污染的第三产业，确保城市生态环境建设的良性循环。

（5）构建包括经济、社会、生态三个子系统的评价指标体系，准确评价城镇化进程中的生态环境安全情况

DPSIR模型可以兼顾经济、社会和环境等要素，又能很好地描述系统之间复杂因果关系，因此本书以DPSIR模型为理论框架，从驱动力、压力、状态、影响和响应5个方面构建随着城镇化进程的逐渐深入，黑龙江省的生态安全评价指标体系，并根据相关研究标准和经验给出了相应的指标参考依据。参考国内外关于城市生态安全评价指标体系的建立、可持续发展的评价的相关的论文，选择使用频率较高的指标，并结合黑龙江省城市化进程中环境状态共筛，选取16个经济环境因素作为评价因素集，确立各因素的评价因子，对黑龙江省城镇化的生态安全进行模糊评价。得出政府为了快速发展地方经济，提高劳动生产率，提高人们的收入水平，谋求较快的经济增长是以更多的能源为基础、以环境为代价的，也必然导致生态安全越来越差；政府把城值化作为一个经济的增长极，鼓励越来越多的人从农村来到城市，城市的人口密度越来越大，垃圾排放也越来越多，对于城市的生态安全提出了进一步的考验；随着黑龙江省经济水平的逐渐提高，同时，越来越多的物质需求带来的是日益扩大的生产规模，形成了一个恶性循环，只能使环境越来越差。

（6）根据黑龙江省城镇化生态环境建设良性互动内涵和模式的研究提出发展的实施策略

分析二者良性互动的作用机制包括要素的空间集聚与扩散，产业结构的调整与升级，技术创新和制度的创新，城市文明传播；构建黑龙江省城镇化与生态环境建设良性互动模式的目标则是环境洁净优美，生活健康舒适，人尽其才、物尽其用、地尽其利，人和自然协调发展，生态良性循环；重点是黑龙江省经济发展模式的转型上，对高耗能产业进行产业结构调整和采用新技术进行节能减排，培育和扶持节能产业、环保产业以及新能源产业等；总结了黑龙江省城镇化建设中生态环境保护取得的成就。对城镇化与生态环境良性发展模式进行研究，包括城镇化发展优先模式，这种模式强调城镇化和经济的优先发展，而置生态环境于不顾，是典型的非协调发展；城镇化与生态环境协调同步发展模式，这种发展模式追求的是整个系统的平衡和快速发展以及在大局上考虑周全的理念。从五个大的方面提出实现黑龙江省城镇化与生态环境良性互动发展的实施策略包括：一是优化城镇空间布局，完善城镇基础设施建设。加强基础设施建设，完善的基础设施是城镇化发展的基础条件，基础设施水平的高低在一定程度上影响一个地区聚集资源的能力；合理进行城镇规划，科学合理地进行城镇化建设，对于城镇化发展与生态环境的良性互动具有重要意义，也能减少无序的城镇化发展对于生态环境所造成的不良影响；完善城镇化建设政策，黑龙江新城镇体系政策重点放在健全城镇体系，完善城市生态安全监测，健全相配套的扶持政策等方面，通过政策的实施促进黑龙江省城镇化的全方面发展。二是加强生态文明建设，提升生态环境承载力。加强生态创新，生态创新是生态城市建设的根本保障，包含生态技术创新、生态体制创新、生态观念创新等方面内容；培育社会文化，通过广泛开展多种形式的循环经济宣传和教育活动，普及和提高广大居民的生态环境保护意识，使人们自觉主动进行环境保护，这也是城镇化建设与生态环境良性互动的迫切要求；加强政策调控，合理的政策可以有效地弥补市场失灵，进而促进资源的有效配置，并且相对于道德约束来说具有强制性和实效性，在不同程度上影响着城镇化的进程与生态环境的建设和保护；加强环境保护和治理，通过完善环境制度保障完善立法制度，完善公众参与机制，优化生态城镇的治理，加强监管制度，提升生态城镇的管理能力等方面实现。三是转变经济发展方式，优化地区产业结构。实现产业生态化，从三大传统产业入手，在遵循减量化、再循环、再使用、再回收的原则下，实现城镇化与生态环境建设的良性互动发展；发展生态循环经济，城镇通过发展循环经济可以有效地实现生态文明与物质文明的共赢。四是构建安全环保的现代化综合体系。完善城镇社会服务保障机制，对城镇体系实施积极优化，有效解决城镇建设和发展过程当中所面临的环境污染、交通拥堵以及人口膨胀等典型的突出问题；构建安全环保的现代化综合交通运输体系，科学构建一个服务优质、组织协调、安全环保的交通运输系统，实现新型城镇化建设与生态问题的协调发展；统筹城乡发展，加快城乡一体化；五是节约集约利用土地，促进空间城镇化的发展。严格控制工业和商业建设用地的扩张，通过严格控制建设用地，加强对城镇土地统一的管理，减少废弃地和闲置地，对未被污染的土地仍要继续做好保护工作，实现土地的集约利用和城镇的可持续发展；城镇新区建设中土地的集约利用，政府加强审批的监管制度，合理界定新区的建设规模并严格控制新区的申报数量；政府合理利用现有的土地增减挂钩机制，确保为新区建设提供适度的用地保障等。

9.2 展望

本书以生态学、环境科学、地理学、经济学、人口学等多个学科为基础，以黑龙江省城镇化和生态环境建设良性互动模式作为切入点，以 DPSIR 模型为理论框架，从驱动力、压力、状态、影响和响应 5 个方面构建了随着城镇化进程的逐渐深入，黑龙江省的生态安全评价指标体系，并根据相关研究标准和经验给出了相应的指标参考依据。从黑龙江省城镇化和生态环境现状分析城镇化对生态环境影响，并对黑龙江省城镇化与生态环境建设良性互动模式提出了具有可操作性的优化路径。由于各种因素制约，如研究的时间、资源和能力等，本书还存在着一些问题需要进一步深化，同时也是下一步研究工作的方向与研究展望。

①应进一步细化和探讨城镇化与生态环境建设中各层面具体设施规划设计方法和模式，并针对不同的层面制定出更加符合地方实际的城镇化模式和规划标准，使之能够灵活应用并对黑龙江省各地城镇化与生态环境建设良性互动具体项目具有指引性。

②本书对城镇化和生态环境建设的研究更偏重于规划框架与规划体系以及城镇化模式重点规划设计、策略、实施、管理等系统研究的理论应用层面，在具体的城镇化与生态环境建设项目的规划、设计的细节和深度方面的研究，以及针对具体案例开展相关的实证研究还有待在今后的科研工作中继续深化，从不同角度，不同领域多方面开展综合性研究。

③由于资料有限，对于黑龙江省城镇化和生态环境良性互动模式的研究还不够深入，还有待在以后的研究中进一步充实和完善。

REFERENCES 参考文献

安虎贲，杨帆，杨宝臣，2015. 基于 DPSIR 模型的林业资源型城市可持续发展评价研究——以伊春为例［J］. 科技管理研究（5）：74-78.

蔡继明，2018. 乡村振兴战略应与新型城镇化同步推进［J］. 人民论坛·学术前沿（10）：76-79.

曹文莉，张小林，潘义勇，等，2012. 发达地区人口、土地与经济城镇化协调发展度研究［J］. 中国人口·资源与环境，22（2）：141-146.

陈慧琳，2005. 黑龙江省生态环境问题研究［J］. 黑龙江环境通报（1）：66-67.

陈莉，李姣姣，2017. 基于 GA-PSO-ACO 综合指数的新型城镇化质量评估［J］. 统计与决策（22）：55-58.

陈如铁，杨青山，宋宁，等 .2017. 辽宁省新型城镇化路径及其影响因素［J］. 经济地理，37（3）：71-80.

陈诗波，李伟，唐文豪，2014. 中国新型城镇化发展的路径选择与对策探讨［J］. 理论月刊（4）：174-178.

陈涛，陈池波，2017. 人口外流背景下县域城镇化与农村人口空心化耦合评价研究［J］. 农业经济问题，38（4）：58-66+111.

陈晓红，万鲁河，2011. 城市化与生态环境协调发展的调控机制研究 . 经济地理［J］.（3）：489-492.

陈永林，谢炳庚，钟业喜，等，2014. 县域交通优势度与经济发展的空间关联——以江西省为例［J］. 地域研究与开发，33（5）：21-26.

陈禹丹，景宏军，李韵，2017. 支持新型城镇化发展的财政政策研究—以黑龙江省为例［J］. 财政监督（11）：67-74.

程佳佳，王成金，刘卫东，2016. 西北地区交通优势度格局及空间分异［J］. 地球科学进展，2（31）：193-205.

程莉，周宗社，2014. 人口城镇化与经济城镇化的协调与互动关系研究［J］. 理论月刊，1（3）：41.

楚爱丽，2011. 加快新型城镇化发展进程的若干思考［J］. 农业经济（8）：8-10.

丛雨，2014. 浅析新型城镇化建设［J］. 农业经济（7）：28－29.

崔木花，2014. 我国生态城镇化的考量及构建路径［J］. 经济论坛，2：155－161.

戴君虎，王焕炯，王红丽，2012. 生态系统服务价值评估理论框架与生态补偿实践［J］. 地理科学进展（7）：78－83.

戴志敏，郑万腾，2016. 长江经济带特大城市新型城镇化建设困境与策略［J］. 管理现代化，36（1）：39－41.

狄增如，2011. 探索复杂性是发展系统学的重要途径［J］. 系统工程理论与实践，31（s1）：37－42.

杜彦良，周怀东，彭文启，等，2015. 近10年流域江湖关系变化作用下鄱阳湖水动力及水质特征模拟［J］. 环境科学学报，35（5）：1274－1284.

方创琳，杨玉梅，2006. 城市化与生态环境交互耦合系统的基本定律［J］. 干旱区地理. 29.

方文婷，滕堂伟，陈志强，2017. 福建省县域经济差异的时空格局演化分析［J］. 人文地理，2（15）：103－110.

方行明，魏静，郭丽丽，2017. 可持续发展理论的反思与重构［J］. 经济学家，3：24－31.

方永丽，2017. 中国生态城镇化相对效率评价及其集约度分析［J］. 统计与决策（21）：87－91.

冯健，叶竹，2017. 基于个体生命历程视角的苏南城镇化路径转变与市民化进程［J］. 地理科学进展，36（2）：137－150.

冯立新，杨效忠，姚慧，2011. 骨干交通网络对区域旅游空间格局的影响——以渤海海湾跨海通道为例［J］. 经济地理（2）：189－194.

冯维波，2006. 基于城市化与生态环境互动机制的生态城市建设．生态经济［J］.（10）：53－56.

冯兴华，钟业喜，李建新，等，2015. 长江中游城市群县域城镇化水平空间格局演变及驱动因子分析［J］. 长江流域资源与环境，24（6）：899－908.

高凌宇，李俊峰，陶世杰，2017. 跨江城市群城镇化空间格局演变及机制研究——以皖江城市带为例［J］. 世界地理研究，26（2）：72－81.

高文杰，刘玉才，2000. 生态创新的几个基本问题．中国环境管理［J］.（12）：14－16.

辜胜阻，曹冬梅，韩龙艳，2017. “十三五”中国城镇化六大转型与健康发展［J］. 中国人口资源与环境，27（4）：6－15.

顾瑶，刘宇轩，2018. 京津冀怎样协同推进新型城镇化建设［J］. 人民论坛（3）：102－103.

郭付友，李诚固，陈才，等，2015. 2003年以来东北地区人口城镇化与土地城镇化时空耦合特征［J］. 经济地理，35（9）：49-56.

韩云，陈迪宇，王政，等，2019. 改革开放40年城镇化的历程、经验与展望［J］. 宏观经济管理（2）：29-34.

何长娟，李立华，周厚强，等，2016. 大渡河流域城镇化时空演化及驱动因子分析［J］. 西南师范大学学报（自然科学版），41（10）：54-60.

何丽丽，2014. 浙江省县域交通优势度与区域经济的耦合协调度分析［D］. 杭州：浙江工商大学硕士学位论文.

何孝沛，梁阁，丁志伟，等，2015. 河南省城镇化质量空间格局演变［J］. 地理科学进展，34（2）：257-264.

贺建平，2011. 发展"一村一品"调整产业结构——以山西省长治市为例［J］. 中共山西省委党校学报（6）：56-63.

洪大用，2014. 绿色城镇化进程中的资源环境问题研究［J］. 环境保护，42（7）：19-23.

胡黎明，赵瑞霞，2017. 产业集群式转移与K域生产网络协同演化及政府行为研究［J］. 中国管理科学，25（3）：76-84.

胡玲，2017. 影响地方政府行为的因素分析［J］. 现代营销（下旬刊）（5）：207.

胡雪飞，初凤荣，2017. 黑龙江省城镇化建设面临的问题及对策研究［J］. 中国商论（10）：120-121.

胡燕燕，曹卫东，2016. 近三十年来我国城镇化协调性演化研究［J］. 城市规划，40（2）：9-17.

郇恒飞，2014. 淮河流域新型城镇化水平的空间差异及其影响因素分析［J］. 资源开发与市场，30（12）：1429-1433.

黄金川，方创琳，2003. 城市化与生态环境交互耦合机制与规律性分析［J］. 地理研究（2）：211-220.

黄君洁，2017. 财政分权下地方政府行为失范研究［J］. 财政监督（9）：24-29.

黄磊，朱洪兴，杨叶，2014. 中原经济区新型城镇化质量综合水平研究［J］. 资源开发与市场，30（1）：80-84.

黄木易，程志光，2012. 区域城市化与社会经济耦合协调发展度的时空特征分析——以安徽省为例［J］. 经济地理，32（2）：77-81.

黄晓燕，曹小曙，李涛，2016. 海南省区域交通优势度与经济发展关系［J］. 地理研究，6（30）：986-999.

黄亚惠，2016. 黑龙江省城镇化格局时空演变研究［D］. 哈尔滨：哈尔滨师范大学硕士学位论文 .

黄莺，2017. 我国北部省份欠发达地区新型城镇化建设探析——以河北省欠发达地区为例［J］. 华中农业大学学报（社会科学版）(4)：94-101，149.

江红丽，何建敏，2010. 区域经济与生态环境系统动态耦合协调发展研究——基于江苏省的数据［J］. 软科学（3）：63-68.

金凤君，王成金，李秀伟，2008. 中国区域交通优势的甄别方法及应用分析［J］. 地理学报，63（8）：787-798.

金瑞，史文中，2014. 广东省城镇化经济发展空间分析［J］. 经济地理，34（3）：45-50.

晋腾，2014. 黄河三角洲高效生态经济区的产业结构与生态环境效应评价研究［D］. 济南：山东师范大学 .

酒二科，韩增林，2015. 河南省新型城镇化水平综合测度及空间格局研究［J］. 生产力研究（5）：72-77.

李春宇，2017. 金融支持新型城镇化建设的实证研究——以黑龙江省为例［J］. 城市发展研究，24（3）：153-158.

李丁，冶小梅，汪胜兰，2013. 基于 ESDA-GIS 的县域经济空间差异演化及驱动力分析［J］. 经济地理，5（33）：32-36.

李恩康，陆玉麒，王毅，2018. 城镇化对制度转型的影响——基于江苏 13 个市的脉冲响应函数分析［J］. 长江流域资源与环境，27（9）：1919—1927.

李发志，朱高立，候大伟，等，2017. 江苏城镇化发展质量时空差异分析及新型城镇化发展分类导引［J］. 长江流域资源与环境，26（11）：1774-1783.

李国敏，匡耀求，黄宁生，等，2015. 基于耦合协调度的城镇化质量评价：以珠三角城市群为例［J］. 现代城市研究（6）：93-100.

李会琴，李晓琴，侯林春，2012. 黄土高原生态环境脆弱区旅游扶贫效应感知研究——以陕西省洛川县谷咀村为例［J］. 旅游研究，4（3）：1-6.

李剑波，涂建军，2018. 成渝城市群新型城镇化发展协调度时序特征［J］. 现代城市研究（9）：47-55.

李强，王昊，2017. 什么是人的城镇化［J］. 南京农业大学学报（社会科学版），2：1-7.

李小帆，邓宏兵，2016. 长江经济带新型城镇化协调性的空间差异与时空演化［J］. 长江流域资源与环境，25（5）：725-732.

李新，2005. 苏南人口密集地区城镇化过程中的环境特征分析［J］. 长江流域资源与环境（5）.
李雪梅，张小雷，杜宏茹，2011. 新疆塔河流域城镇化空间格局演变及驱动因素［J］. 地理研究，30（2）：348－358.
李占锋，2011. 论建设低碳型生态城市的必要性［J］. 山西建筑（9）：34－35.
李政通，姚成胜，邹圆，等，2019. 中国省际新型城镇化发展测度［J］. 统计与决策，35（2）：95－100.
李子联，2013. 人口城镇化滞后于土地城镇化之谜——来自中国省际面板数据的解释［J］. 中国人口·资源与环境，23（11）：94－101.
梁镜权，温锋华，2011. 基于城乡统筹的大都市郊区农村城镇化模式研究［J］. 改革与战略（8）：86－89.
梁平汉，高楠，2017. 实际权力结构与地方政府行为：理论模型与实证研究［J］. 经济研究，52（4）：135－150.
梁燕均，李钢，付莹，等，2017. 旅游活动强度变化下的旅游地环境响应研究——以庐山风景名胜区为例［J］. 旅游学刊，32（4）：107－116.
林爱文，樊星，2015. 湖北省人口城镇化与土地城镇化协调发展分析［J］. 地域研究与开发，34（6）：14－18.
凌筱舒，王立，薛德升，2014. 江西省县域城镇化水平测度及其分异研究［J］. 人文地理（3）：89－94.
刘成斌，陈清华，2016. 新型城镇化建设思维模式转换研究［J］. 现代经济探讨（12）：30－33.
刘成军，2017. 试论城镇化的关键要素：人口、土地和产业所引发的城镇生态环境问题［J］. 理论月刊（1）：116－121.
刘国斌，杨增，2017. 吉林省推进以人为中心的新型城镇化研究［J］. 人口学刊，39（4）：71－81.
刘欢，邓宏兵，谢伟伟，2017. 长江经济带市域人口城镇化的时空特征及影响因素［J］. 经济地理，37（3）：55－62.
刘静玉，刘玉振，邵宁宁，等，2012. 河南省新型城镇化的空间格局演变研究［J］. 地域研究与开发，31（5）：143－147.
刘雷，张华，2015. 山东省城市化效率与经济发展水平的时空耦合关系［J］. 经济地理，35（80）：75－82.
刘利刚，袁镔，2010. 中国低碳型生态城市规划趋势探索［J］. 城市与区域规划研究（2）：213－221.

刘吕红，2016. 资源富集区新型城镇化建设中的结构调适研究［J］. 福建论坛（人文社会科学版）（9）：184-190.

刘生，2017. 中国人口城镇化制度变迁的定量分析——以黑龙江省为例［J］. 忻州师范学院学报，33（2）：75-79.

刘彦随，杨忍，2012. 中国县域城镇化的空间特征与形成机理［J］. 地理学报，67（8）：1011-1020.

刘艳军，刘静，2016. 河流与城镇体系结构形成的关联特征及空间表现［J］. 地域研究与开发，35（1）：10-14.

刘耀彬，李仁东，宋学锋，2005. 城市化与城市生态环境关系研究综述与评价［J］. 中国人口．资源与环境（3）：56-62.

刘耀彬，李仁东，张守忠，2005. 城市化与生态环境协调标准及其评价模型研究［J］. 中国软科学（5）：140-148.

刘勇，田蕾，金浩，等，2015. 中国四维城镇化协调性空间格局及演化研究［J］. 天津大学学报（社会科学版），6：513-517.

刘兆军，李东升，2017. 黑龙江省土地集约利用与新型城镇化测度及协调发展［J］. 江苏农业科学，45（6）：225-229.

刘振宇，魏旭红，2013. 我国城镇化动力机制研究进展：基于结构视角的文献综述［J］. 区域经济评论（3）：130-136.

陆大道，2013. 地理学关于城镇化领域的研究内容框架［J］. 地理科学，33（8）：897-901.

陆大道，陈明星，2015. 关于“国家新型城镇化规划（2014—2020）”编制大背景的几点认识［J］. 地理学报，70（2）：179-185.

吕成，2013. 山东省城市化与生态环境协调发展研究．重庆社会［J］.（1）：82-87.

吕可文，苗长虹，安乾，2011. 河南省城镇化空间差异研究［J］. 地理与地理信息科学，27（3）：69-72.

吕添贵，吴次芳，李洪义，等，2016. 人口城镇化与土地城镇化协调性测度及优化——以南昌市为例［J］. 地理科学，36（2）：239-246.

吕园，刘科伟，牛俊蜻，等，2013. 城市型社会内涵视角下城镇化发展问题及应对策略——以陕西省为例［J］. 经济地理，33（7）：59-66.

栾志理，朴锺澈，2013. 从日韩低碳型生态城市探讨相关生态城规划实践［J］. 城市规划学刊（2）：47-55.

罗丽英，魏真兰，2015. 城镇化对生态环境的影响路径及其效应分析［J］. 工业技术经济（6）：59－66.
罗腾飞，邓宏兵，2018. 长江经济带城镇化发展质量测度及时空差异分析［J］. 统计与决策（1）：136－140.
雒海潮，李国梁，2015. 河南省城镇化质量实证研究［J］. 地域研究与开发，34（3）：73－78.
马小雪，卞子浩，李娜，等，2015. 秦淮河流域 1980—2010 年土地利用变化及驱动机制［J］. 水土保持通报，35（6）：272－276.
马志东，俞会新，2016. 产业集聚与城镇化关系的实证分析——基于我国东中西部差异的视角［J］. 河北大学学报（哲学社会科学版），41（6）：80－87.
满强，2007. 长春市城市化与生态环境协调发展研究［D］. 哈尔滨：东北师范大学硕士学位论文（5）.
孟德友，陆玉麒，樊新生，等，2013. 基于投影寻踪模型的河南县域交通与经济协调性评价［J］. 地理研究，32（11）：2092－2106.
孟德友，沈惊宏，陆玉麟，2014. 河南省县域交通优势度综合评价及空间格局演变［J］. 地理科学，34（3）：280－287.
孟德友，沈惊宏，陆玉麒，2012. 中原经济区县域交通优势度与区域经济空间耦合［J］. 经济地理，32（6）：7－14.
孟鹏，2014. 城镇化发展的适度性研究［D］. 北京：中国农业大学.
缪细英，廖福霖，祁新华，2011. 生态文明视野下中国城镇化问题研究［J］. 福建师范大学学报（哲学社会科学版）（1）：99－103.
莫神星，2014. 新型城镇化理念下生态城镇建设［J］. 中州学刊，206（2）：90－94.
牛晓春，杜忠潮，李同昇，2013. 基于新型城镇化视角的区域城镇化水平评价——以陕西省 10 个省辖市为例［J］. 干旱区地理（3）：46－51.
潘爱民，刘友金，2014. 湘江流域人口城镇化与土地城镇化失调程度及特征研究［J］. 经济地理，34（5）：63－68.
潘竟虎，刘莹，2012. 甘肃省城镇化综合水平空间格局演变及驱动因素［J］. 人口与发展，18（2）：40－47.
彭向明，韩增林，2017. 县域交通优势度与经济发展水平空间耦合——基于辽宁省 44 个农业县的定量分析［J］. 资源开发与市场，33（9）：1077－1083.
戚伟，刘盛和，金浩然，2017. 中国户籍人口城镇化率的核算方法与分布格局［J］. 地理研究，36（4）：616－632.
钱宏胜，杜霞，梁亚红，2017. 河南省产业结构演变的城镇化响应研究［J］. 地域研究与开发，36（1）：23－28.

秦佳，李建民，2014. 人口年龄结构、就业水平与中等收入陷阱的跨越——基于29个国家和地区的实证分析［J］. 中国人口科学，2（5）：32－43.

秦钟，章家恩，骆世明，等，2012. 1996—2008年广东省城市化进程与生态环境的协调性分析［J］. 生态科学（1）：42－47.

任春艳，吴殿廷，董锁成，2006. 西北地区城市化对城市气候环境的影响［J］. 地理研究（2）.

任芳，林忠，李晓，2010. 福州市城镇化与生态环境协调性评价与分析［J］. 井冈山大学学报（自然科学版）（11）：8－23.

任曼丽，焦士兴，2007. 基于生态足迹理论的河南省生态经济协调发展研究. 农业经济［J］.（11）：36－38.

任秀芳，张仲伍，高涛涛，等，2016. 2003年以来山西经济城镇化与人口城镇化进程的对比研究［J］. 山西师范大学学报（自然科学版），1（7）：83－88.

任雪萍，潘星星，万伦来，2015. 皖江城市带承接产业转移的生态环境效应研究［J］. 江淮论坛，6（9）：55－61.

荣宏庆，2013. 论我国新型城镇化建设与生态环境保护［J］. 现代经济探讨（8）：5－9.

盛广耀，2011. 城镇化模式研究综述［J］. 城市发展研究（7）：13－19.

石坚，2017. 推进新型城镇化建设的几个要点［J］. 人民论坛（16）：70－71.

史新宇，关中美，李晓亚，2015. 河南省新型城镇化发展水平空间格局研究［J］. 资源开发与市场，31（12）：1433－1436.

宋春晓，2018. 新型城镇化进程中县级政府服务职能优化对策研究［D］：哈尔滨：黑龙江大学.

宋建波，武春友，2010. 城镇化与生态环境协调发展评价研究——以长江三角洲城市群为例［J］. 中国软件学（2）：78－80.

宋磊，2007. 湖北省城市化与生态环境耦合关系研究［D］. 武汉：华中农业大学硕士学位论文（5）.

宋连胜，金月华，2016. 论新型城镇化的本质内涵［J］. 山东社会科学（4）：47－51.

苏飞，张平宇，2009. 黑龙江省生态系统服务价值时空变化分析［J］. 农业现代化研究（2）：216－219.

孙德福，李静，张平宇，等，2011. 延边州城镇化空间结构差异研究［J］. 城市发展研究，18（1）：103－108.

孙黄平，黄震方，徐冬冬，等，2017. 泛长三角城市群城镇化与生态环境耦合的空间特征与驱动机制［J］. 经济地理，37（2）：163－170＋186.

孙平军，丁四保，修春亮，2012. 东北地区“人口—经济—空间”城市化协调性研究［J］. 地理科学（4）：78－83.

孙群郎，2019. 城市空间周期论驳论—兼议聚集扩散轮［J］. 河南师范大学学报（哲学社会科学版），46（1）：72－83.

孙永正，2017. 加快新型城镇化进程的困境与对策［J］. 经济问题（2）：56－62.

谭清美，夏后学，2017. 市民化视角下新型城镇化与产业集聚耦合效果评判［J］. 农业技术经济（4）：106－115.

陶晓旭，2017. 全面建成小康社会与政府行为方式的突破［J］. 中国集体经济（12）：50－51.

滕祥河，文传浩，张雅文，等，2016. 中国川渝地区城镇化的驱动因子——基于产业结构变迁视角［J］. 技术经济，35（9）：92－98.

田毅，2014. 逆流而上：先秦至北宋汾河流域城镇体系的演变［J］. 史林，6（3）：1－13.

万晓琼，2014. 生态城镇化：可持续发展的城镇化道路［J］. 区域经济评论，5（7）：130－132.

王柏杰，郭鑫，2017. 地方政府行为、“资源诅咒”与产业结构失衡——来自43个资源型地级市调查数据的证据［J］. 山西财经大学学报，39（6）：64－75.

王德利，2018. 中国城市群城镇化发展质量的综合测度与演变规律［J］. 中国人口科学（1）：46－59.

王辉，郭玲玲，宋丽，2011. 辽宁省14市经济与环境协调度的时空演变研究［J］. 干旱区资源与环境（5）：35－40.

王建康，谷国锋，姚丽，等，2016. 中国新型城镇化的空间格局演变及影响因素分析——基于285个地级市的面板数据［J］. 地理科学，36（1）：63－71.

王婧，李裕瑞，2016. 中国县域城镇化发展格局及其影响因素——基于2000和2010年全国人口普查分县数据［J］. 地理学报，71（4）：621－636.

王立胜，陈健，张彩云，2018. 深刻把握乡村振兴战略——政治经济学视角的解读［J］. 经济与管理评论，34（4）：40－56.

王萍，王新军，2011. 生态经济城市：城市发展的一种理想模式．学术交流［J］.（1）：90－93.

王琦，陈才，2008. 产业集群与区域经济空间的耦合度分析［J］. 地理科学（4）：145－149.

王少华，2016. 郑州沿黄旅游区土地利用变化及其生态环境效应评价研究［D］. 郑州：河南大学.

王书明，郭起剑，2018. 江苏城镇化发展质量评价研究［J］. 生态经济（3）：97-102.

王伟，梁留科，李峰，等，2016. 河南省城镇化空间格局及影响因素分析［J］. 统计与决策（24）：144-147.

王兴芬，杨海平，2017. 中国土地城镇化与人口城镇化协调发展研究述评［J］. 企业经济，1：166-173.

王秀，姚玲玲，李阳，2017. 新型城镇化与土地集约利用耦合协调性及其时空分异——以黑龙江省12个地级市为例［J］. 经济地理，37（5）：173-180.

王亚飞，樊杰，2019. 中国主体功能区核心—边缘结构解析［J］. 地理学报，74（4）：714-726.

王亚力，彭保发，熊建新，等，2014. 2001年以来环洞庭湖区经济城镇化与人口城镇化进程的对比研究［J］. 地理科学，34（1）：67-75.

王彦霞，王培安，2019. 新型城镇化视角下县域城镇化时空格局及聚集特征——以浙江省为例［J］. 干旱区地理（2）：423-432.

王芝，2009. 城市化与生态环境协调发展研究——以天津市为例［D］. 天津：南开大学硕士学位论文（3）.

文乐，彭代彦，赵一冬，2017. 土地供给、房价与中国人口半城镇化［J］. 中国人口资源与环境，27（4）：23-31.

吴威，曹有辉，曹卫东，2011. 长三角地区交通优势度的空间格局［J］. 地理研究，30（12）：2019-2208.

吴巍，周生路，魏也华，等，2013. 城乡接合部土地资源城镇化的空间驱动模式分析［J］. 农业工程学报，29（16）：220-228.

吴志强，干靓，胥星静，等，2015. 城镇化与生态文明——压力，挑战与应对［J］. 中国工程科学，17（8）：88-96.

伍国勇，2011. 基于现代多功能农业的工业化、城镇化和农业现代化“三化”同步协调发展研究［J］. 农业现代化研究（7）：56-61.

伍敏敏，2017. 财政分权视角下的地方政府行为分析［J］. 湖南社会科学（2）：133-138.

席鸿，刘雨婧，麻学锋，2017. 旅游业与新型城镇化协调发展效应评价——以张家界为例［J］. 经济地理，37（2）：216-223.

相华，2017. 新型城镇化背景下民族地区旅游经济发展研究——以黑龙江省黑河市爱辉区为例［J］. 黑龙江民族丛刊（2）：57－62.
肖峰，韩兆洲，2017. 区域新型城镇化水平测度与空间动态分析［J］. 统计与决策（5）：101－104.
熊晓红，2012. 乡村旅游生态环境双重效应及其正确响应［J］. 技术经济与管理研究（11）：92－95.
徐珊，梁岩，2017. 城镇化进程中人口与土地的协调性研究——以黑龙江省哈尔滨市为例［J］. 中国农学通报，33（24）：159－164.
徐维祥，刘程军，2015. 产业集群创新与县域城镇化耦合协调的空间格局及驱动力——以浙江为实证［J］. 地理科学，11（35）：1348－1356.
许恒周，2012. 临汾市农村城镇化发展水平评价［J］. 山西农业科学，40（4）：402－405.
许辉云，李莜蓓，2018. 基于余弦相似性的中部六省新型城镇化时空分异研究［J］. 华中师范大学学报（自然科学版），52（5）：723－729.
杨发祥，茹婧，2014. 新型城镇化的动力机制及其协同策略［J］. 山东社会科学（1）：56－62.
杨刚强，江洪，2015. 中部地区新型城镇化建设思路创新［J］. 宏观经济管理（1）：36－40.
杨桂根，2007. 池州市建设生态经济城市的路径选择．经济研究导刊［J］.（11）：154－157.
杨建林，徐君，2015. 经济区产业结构变动对生态环境的动态效应分析——以呼包银榆经济区为例［J］. 经济地理，35（10）：179－186.
杨丽莹，2019. 我国新型城镇化的主成分影响因子及其 VAR 传导效应研究［J］. 河北经贸大学学报，40（2）：73－80.
杨璐璐，2015. 中部六省城镇化质量空间格局演变及驱动因素——基于地级及以上城市的分析［J］. 经济地理，35（1）：68－75.
杨忍，2016. 中国县域城镇化的道路交通影响因素识别及空间协同性解析［J］. 地理科学进展，35（7）：806－815.
杨忍，刘彦随，龙花楼，2016. 中国村庄空间分布特征及空间优化重组解析［J］. 地理科学，2（36）：171－179.
杨忍，徐茜，余昌达，2016. 中国县域交通优势度与农村发展的空间协同性及影响机制解析［J］. 地理科学，36（7）：1017－1026.
杨森，2017. 黑龙江将城镇化进程中的金融支持结构分析［J］. 财会通讯（5）：21－26.

杨新钢，张守文，强群莉，2016. 安徽省县域城镇化质量的时空演变［J］. 经济地理，36（4）：84－91.

杨秀丽，武菲菲，谢文娜，2017. 精准扶贫过程中地方政府行为、困境及对策研究［J］. 农业经济与管理（4）：55－60＋89.

杨雅楠，阿里木江·卡斯木，2017. “一带一路”背景下新疆城镇交通优势度与区域经济发展水平的关系分析［J］. 干旱区地理，40（3）：680－691.

杨燕风，王黎明，等，2000. 城市快速增长期生态与环境整合指标体系研究［J］. 地理科学进展. 19.

杨洋，黄聪，何春阳，2017. 山东半岛城市群新型城镇化综合水平的时空变化［J］. 经济地理，37（8）：77－85.

杨洋，马学广，王晨，2015. 基于夜间灯光数据的中国土地城镇化水平时空动态［J］. 人文地理（5）：91－98.

杨仪青，2015. 我国新型城镇化建设中面临的问题及路径创新［J］. 经济纵横（4）：17－21.

杨振，雷军，英成龙，等，2017. 新疆县域城镇化的综合测度及空间分异格局分析［J］. 干旱区地理（汉文版），40（1）：230－237.

姚士谋，张平宇，余成，等，2014. 中国新型城镇化理论与实践问题［J］. 地理科学，34（6）：641－647.

叶菁，刘卫，2015. 湖北省新型城镇化质量时空特征分析［J］. 统计与决策（5）：96－99.

游细斌，杨青生，付远方，2017. 区域交通系统与城镇系统耦合发展研究——以潮州市域为例［J］. 经济地理，（12）：96－102.

余凤鸣，周杜辉，杜忠潮，2012. 陕西省经济发展与生态环境耦合关系研究［J］. 水土保持通报（4）：39－43.

余淑均，2018. 人的全面发展视阈下的中国新型城镇化建设思考［J］. 湖北社会科学（12）：42－48.

苑韶峰，朱从谋，杨丽霞，2017. 人口半城镇化与产业非农化的时空耦合分析——以浙江省 67 县市为例［J］. 经济地理，37（3）：144－151.

曾冰，2017. 谨防城镇化沦为“政绩工程”［J］. 人民论坛（8）：68－69.

战晓峰，姜莉，陈方，2017. 云南省县域城镇化与交通优势度的时空协同性演化分析［J］. 地理科学，37（12）：1875－1884.

张凤海，许兰杰，程晓谟，2007. 基于因子分析的辽宁省各市经济发展水平研究［J］.

大连轻工业学院学报（3）：24－27.
张甘霖，朱永官，傅伯杰，2003. 城市土壤质量演变及其生态环境效应［J］. 生态学报. 23（3）.
张弘强，2012. 基于土地利用变化的黑龙江省生态系统服务价值研究［J］. 国土与自然资源研究（3）：51－52.
张莉，2015. 马克思人本理念视域下的新型城镇化建设［J］. 改革与战略，31（6）：22－25.
张立荣，张金庆，2017. 论推进新型城镇化的协调逻辑：一个复合型分析框架［J］. 华中师范大学学报（人文社会科学版），56（2）：19－28.
张立生，2016. 县域城镇化时空演变及影响因素——以浙江省为例［J］. 地理研究，35（6）：1151－1163.
张立伟，2016. 促进我国新型城镇化可持续发展的对策研究［J］. 甘肃理论学刊（3）：112－117.
张琳，王亚辉，郭雨娜，2016. 中国土地城镇化与经济城镇化的协调性研究［J］. 华东经济管理，30（6）：111－117.
张鹏岩，杨丹，李二玲，等，2017. 人口城镇化与土地城镇化的耦合协调关系——以中原经济区为例［J］. 经济地理，37（8）：145－154.
张荣天，焦华富，2015. 长江三角洲地区城镇化效率测度及空间关联格局分析［J］. 地理科学，35（4）：433－439.
张荣天，焦华富，2017. 安徽县域城镇化空间集聚特征及其影响因素分析［J］. 测绘科学，42（1）：64－70.
张万萍，雒占福，孟越男，等，2013. 资源型城市土地利用变化及生态环境效应研究——以白银市区为例［J］. 水土保持研究，20（6）：251－255.
张雪茹，尹志强，姚亦锋，2017. 成渝地区城镇化质量测度及空间差异分析［J］. 地域研究与开发，36（3）：66－70.
张严铎，2016. 黑龙江省新型城镇化建设政策研究［D］. 哈尔滨：哈尔滨商业大学.
张岩，2012. 区域一体化背景下的长江三角洲地区城镇化发展机制与路径研究［D］. 上海：华东师范大学.
张友良，2012. 深入理解城镇化内涵推进新型城镇化建设［J］. 传承（2）：62－63.
张跃胜，2017. 中国城镇化区域差异的空间和要素的双重解读［J］. 城市问题（4）：13－19.
赵海燕，张山，2017. 黑龙江省城镇化发展现状及对策［J］. 合作经济与科技（17）16－

17.

赵家坤，2017. 比较制度优势变迁下的地方政府行为分析——以“苏南模式”为研究对象［J］. 安徽行政学院学报，8（3）：17－23.

赵黎明，焦珊珊，2015. 我国城镇化质量指标体系构建与测度［J］. 统计与决策（22）：41－43.

郑国，2017. 地方政府行为变迁与城市战略规划演进［J］. 城市规划，41（4）：16－21.

钟晖，田里，2017. 旅游孤岛生态效应测度及调控研究［J］. 生态经济（中文版），33（6）：96－99.

周敏，刘志华，孙叶飞，等，2018. 中国新型城镇化的空间集聚效应与驱动机制——基于省级面板数据空间计量分析［J］. 工业技术经济，37（9）：59－67.

周忠学，张芳，刘佳，2010. 陕北黄土高原城镇化与生态环境空间协调程度研究［J］. 地域研究与开发（2）：134－138.

朱诚，姜逢清，吴立，等，2017. 对全球变化背景下长三角地区城镇化发展科学问题的思考［J］. 地理学报，72（4）：633－645.

朱芳芳，2014. 黑龙江省新型城镇化发展水平评价研究［D］. 哈尔滨：哈尔滨理工大学.

朱良，张文新，2004. 北京城市郊区化对郊区生态环境的影响与对策［J］. 环境保护（1).

朱苏加，广新菊，2017. 县域城镇化的发展质量与有效性分析——以河北省为例［J］. 地理与地理信息科学（6）：101－105.

祝滨滨，吴明东，杜磊，2016. 东北地区新型城镇化建设的四个着力点［J］. 经济纵横（2）：60－63.

卓玛草，2019. 新时代乡村振兴与新型城镇化融合发展的理论依据与实现路径［J］. 经济学家（1）：104－112.

左乃先，白永平，左京平，2014. 甘肃省城镇化质量测度［J］. 资源开发与市场，30（10）：1158－1161.

A Buyantuyev，J Wu，2012. Urbanization diversifies land surface phenology in arid environments：Interactions among vegetation，climatic variation，and land use pattern in the Phoenix metropolitan region，USA［J］. Landscape and Urban Planning（5）：78－83.

Abel G J，Sander N，2014. Quantifying global international migration flows［J］. Science，343（6178）：1520－1522.

Akbari H，Konopacki S，2005. Calculating energy-saving potentials of heat-island reduction strategies [J]. Energy Policy, 33 (6): 721-756.

Anister D, Berechman J, 2000. Transport Investment and Economic Development [J]. USA: UCL Press: 33-40.

Anjun TAO, Jie FAN, 2011. Evolution of Spatial Pattern of China's Urbanization and Its Impacts on Regional Development [J]. China City Planning Review, 20 (3): 8-16.

Avier G, Condeco-Melhorado A, Martín J C, 2010. Using Accessibility Indicators and GIS to Assess Spatial Spillovers of Transport Infrastructure Investment [J]. Journal of Transport Geography, 18 (1): 141-152.

Bocarejo S J P, Oviedo H D R, 2012. Transport Accessibility and Social Inequities: A Tool for Identification of Mobility Needs and Evaluation of Transport InveStments [J]. Journalof Transport Geography (24): 142-154.

Brückner M. Economic growth, 2012. size of the agricultural sector, and urbanizationin Africa [J]. Journal of Urban Economics, 71 (1): 26-36.

Chaolin G, Lingqian H, G. cook I, 2017. China's Urbanization in 1949—2015: Processes and Driving Forces [J]. Chinese Geographical Science, 27 (6): 847-859.

Chen GC, Lees C, 2018. The New, Green, Urbanization in China: BetweenAuthoritarian Environmentalism and Decentralization [J]. Chinese Political Science Review, 3 (2).

Chen Q, 2004. Cellular Automata and Artificial Intelligence in Ecohydraulics Modelling [M]. London UK: Taylor & Francis Group plc.

Dicken P, 2015. Global Shift: Mapping the Changing Contours of the World Economy [M]. 7th ed. Los Angeles: Sage.

Douglas Gollin, 2015. Urbanization With and Without Industrialization [J]. Journal of Economic Growth (10), 21-57.

Du J, Qian L, Rui H, et al, 2012. Assessing the effects of urbanization on annual runoff and flood events using an integrated hydrological modeling system for Qinhuai River basin, China [J]. Journal of Hydrology, 464-465 (5): 127-139.

Dubois M C, Blomsterberg A, 2011. Energy saving potential and strategies for electric lighting in future North European, low energy office buildings: A literaturereview [J]. Energy and Buildings, 43 (10): 2572-2582.

Eagleson P S, 2002. Ecohydrology: Darwinian Expression of Vegetation Form andFunction [M]. Cambridge.

EM Cook, SJ Hall, KL Larson, 2012. Residential landscapes as social-ecological systems: a synthesis of multi-scalar interactions between people and their home environment [J]. Urban Ecosystems (6): 99-103.

Frankhauser P, 2007. Fractal geometry of urban patterns and their morphogenesis [J]. Discrete Dynamics in Nature&Society, 2 (2): 127-145.

Friedmann J, 2006. Four Theses in Study of China's Urbanization [J]. China City Planning Review, 15 (2): 80-85.

Gutierrez Javier, 2001. Location, Economic Potential and Daily Accessibility: An Analysis of The Accessibility Impact of The High-speed Line Madrid-Barcelona-French Border [J]. Journal of Transport Geography (9): 229-242.

Gutiérrez J. Location, 2001. Economic Potential and Daily Accessibility: An Analysis of The Accessibility Impact of The High-speed Lin Madrid-Bardelona-FrenhBorder [J]. Journal of Transport Geography, 9 (4): 229-242.

H Ernstson, 2013. The social production of ecosystem services: A framework for studying environmental justice and ecological complexity in urbanized landscapes [J]. Landscape and Urban Planning (8): 453-456.

Hedwig van Delden, Patrick Luja, Guy Engelen, 2007. Integration of multi-scale dynamic spatialmodels of socio-economic and physical processes for river basin management [J]. Environmental Modelling&. Software (6): 45-50.

Huang Cuiyao, 2010. Urbanization Path Selection Toward Harmonious Urban-Rural Development [J]. China City Planning Review (1): 50-55.

JC Wingfield, 2013. Ecological processes and the ecology of stress: the impacts of abiotic environmental factors [J]. Functional Ecology (11): 68-73.

Joan Marull, Joan Pino, Josep Maria Mallarach et al, 2007. A Land Suitability Index for Strategic Environmental Assessment in metropolitan areas [J]. Landscape and Urban Planning (3): 124-128.

John Celecia, 2009. UNESCO'S Man and challenge of a Three-Decade International Experience [J]. The first meeting of the hoc working group to explore applications of the biosphere reserve concept to urban areas and their Hinterlands (9).

Kanbur, R, Zhuang, 2013. J. Urbanization and inequality in Asia [J]. Asian Development Review, 30 (1): 131-147.

KM Thorne, JY Takekawa, DL Elliott-Fisk, 2012. Ecological effects of climate change on salt marsh wildlife: a case study from a highly urbanized estuary [J]. Journal of Coastal Research (12): 163 - 168.

Knox P, Mayer H, 2013. Small town sustainability: Economic, social, and environmental innovation [M]. Walter de Gruyter.

Korcelli P, Kozubek E, Piorr A, et al, 2011. Rural-Urban Regions and Peri-urbanisation in Europe [M]. Copenhagen: Academic Books Life Sciences.

Kuusaana E D, Eledi J A, 2015. Customary land allocation, urbanization and land use planning in Ghana: Implications for food systems in the Wa Municipality [R]. Land Use Policy.

Li Y, Zhang Q, Yao J, et al, 2014. Hydrodynamic and Hydrological Modeling of the Poyang Lake Catchment System in China [J]. Journal of Hydrologic Engineering, 19 (3): 607 - 616.

Luis Fernando Lanaspa, Fernando sanz, 2001. Multiple Equilibria, Stability, andAsymmetries in Krugman's Core-periphery Model [J]. Papers in Regional Science, 80 (4).

Mastrostefano, V, pianta, M, 2009. Technology and jobs [J]. Economics of Innovation and New Technology, 18 (8): 729 - 741.

Michaels G, Rauch F, Redding S J, 2012. Urbanization and Structural Transformation [J]. Quarterly Journal of Economics, 127 (2): 535 - 586.

Miserendino M L, Casaux R, Archangelsky M, et al, 2011. Assessing land-use effects on water quality, in-stream habitat, riparian ecosystems and biodiversity inPatagonian northwest streams. [J]. Science of the Total Environment, 409 (3): 612 - 624.

Nancy B. Grimm, J. Morgan Grove. Steward T. A. Prickett, 2000. Integrated approaches to long-term studies of urban ecological system [J]. Bioscience, 50 (7).

Pitts, F. R, 2010. A Graph Theoretic Approach to Historical Geography [J]. Professional Geographer (17): 15 - 20.

RegHarman, 2006. High Speed Trains and The Development and Regeneration of Cities [J]. London: Green Gauge (21): 115 - 126.

Richard e. Baldwin, 2001. Core-periphery Model with Forward-looking Expectations [J]. Regional Science and Urban Economics, 31 (1).

Ristimaki M, Mobility, Transpor, et al, 2011. Peri-urbanisation in Europe [M]. Copenhagen: Academic Books Life Sciences.

Shahbaz M, Lean H H, 2012. Does financial development increase energy consumption

The role of industrialization and urbanization in Tunisia [J]. Energy Policy, 40 (1): 473 - 479.

Shengzu Gu, Lingyun Zheng, Shance Yi, 2008. Problems of Rural Migrant Workers and Policies in the New Period of Urbanization [J]. Chinese Journal of Population, Resources and Environment (3): 16 - 22.

Shilin L, Rong S, 2013. Thinking About Urbanization and Townization in China [J]. Academics in China (3): 269 - 273.

Toshimori Otazawa, Takashi akamatsu, Shuichi yamazaki, 2008. Socially Optimal Dynamic Allocation in Core-periphery Model with Economic Uncertainty [J]. Infrastructure Planning Review, 25.

Watada, 2007. An Alternative Measure of Chinese Urbanization [J]. Apollonian Teal (3): 333 - 341.

Yang J, Wu T, Gong P, 2017. Implementation of China's New Urbanization Strategy Requires New Thinking [J]. Science Bulletin, 62 (2): 81 - 82.

Zhang K H, Song S, 2014. Rural-Urban Migration and Urbanization in China [M].